管理經濟學

（第二版）

宋劍濤、羅雁冰、何宇、王曉龍 主編

財經錢線

再版前言

　　管理經濟學是工商管理、企業管理專業及相關專業的基礎性應用科學，它以微觀經濟學理論為基礎，剖析和解釋企業管理人員在企業管理的整個過程中將會碰到的問題，並運用經濟學、決策科學的方法和手段，為企業管理人員解決這些問題提供經濟學的思路和方法。自 20 世紀 50 年代產生以來，管理經濟學被國內外來越多的商學院和管理學院作為必修課程，在培養和造就高級經濟管理人才過程中發揮著重要作用。

　　另外針對以往教學中學生普遍反應的，有關管理經濟學公式符號較為複雜的問題，我們特別編寫了「關鍵術語中英文對照表」以助理解記憶，這樣的體系安排主要是為了照顧不同基礎和不同知識背景的讀者。

　　由於編者水平有限，書中缺點錯誤在所難免，懇請使用本教材的師生提出批評和改進意見。

編者

目 錄

1 管理經濟學概述 ………………………………………………… (1)
[本章結構圖] ……………………………………………………… (1)
[本章學習目標] …………………………………………………… (1)
1.1 管理經濟學的內涵 ………………………………………… (2)
　1.1.1 管理經濟學的定義 ………………………………… (2)
　1.1.2 管理經濟學與經濟學 ……………………………… (8)
1.2 管理經濟學的基本分析方法 ……………………………… (9)
　1.2.1 邊際分析法（增量分析）………………………… (9)
　1.2.2 最優化分析法 ……………………………………… (11)
　1.2.3 博弈分析法 ………………………………………… (12)
1.3 企業理論 …………………………………………………… (12)
　1.3.1 企業的性質 ………………………………………… (13)
　1.3.2 企業的目標 ………………………………………… (16)
　1.3.3 企業的利潤 ………………………………………… (17)
　1.3.4 橫向和縱向一體化 ………………………………… (18)
[本章小結] ………………………………………………………… (23)
[思考與練習] ……………………………………………………… (23)

2 市場供求決策理論 …………………………………………… (25)
[本章結構圖] ……………………………………………………… (25)
[本章學習目標] …………………………………………………… (25)
2.1 供求法則 …………………………………………………… (26)
　2.1.1 需求分析 …………………………………………… (26)
　2.1.2 供給分析 …………………………………………… (30)
　2.1.3 供求法則 …………………………………………… (32)
2.2 效用與彈性 ………………………………………………… (33)
　2.2.1 消費效用 …………………………………………… (33)
　2.2.2 需求彈性 …………………………………………… (43)
2.3 市場需求估計 ……………………………………………… (54)

1

2.3.1　市場調查 ………………………………………………………………（54）
　　　2.3.2　統計法 …………………………………………………………………（55）
　［本章小結］………………………………………………………………………（58）
　［思考與練習］……………………………………………………………………（59）

3　生產決策理論 ………………………………………………………………（65）
　［本章結構圖］……………………………………………………………………（65）
　［本章學習目標］…………………………………………………………………（65）
　3.1　生產技術 ……………………………………………………………………（66）
　　　3.1.1　生產與生產要素 ………………………………………………………（66）
　　　3.1.2　生產函數 ………………………………………………………………（66）
　　　3.1.3　短期生產與長期生產 …………………………………………………（67）
　3.2　短期生產分析 ………………………………………………………………（68）
　　　3.2.1　總產量、平均產量和邊際產量 ………………………………………（68）
　　　3.2.2　邊際收益遞減規律 ……………………………………………………（69）
　　　3.2.3　生產階段 ………………………………………………………………（71）
　　　3.2.4　一種可變要素的最優投入決策 ………………………………………（72）
　3.3　長期生產分析 ………………………………………………………………（73）
　　　3.3.1　等產量線 ………………………………………………………………（73）
　　　3.3.2　等成本線 ………………………………………………………………（74）
　　　3.3.3　生產要素最優組合 ……………………………………………………（75）
　3.4　規模經濟分析 ………………………………………………………………（77）
　［本章小結］………………………………………………………………………（80）
　［思考與練習］……………………………………………………………………（80）

4　成本決策理論 ………………………………………………………………（85）
　［本章結構圖］……………………………………………………………………（85）
　［本章學習目標］…………………………………………………………………（85）
　4.1　成本相關的基本概念 ………………………………………………………（86）
　　　4.1.1　相關成本與非相關成本 ………………………………………………（86）
　　　4.1.2　增量成本與沉沒成本 …………………………………………………（86）
　　　4.1.3　變動成本與固定成本 …………………………………………………（87）

4.2 短期成本分析 (88)
    4.2.1 短期成本的分類 (88)
    4.2.2 短期成本的變動及其關係 (89)
4.3 長期成本分析 (92)
    4.3.1 長期總成本 (92)
    4.3.2 長期平均成本 (93)
4.4 成本與利潤分析方法 (94)
    4.4.1 貢獻分析法 (94)
    4.4.2 盈虧平衡點分析法 (95)
[本章小結] (105)
[思考與練習] (105)

5 市場競爭與企業經營決策 (110)

[本章結構圖] (110)
[本章學習目標] (111)
5.1 完全競爭條件下的企業行為 (111)
    5.1.1 完全競爭市場的特徵 (111)
    5.1.2 完全競爭企業的特徵 (112)
    5.1.3 完全競爭條件下企業的短期決策 (113)
    5.1.4 完全競爭條件下企業的長期決策 (116)
5.2 完全壟斷條件下的企業行為 (118)
    5.2.1 完全壟斷市場的特徵和形成原因 (118)
    5.2.2 完全壟斷企業的特徵 (119)
    5.2.3 完全壟斷企業短期決策 (120)
    5.2.4 完全壟斷企業長期決策 (122)
5.3 壟斷競爭條件下的企業行為 (123)
    5.3.1 壟斷競爭市場的特徵 (123)
    5.3.2 壟斷競爭企業短期決策 (123)
    5.3.3 壟斷競爭企業長期決策 (123)
5.4 寡頭壟斷條件下的企業行為 (125)
    5.4.1 寡頭壟斷企業的特徵 (125)
    5.4.2 寡頭壟斷企業決策 (126)

5.5 企業競爭戰略決策 ··· (136)
   5.5.1 總成本領先戰略 ····································· (136)
   5.5.2 差異化戰略 ··· (139)
   5.5.3 集中化戰略 ··· (142)
   5.5.4 戰略的實施與風險 ··································· (144)
[本章小結] ··· (147)
[思考與練習] ··· (147)

6 企業定價與廣告決策 ··· (153)
[本章結構圖] ··· (153)
[本章學習目標] ··· (154)
6.1 定價概要 ··· (154)
   6.1.1 定價 ··· (154)
   6.1.2 企業定價程序 ······································· (154)
   6.1.3 影響企業定價的因素 ································· (155)
6.2 常用定價方法 ··· (156)
   6.2.1 成本加成定價法 ····································· (156)
   6.2.2 增量定價分析法（邊際貢獻分析法） ··················· (157)
   6.2.3 價格歧視 ··· (158)
   6.2.4 高峰負荷定價法 ····································· (162)
   6.2.5 需求關聯產品定價法 ································· (162)
   6.2.6 新產品定價法 ······································· (163)
   6.2.7 兩步定價 ··· (164)
   6.2.8 捆綁定價 ··· (166)
   6.2.9 區域定價 ··· (168)
6.3 其他定價方法 ··· (169)
   6.3.1 心理定價 ··· (169)
   6.3.2 折扣定價 ··· (169)
   6.3.3 招標和拍賣 ··· (169)
   6.3.4 競爭定價 ··· (169)
6.4 廣告決策 ··· (169)
[本章小結] ··· (171)

[思考與練習] ……………………………………………………………（172）

7 企業決策中的風險分析 …………………………………………（173）
  [本章結構圖] ……………………………………………………………（173）
  [本章學習目標] …………………………………………………………（173）
  ## 7.1 風險的概念和風險衡量 …………………………………………（174）
   ### 7.1.1 風險的概念 ……………………………………………（174）
   ### 7.1.2 風險衡量 ………………………………………………（175）
  ## 7.2 風險偏好與風險降低措施 ………………………………………（176）
   ### 7.2.1 風險偏好 ………………………………………………（176）
   ### 7.2.2 降低風險 ………………………………………………（178）
  ## 7.3 風險決策 …………………………………………………………（182）
   ### 7.3.1 基本決策準則 …………………………………………（183）
   ### 7.3.2 常用決策方法 …………………………………………（183）
  ## 7.4 信息不對稱與逆向選擇問題 ……………………………………（185）
   ### 7.4.1 不對稱信息 ……………………………………………（185）
   ### 7.4.2 逆向選擇問題 …………………………………………（186）
  ## 7.5 委託代理問題與激勵機制 ………………………………………（187）
   ### 7.5.1 委託代理問題與道德風險 ……………………………（187）
   ### 7.5.2 道德問題及其解決方法 ………………………………（187）
  [本章小結] ………………………………………………………………（190）
  [思考與練習] ……………………………………………………………（190）

附錄　關鍵術語中英文對照表 ………………………………………（192）

1　管理經濟學概述

[本章結構圖]

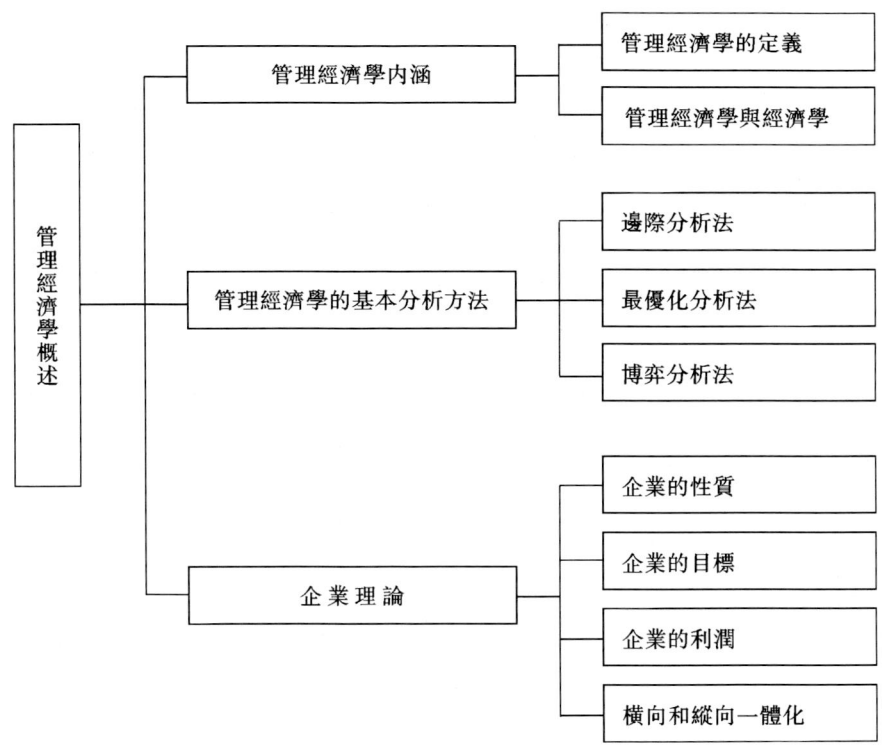

[本章學習目標]

在本章中，您將學習到：
- 管理經濟學的基本概念。
- 管理經濟學與經濟學之間的聯繫。
- 管理經濟學中最為基本的三種分析方法。
- 管理經濟學中有關企業理論。

管理經濟學主要研究如何把經濟學的理論與分析方法應用於企業管理實踐。作為一門學科，它著力於運用經濟學的概念、原理和分析方法來分析和解決企業的各種經營決策問題。因此，管理經濟學將經濟學理論和企業管理實踐聯繫在一起，形成了一套自成體系的理論和方法。

管理經濟學是在第二次世界大戰之後產生並發展起來的。在這以前，傳統經濟學（主要是微觀經濟學）基本都僅停留在經院式的討論上，很少用以解決實際問題。1951年，美國經濟學家喬爾·丁（Joel Dean）編寫了第一本管理經濟學著作。該書的問世，引起了經濟學家和企業家對經濟理論和方法應用於企業管理實踐的興趣和思考，從而開創了經濟學實際應用的新領域並得到迅猛發展的局面，目前管理經濟學已形成了一門相對獨立的學科體系。

隨著中國社會主義市場經濟體制的逐步完善，學習和研究管理經濟學對中國企業經營管理的重要性不言而喻。

1.1 管理經濟學的內涵

1.1.1 管理經濟學的定義

1.1.1.1 管理

管理（management）是通過計劃、組織、領導、控制和激勵等環節來協調人力、物力和財力資源，以期更好地達成組織目標的過程。一方面，管理是一種軟生產力，是生產力諸多要素的組織和協調，是各種勞動資源得以合理配置和充分發揮作用的必要因素。只有通過管理，才能將勞動者、勞動工具和勞動對象這三個要素合理地結合起來，從而推動生產力的發展；另一方面，作為一門綜合性的知識體系，管理在社會這樣一個複雜的大系統內可以起到「紐帶」作用，通過其有效協調、指揮與組織，它在生產過程中常可以使勞動生產力放大幾倍甚至幾十倍，產生「科學奇觀」。所以，管理既是一門科學，也是一種生產力。

一言以蔽之，管理所要解決的基本矛盾——有限的資源與互相競爭的多種目標之間的矛盾。假使資源的供應是無限的，人們要錢有錢，要物有物，要人有人，要時間有時間，要空間有空間……那麼組織的活動將可以隨心所欲，為所欲為，管理將變成多余之舉。遺憾的是，資源是有限的（甚至貧乏），而人們所要追求的目標卻是多種多樣的。這些目標在實現的過程中，都在圍繞著爭奪資源而進行無情的競爭。那麼，有限的資源如何在相互競爭的多種目標間合理分配？分配之後的資源又如何組織、控制和協調？這些都需要專人去思考，去組織，去實施，亦即進行管理。隨著生產力的發展，隨著人類社會的進步，資源與目標的矛盾越來越複雜，因此，管理也越來越成為人們關注的焦點。

從某種意義講，管理的本質就是決策。而管理決策的內容通常包括：

（1）資源配置方向的決策。例如，是進入科技行業還是家電行業。

（2）資源配置方案的決策，如產品定價、產能規劃等。

（3）組織結構的設計、人員配備和激勵。

管理者承擔著組織資源的責任。因此，他們必須懂得如何調動和配置組織內部的各種資源，即更為深刻有效地實現組織目標。為此，管理者需要掌握一定的理論和方法，更深刻地理解在紛繁複雜的商業世界中，各種經濟變量的相互作用和各個行為主體的相互影響，從而能作出使組織利益最大化的決策。

1.1.1.2　經濟學

相對於人類慾望的無窮性，資源數量總是有限的，因此產生了資源的稀缺性（scarcity）。資源稀缺性的客觀存在，意味著做出一項選擇時，不得不放棄其他選擇。這說明了資源管理和配置決策的重要性。

經濟學（economics）是研究如何管理稀缺資源及做出最佳配置決策的科學。對於經濟學，常有以下兩種主要的分類方法。

微觀經濟學（microeconomics）和宏觀經濟學（macroeconomics）。微觀經濟學研究社會經濟中個體的行為，個體如何作出決策及其行為間的相互影響。例如，人們將選擇什麼樣的商品組合，企業的定價將如何影響消費者對商品的需求數量等。宏觀經濟學則研究作為一個整體的社會經濟的發展變化全過程及其影響因素，包括國內生產總值（GDP）的增長，利率對投資的影響等。

宏觀經濟學與微觀經濟學主要區別與聯繫，如表1-1所示。

表1-1　宏觀經濟學與微觀經濟學

資源具有相對稀缺性	微觀經濟學（選擇）	定義	以單個經濟單位為研究對象，通過研究單個經濟單位的經濟行為和相應的經濟變量單項數值的決定來說明價格機制如何解決社會資源配置問題。		
		研究對象	單個經濟單位	家庭效用最大化 企業利潤最大化	
		解決問題	資源（合理）配置	生產什麼 如何生產 為誰生產	基本經濟問題
		核心理論	價格理論	價格如何使資源配置達到最優	
		研究方法	個量分析		
		基本內容	均衡價格理論		
			消費者行為理論		
			生產理論	生產組織形式的選擇與生產要素的組合	
			分配理論		
			微觀經濟政策		

表 1-1（續）

資源具有相對稀缺性	宏觀經濟學（節約）	定義	以整個國民經濟為研究對象，通過研究經濟中各有關總量的決定及其變化來說明資源如何配置才能得到充分利用。		
		研究對象	整個經濟		
		解決問題	資源（充分）利用	充分就業 物價水平 經濟增長	基本經濟問題
		核心理論	國民收入決定		
		研究方法	總量分析		
		基本內容	國民收入決定理論	簡單的國民收入決定模型 IS－LM 模型 總需求供給模型	
			失業與通貨膨脹理論		
			財政、貨幣理論		
			經濟週期與經濟增長理論		
			宏觀經濟政策		

實證經濟學（positive economics）和規範經濟學（normative economics）。實證經濟學研究經濟變量之間的關係，即經濟規律。例如，利率的提高將引起哪些經濟變量的變化，它們將如何變化？規範經濟學研究應該如何調控經濟變量，即利用經濟規律。例如，是否應該調整利率？調整方向和幅度怎樣？值得注意的是，實證經濟學可以通過實際經濟數據而得到檢驗，規範經濟學則需要在實證分析的基礎上，結合個人的價值判斷來進行研究。

【閱讀 1-1】

經濟學需要解決的問題及解決途徑

既然經濟資源具有稀缺性，人類的需求又是無止境的，那麼在現實經濟中，就需要解決一系列的問題。

(1) 現實經濟中經常遇到的問題

◆ 生產什麼？

經濟學的目標是，用稀缺的資源去生產人們非常需要的物品，使人們的需求得到最大限度的滿足。所以，我們首先要確定，在經濟資源總量有限的前提下，應該用這些資源來生產什麼產品，提供什麼樣的勞務，避免生產人們不太需要或完全不需要的產品。

◆ 生產多少？

盡可能使各種產品在數量上與各自的需求量保持一致。數量過多的產品會出現積

壓，過少的產品則不能充分滿足人們的需求，也就沒有達到最大限度地滿足人們需求的目的。

◆ 怎樣生產？

這個問題實際上就是選擇什麼樣的生產方式的問題。不同的技術水平，不同的生產組織形式，都決定了資源使用效率的高低。為使效率達到最高，應該選擇合適的生產組織形式和追求更高的技術水平。

◆ 為誰生產？

這個問題要回答：我們生產出來的產品，或者說這個社會產生的財富，以什麼樣的方式進行分配。如果分配方式合理，多數人的需求都可以得到滿足；否則，可能只有一部分人的需求得到滿足，同時還有一部分產品和資源嚴重閒置，而另外一部分人的需求卻得不到滿足。

（2）解決以上問題的途徑

◆ 解決「生產什麼」和「生產多少」的問題，主要通過合理配置來解決。合理配置的標準是：在各個產品的生產上，既不存在資源的閒置，也不存在資源的緊缺。實現合理配置，首先就要在量的比例上滿足各個方面的需求。

◆ 選擇適當的方式，以實現有效利用。實現了有效利用，也就提高了資源的使用效率。解決「怎樣生產」的問題，最重要的是提高資源的使用效率。

◆ 公平分配。因為「為誰生產」的問題，實際上是一個分配問題，只有通過公平的分配，才能最大限度地調動人們的主觀能動性，積極有效地利用資源。

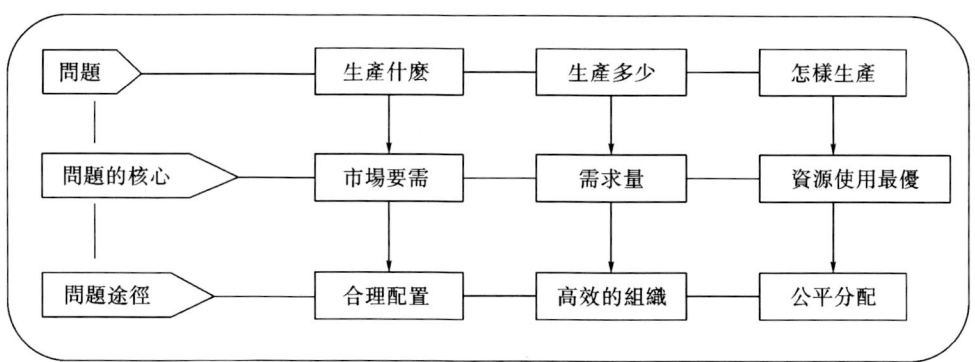

圖1-1　經濟學需要解決的問題及解決途徑

【閱讀1-2】
波普爾與「可證偽性」科學理論

「我們怎麼知道我們所知道的是對的?」這也許是古希臘人提出的哲學史上最難回答的一個問題。今天，人們似乎可以在可證偽原則中找到它的答案，功勞應該屬於波普爾。

波普爾（Karl Popper）被有些人稱為「繼康德以來最有影響的當代哲學家」。他的成就主要在兩個方面：一是認識論，二是科學哲學。他的研究不僅涉及科學與哲學，

而且涉及政治、藝術和宗教，尤其是對 20 世紀科學理念的轉變，起到了十分重要的作用。

演繹法和歸納法是現代科學大廈的根基，而這兩大支柱卻有著無法克服的局限性。演繹法必須有一套前提假設，而這些假設與實際觀測可能不符。歸納法則要求反覆觀察和驗證，從而確定普遍適用的規律。早在 18 世紀，休謨（David Hume）就指出，有限的實驗不可能提供足夠的觀察來排除將來有一天會出來「例外」。因此，歸納法是不充分的。打個比喻，假如你發現了十萬個蘋果是綠色的，從而歸納出青蘋果是綠色的，但是如果第十萬零一個是紅蘋果，這個「綠蘋果理論」就會被推翻。

波普爾的「可證偽性」原理接受了休謨對歸納法的批判。他指出，在真實和錯誤之間存在著不對稱性，沒有理論可以被證明是對的，但有些理論可以被證明是錯的，科學由此而界定。因此，科學就是還沒有被證明為錯誤的理論。這也就是說，沒有一種方法可以評判我們的理論是否反應了真實的世界。科學同其他知識形式的區別在於，科學把它的理論置於可被觀察所推翻的測試當中。當有競爭的評論出現時，科學家選擇那些與觀察的真實最一致的理論，而放棄遜一等的理論。儘管我們不能確定現在維持的理論是否真實，但它比過去的理論更接近真實。

【閱讀 1-3】
「不道德」的經濟學

經濟學會捲入關於道德的爭論。經濟學離不開「道德」、價值體系這類的概念，但它本身不研究道德問題。作為經濟學家，談道德似乎是「不務正業」。但是，許多人認為經濟學家也應該「講道德」，不能只鼓吹「賺錢」、「利潤最大化」；不少經濟學家也認為經濟學要講道德。經濟學家作為社會公民的一分子，應該是講道德的；作為一般意義上的知識分子，甚至也應該做傳經布道的工作。

要說明的一點是，經濟學的分析離不開道德，價值與倫理觀念。

其一，作為經濟學最基本概念之一的「效用」或「幸福」本身，就包含著個人對什麼是幸福，什麼是痛苦，損人利己是否幸福，助人為樂是否是「傻帽」等等一系列問題的價值判斷和倫理尺度。一個人的「效用函數」或「偏好」，其實就是一個人對各種事物好惡評價的一種價值體系，沒有這種價值判斷為前提，經濟學的分析就無法展開。

其二，即使在「效率」這樣似乎十分「價值中性」的概念當中，本身也包含著價值判斷。比如所謂的「帕累托效率」概念（這是現代經濟學中所使用的最基本的效率尺度），本身就包含著價值判斷，因為，當它承認某個人的境況是變好、變壞或不變的時候，它承認只有個人才知道對他來說什麼是好的、壞的，什麼是幸福的、不幸的，別人的價值判斷對他無用；個人與個人之間的效用滿足無法比較。這就是帕累托原則背後的「個人主義標準」。所以，用帕累托標準衡量，只有當一個人認為自己的境況有所改善而其他人認為自己的境況至少沒有變壞的時候（不是別人認為他們的境況怎樣，而必須是他們自己認為如何），我們才能說發生了「帕累托改進」（效率改進）。

其三，同樣非常重要的是，經濟學承認，在人們判斷自己幸福不幸福的時候，不是孤立地只想自己，而是也會把自己與別人的相對處境、相互關係考慮在內。「相對收入」或「平等與否」會是人們衡量自己幸福與否的一個重要內容，而別人的幸福與否也會成為一個人感覺自己幸福與否的一個重要因素。比如，儘管一個人收入提高了，但若他看到別人的收入比他的增長更快，自己相對地位低了，他反倒會感到痛苦（由嫉妒導致）；而對另一些人來說，當他得知他的父母、子女感到比以前幸福了，他也會感到自己更加幸福。在一個「階級鬥爭觀念」流行的社會中，人們會以「凡是敵人擁護的我們就要反對」作為行為標準；而在一個和諧而友善的社會氛圍裡，人們的幸福感會相互促進。

其四，道德或價值體系不僅是人們行為目標的基礎，而且構成人們的行為約束。這主要是指在社會中占優勢的、被較為普遍接受的道德規範對某一個人行為的約束作用。比如，人們會認為損人利己是不道德的（「損」到什麼程度是不可接受的，則在不同的「道德水準」下有所不同）；人們還會認為不平等是不可接受的（什麼意義上的不平等，不平等到什麼程度是不可接受的，在不同的社會中會有差異）。行為約束，可能最終會以正式的法律或規章制度形式出現，表現為社會強制執行的規則，也可能只是以社會輿論、「千夫所指」的非正式的形式出現。二者之間還可以相互轉化。比如子女敬養父母的「孝道」，現在在新加坡成了強制執行的法律；而不隨地吐痰在有些國家中可能已變成了不必由法律監督的基本公德。

以上的一切分析都表明了經濟學的分析是如何地離不開道德，離不開價值判斷。如此看來經濟學不是很講道德嗎？其實不是，經濟學的界限在於：它只是在給定的道德規範和價值體系下進行分析，它是把人們的「偏好」、「價值觀」、「生活目標」、「社會公德」、「平等觀」等當作「外生的」，在經濟學體系之外決定的東西來看待，當作自己分析的前提條件接受下來，然後在某種給定的道德準則、社會規範等的範圍內，進行經濟學的分析，告訴人們如何行為、如何選擇、如何決策、如何配置資源，才能最大限度地實現自己的目標，增進自己的幸福；告訴人們，在目標和利益相互衝突、相互約束的個人之間，如何相處、如何妥協才能實現某種「均衡」，達到衝突雙方或衝突各方的利益最大化；等等。在這個過程中，經濟學事實上也就把不同的社會標準、道德價值觀念等作為不同的外生變量帶入經濟學分析，指出它們的差異如何帶來經濟行為的差異和經濟後果的不同。經濟學不打算改變「人性」，而只滿足於接受現存的「人性」，作為自己分析的前提。

（資料來源：樊綱. 經濟學家談道德 [M] //走進風險的世界. 廣州：廣東經濟出版社, 1999.）

1.1.1.3 管理經濟學

管理經濟學（managerial economics）就是研究如何配置資源以最有效率地實現預期管理目標的科學。它介紹了在管理決策過程中需要考慮的經濟學原理，闡述了如何運用經濟學理論和方法來分析和解決管理決策問題。同經濟學一樣，管理經濟學的研究對象仍然是經濟數量關係和經濟規律，只不過它是從管理者，主要是從企業經營者的

角度來進行研究和分析。因此，它又常常被人們稱為企業經濟學（business economics）。

企業（enterprise）是從事商品和勞務的生產經營，獨立核算的經濟組織。作為社會組織單位和微觀經濟實體，企業管理決策涉及多方面的問題和因素。不過，由於企業主要是因為經濟的原因而產生和存在的，是一個以謀求經濟利益為基本目標的社會組織，因此，有關經濟方面的管理決策對於企業來說是更為基本的決策。管理經濟學正是研究企業關於經濟方面的管理決策，對企業管理決策所涉及的經濟關係尤其是經濟數量關係及經濟規律進行分析。

一般而言，管理經濟學對管理者來說，可以在兩個方面發揮作用：第一，在確定的現有經濟環境中，管理經濟學原理能為決定資源在企業內部的有效配置方案提供分析框架。第二，這些原理能幫助管理者對各種經濟信號作出反應。

因此，可以這樣說，學習和掌握管理經濟學的原理和方法，可以使企業和管理者的價值都能得到提高。

通過如上分析，不難得出管理經濟學科的功能地位，可以用圖1-2來表示。

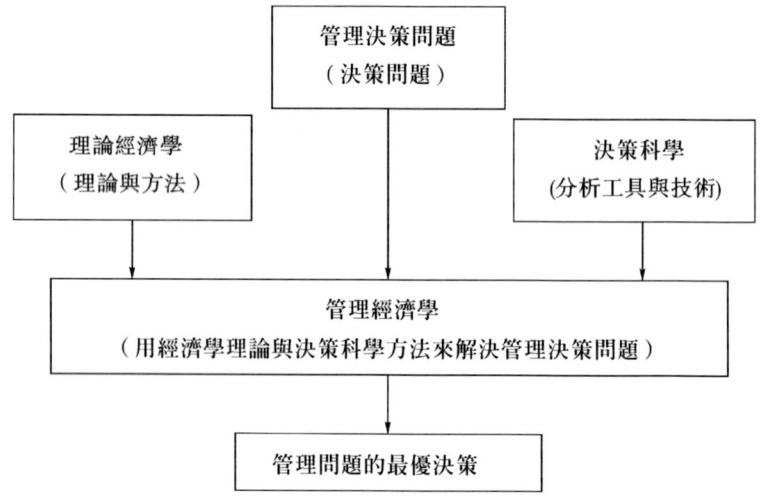

圖1-2　管理經濟學的地位與功能

1.1.2　管理經濟學與經濟學

管理經濟學是經濟學（主要是微觀經濟學）向企業管理實踐領域的應用性延伸。管理經濟學的諸多概念、原理與方法均來自經濟學，因此它們兩者之間有著密切的聯繫。

第一，經濟學是從第三者的角度來觀察和研究市場主體的經濟行為，包括企業、個人、政府和其他組織；而管理經濟學則主要從企業管理者角度來思考企業如何在各種約束條件下合理、有效地決策和運行。因此，管理經濟學比經濟學研究的對象範圍更集中。另外，經濟學的研究目的在於通過對經濟主體的行為分析來揭示經濟規律和經濟運行機理，為人們認識社會經濟活動提供更為一般的理論指導；而管理經濟學的

研究目的在於為企業實現利益目標進行有效決策提供經濟分析方法和工具。正因為這樣，后者更具有實用性。

第二，為了簡化分析，經濟學理論都包含諸多假定和前提。但為了更接近客觀實際，管理經濟學在繼承這些假定和前提的過程中，作了適當程度的放寬和突破。例如，經濟學通常假定企業行為的唯一目標是追求利潤最大化。但在現實中的企業由於受諸多因素的限制，其目的可能是謀求利潤滿意化而非最大化；而且除了利潤目標外，企業還可能具有擴大市場份額、承擔社會責任等多元化的目標。這就使得管理經濟學在以利潤最大化準則分析企業行為的同時，還須兼顧其他企業目標的要求。再如，在通常情況下，經濟學理論假定企業擁有完全的市場信息，但現實中的企業幾乎都是在不完全信息的條件下經營和運作的。這就要求管理經濟學還須廣泛借用其他學科的概念和工具，以幫助企業收集必要的信息，並在不確定條件下選擇最優方案。這又成為管理經濟學向綜合性和邊緣學科發展的動因。

第三，同經濟學一樣，在分析企業行為時，管理經濟學也廣泛使用多種經濟模型，尤其是數量模型，但兩者運用模型分析的目的卻不盡相同。經濟學主要把經濟數量模型作為分析經濟系統運行機理的抽象化工具。管理經濟學對這些模型的引進和使用則是同企業的具體決策過程和行為密切相關的，管理經濟學通過這些模型為企業決策者提供分析和觀察問題的思路，幫助制訂和評價決策方案。因此，經濟模型在管理經濟學裡具有更為具體和實際的目標和內容。

可見，管理經濟學與經濟學（主要是微觀經濟學）的聯繫是緊密的，但也存在著顯然的差別。

首先，兩者之間的目的是不同的。管理經濟學是為企業管理者服務的，其目的是為了解決企業的決策問題而提供經濟分析手段。而經濟學是為了揭示經濟主體的行為，理解價格機制如何實現經濟資源的優化配置。

其次，管理經濟學和微觀經濟學各自的著重點不一樣。管理經濟學的著重點在於企業理論，微觀經濟學的著重點在於最后引申出整個經濟的一般均衡原理，找出資源的帕累托最優配置等福利經濟學的結論。因而管理經濟學是為企業服務的，微觀經濟學是為宏觀經濟學提供理論基礎的，既可以為企業服務，也可以為其他經濟行為主體服務，同時也可以為政府服務。

1.2 管理經濟學的基本分析方法

邊際分析法、最優化分析法和博弈分析法是管理經濟學最常用的幾種分析方法。

1.2.1 邊際分析法（增量分析）

1.2.1.1 邊際

邊際（margin）含有邊緣、額外、追加的意思，在管理經濟學中被用於揭示兩個

具有因果或相關關係的經濟變量之間的動態函數關係。邊際在經濟分析中作為特定經濟函數關係的產物，揭示的是某一經濟變量在相關變量影響下所發生的邊緣性變化的狀況。在企業經營決策中，除了成本外，邊際分析的方法還廣泛用於產量、收入、利潤等經濟變量的分析。

從數學的角度來看，邊際是連續函致的導數。它反應自變量微小變化對因變量的影響。如果 x 表示自變量，Δx 表示其變化量，$y = f(x)$ 表示因變量，Δy 表示其變化量，則因變量 y 受自變量 x 變化影響的邊際值為 $\Delta y / \Delta x$。當函數 $f(x)$ 是連續可微時，$y = f(x)$ 相對於 x 變化的邊際值就是 $f(x)$ 對 x 的導數：

$$y' = \frac{dy}{dx} = \lim_{\Delta x \to 0} \frac{\Delta y}{\Delta x}$$

導數作為原函數的變化率，較為準確地反應了邊際的含義。

1.2.1.2 邊際值

邊際值表示自變量每變化一個單位，引起因變量變化的量多少。

（1）邊際收入 MR：每增加一個單位產量（銷量），所引起的總收入的變化量。

$$MR = \Delta TR / \Delta Q$$

（2）邊際成本 MC：每增加一個單位產量（銷量），所引起的總成本的變化量。

$$MC = \Delta TC / \Delta Q$$

（3）邊際利潤 $M\pi$：每增加一個單位產量（銷量），所引起的總利潤的變化量。

$$M\pi = \Delta T\pi / \Delta Q = MR - MC$$

（4）邊際產量 MP：每增加一個單位的投入要素（如勞動力，或資本），所引起的總產量的變化量。

$$MP = \Delta TP / \Delta L$$

1.2.1.3 邊際分析法（marginal analysis）

邊際分析法是指分析自變量微量變化對因變量的影響，即決策前後情況的變化。邊際分析法是管理經濟學中最常見的分析方法。它是基於各種經濟現象之間存在一定的函數關係。在企業生產經營決策中，存在大量某一因變量依存於一個或幾個自變量的函數關係。邊際分析法就是借助這種函數關係，研究因變量隨著自量的變化而變化的程度，以此分析經濟效果的一種分析方法。傳統的平均分析方法往往根據業已發生的事實，計算出自變量與因變量之間聯繫的平均值，再從這種反應過去的平均值來推測出未來出現的情況，但事實上許多變量之間的關係並非固定的比例關係，因而用過去的平均值來分析或解決現實問題，失誤在所難免，而邊際分析法克服了這一缺點。在決策時，它主要考慮的是由於決策而引起的投入量新變動的邊際效果，這種邊際值更準確地反應了決策的直接后果。因此，它成為以企業經營決策問題為主要研究對象的管理經濟學的重要分析工具。

【例1-1】某民航公司在從甲地到乙地的航班上，每一位乘客的全部成本為250元，那麼當飛機有空位時，它能否以較低的票價（如每張150元）賣給學生呢？人們

往往認為不行，理由是因為每個乘客支出的運費是 250 元，如果低於這個數目，就會導致虧本。但根據邊際分析法，在決策時不應當使用全部成本（在這裡，包括飛機維修費用以及機場設施和地勤人員的費用等），而應當使用因學生乘坐飛機而額外增加的成本。這種額外增加的成本在邊際分析法中叫做邊際成本。在這裡，因學生乘坐而引起的邊際成本是很小的（如 30 元），可能只包括學生的就餐費和飛機因增加荷載而增加的燃料支出。因學生乘坐而額外增加的收入叫邊際收入，在這裡，就是學生票價的收入 150 元。

在這個例子中，邊際收入大於邊際成本，說明學生乘坐飛機能為民航公司增加利潤，所以按低價讓學生乘坐飛機對民航公司仍是有利的。

邊際分析是經濟學中重要的概念，也是一種決策方式，它著眼於增量的比較。任何人在作出某項行動決定時都會問這樣一個問題：「它值得嗎？」對這個問題的回答是：「只要境況在採取了某項行動之後會比採取行動之前有所改善，那麼，它就是值得的。」這就是邊際分析法的精髓。

邊際分析法的一種變形方法是增量分析法。邊際分析法和增量分析法的相同之處是在判斷一個方案對決策是否有利時，都要看由此引起的收入是否大於由此而引起的成本，即看它是否能為企業帶來利益。它們的區別僅在於邊際分析法分析的是自變量變化微量時對因變量的影響，而增量分析法中自變量的變化量可能不是一個微小變化量，有時甚至不是一個數量化的變化量。在實際的企業經營決策中，增量分析法也是一種常用的分析方法。

1.2.2 最優化分析法

管理經濟學的主要內容是企業的經營決策，而決策就是要在所有可行的方案中尋求一個最優的方案。企業在追求其目標的過程中總是努力追求最大化的利潤或最小化的成本。因此，最優化的分析方法無疑是管理經濟學的重要方法。

$T\pi = TR - TC$，求導：$T\pi' = TR' - TC' = 0$，即 $MR = MC$。

①$MR > MC$，可行；

②$MR < MC$，不可行；

③$MR = MC$，最優。

以某企業的產量決策為例，說明最優化分析法在管理經濟學中的應用。假設某企業的總成本與產量間的關係為：$TC = 80 + 4Q$，總收益與產量的函數關係為：$TR = 24Q - Q^2$。

其利潤函數應為：$\pi = TR - TC = -Q^2 + 20Q - 80$

企業可以利用最優化方法求得利潤最大化時的產量水平。由極值條件可知，函數的極值位於一階導數為零的點上，即 $MR = MC$。即是說，令該企業的利潤函數 $\pi(Q)$ 的一階導數為零：

$$\frac{d\pi}{dQ} = -2Q + 20 = 0$$

解得 $Q=10$，這時相應的利潤為：$\pi(10) = -10^2 + 20 \times 10 - 80 = 20$

可以得出，當該企業生產 10 個單位的產品時，企業的利潤達到最大值 20。

在很多情況下，企業的生產經營決策往往有一定的約束條件，這時的最優化問題就成為約束最優化問題。通常約束最優化問題的最優化規則是：（以業務量怎樣最優分配為例）當各種使用方向上每增加單位業務量所帶來的邊際效益都相等時，業務量的分配能使總效益最大；當各種使用方向上每增加單位業務量所引起的邊際成本都相等時業務量的分配能使總成本最低。

這是因為如果在各種使用方向上，業務量的邊際效益（邊際成本）互不相等，人們就能在不增加總業務量的前提下，通過減少邊際效益低（邊際成本高）的使用方向上的業務量、增加邊際效益高（邊際成本低）的使用方向上的業務量的辦法，來增加總利潤（減少總成本）。可見，只有當業務量的分配能使各種使用方向上的邊際效益（邊際成本）均等（已無法再通過調整業務量的分配使境況更優）時，業務量的分配才是更優的。

1.2.3 博弈分析法

在許多市場中，企業之間決策的相互影響較大，而傳統經濟學往往把外部環境或競爭對手的行為作為既定的、外生的行為，這使一些傳統的分析方法在分析企業決策之間互動規律時顯得距離實際有些遙遠。博弈分析方法則主要研究決策主體的行為發生直接相互作用時的決策以及這種決策的均衡問題，即研究當一個企業的決策受到其他企業決策的影響，而且反過來影響其企業決策時的決策問題和均衡問題。博弈論不僅研究單一企業在利潤最大化作用下的市場行為，而且更強調其行為是與環境、歷史等因素密切相關的，能夠更為具體地研究企業在各種不同的環境和歷史、企業與企業之間的相互關係等條件下的行為方式及其變化。

在企業的經營決策中，傳統的經濟理論主要討論單個企業在資源約束條件下的利潤最大化，而博弈論則更強調在競爭市場中所實現的競爭各方都不願再單方面改變自己均衡時所形成的在博弈均衡狀態下的利益均衡化。博弈論所得出的均衡解是要同時考慮每一個博弈參與者的策略都如此選定時的策略組合，它往往要解由多個企業的目標函數所生成的一組聯立方程，而不同於傳統經濟學只考慮單個企業的利潤最大化的模型中尋求最優行動方案。

1.3 企業理論

管理經濟學的研究對象是企業，而企業是市場的主體，又是市場經濟中基本的經營決策單元，因而有必要在分析其行為前先對其性質、目標以及利潤等相關問題進行探討。

1.3.1 企業的性質

討論企業的性質主要是要回答這樣兩個問題：①在市場經濟條件下企業產生的根源。②企業作為市場的主體和基本的經營決策單元，必須具備哪些基本特徵。

1.3.1.1 企業和市場：兩種協調方式

經濟學認為，企業就是指以營利為目的，把各種生產要素組織起來，經過轉換，為消費者或其他組織提供產品或勞務的經濟組織。換言之，企業是指能獨立作出決策的經營單位，它可以獨立地決定生產什麼、如何生產以及為誰生產等問題，其決策主要以市場情況作為依據和基礎。

市場交易或價格調節只是人類經濟活動的一種組織形式。交易還可以通過其他的組織形式來完成，企業就是這樣一種組織形式。同一筆交易，可以通過市場完成，也可以在企業內部完成，例如，有些企業的產品製造所需的零配件可以通過向其他企業購買，也可以在本企業內部自己生產完成。在市場上，交換雙方是平等的，決策是分散的，信息由價格來傳遞；在企業內部，交換雙方是上下級關係，決策是集中的，信息通過指令和匯報傳遞。

同樣的市場結果，為什麼會存在通過市場交易和內部指令兩種方式來完成，或者說，每個企業或每個人都進入市場討價還價，反覆地進行交易談判，應該說更符合經濟人的自由意志，為什麼還要組建企業，並且把本來可以自由進行的市場交易行為轉化為企業內部的非交易行為？企業的本質究竟是什麼？

美國經濟學家科斯在《企業的性質》中為這一問題的答案給出了獨特的見解，他認為：市場與企業是兩種不同的資源配置和協調機制，兩種協調機制在一定程度上可以相互替代，替代的原因在於企業可以節省市場機制下的交易成本，它們之間的不同表現在：在市場上，資源的配置由非人格化的價格來調節；在企業內部，資源的配置則通過權威關係來完成。兩種資源配置方式都要支付交易成本，如果不是通過市場機制，而是通過一個組織並靠該組織的權威來配置資源，且這種配置方式比市場機制配置資源更能節約交易成本時，企業就將產生。

不過，企業對於市場機制的替代是有成本的，例如管理企業需要支付管理成本，管理人員對市場失誤可能帶來決策成本。另外，由於信息不完備和經濟主體具有有限理性與機會主義傾向，企業內部需要計量、監督和激勵，也都會發生相應成本。隨著企業擴大，組織層級複雜，企業在信息處理、監督和激勵方面困難越來越大，組織監督成本也就日趨高昂。可見，企業規模擴大會節省市場交易成本，但是它本身又會帶來企業組織成本增加。從理論上講，當最后一筆交易在企業內完成的組織成本增加量與在市場上完成的交易成本增加量相等時（企業邊界），企業達到了了最優規模。

由此可見，科斯把企業的起源和規模擴張的原因歸結於節約市場交易成本，並認為企業的本質是作為價格機制的替代物，是一種經濟協調組織。這是對傳統新古典經濟學的突破，因為傳統新古典經濟學一直把企業看成是一個基本的生產單位、一個「黑匣子」，對企業的本質及其內容從來不去探討。

通過交易成本這一突破性概念，可以將市場和企業兩種資源配置機制連接起來，兩種機制各有其優勢。

市場的優勢在於：在市場上購買中間產品，由於大量的企業從一個供應商那裡買貨，這將有利於該供應商實現生產上的規模經濟和降低成本。而且，中間產品供應商之間的市場競爭壓力，也迫使供應商們努力降低生產成本。另外，當單個供應商面對眾多的中間產品的需求時，單位供應商可以避免由於單位企業的需求不穩定可能帶來的損失，以利於在總體上保持穩定的銷售量。

企業的優勢在於：第一，企業可以減少交易成本。企業通過市場購買中間產品是需要花費交易成本的，如果企業能夠在自己內部生產一部分中間產品，就可以消除或降低一部分交易成本，並且產品質量可以得到相應的保證。第二，是專門化設備投資和生產的需要。如果單個企業所需要的是某種特殊類型的專門化設備，則供應商不太可能進行僅有一個買主的專門化設備的投資和生產，這種投資的風險太大。這就需要企業內部解決專門化設備的生產問題。第三，企業雇傭一些具有專項技能的雇員，並建立長期的契約關係，這比從其他企業那裡購買相應的服務更有利，因為這可減少相應的交易成本。

1.3.1.2　企業與市場：兩種契約關係

市場是人們在經濟活動中形成的一種競爭與合作關係，即互相獨立的利益主體之間自願交換關係，交換系統通過價格機制來實現對社會經濟活動的調節和資源配置。獨立主體在交換過程中實現的各自利益，必然需要通過各種契約來界定，因而市場經濟是一種契約經濟，或者說市場是有關產品和勞務交換的契約。

現代企業理論認為，企業也是一種契約組合，它代表個人之間交易產權的一種形式。依據前面討論，企業能夠節約交易成本，是因為在企業內部不需要每天發生市場主體之間交易，組合在企業內的各個生產要素，不必每天簽訂一系列買賣合約，因而原來由於簽訂和執行這些市場合約的費用被節約了。然而，企業並不是以一個非市場契約代替市場價格機制，而是以另一類契約取代市場契約的結果。企業契約的特點在於，生產要素為獲得一定報酬同意在一定限度內服從企業家指揮，它限定了企業家的權利範圍。在通過契約實現交換關係意義上，企業與市場具有共同屬性；然而，企業所代表的契約自有其特點。

首先，企業和市場契約的對象內容不同。市場是涉及產品交易的契約，而企業則是涉及要素交易的契約，因而，企業代替市場實際是用要素市場契約代替產品市場契約。要素交易契約必然涉及人力資本的交易，因而，企業是財務資本和人力資本結合的產物。

其次，企業和市場契約的完備性程度不同。一個具有完備性的契約，指契約準確描述了與交易有關的所有未來可能出現的狀態，以及每種狀態下契約各方的權利和責任。如果一個契約不能準確地描述與交易有關的所有未來可能出現的狀態以及每種狀態下的權利和責任，這個契約就是不完備契約。

雖然不存在絕對完備的契約，然而相對而言，市場契約比較完備，有關企業的契

約則通常是不完備的。企業契約不完備性意味著,當不同類資源所有者組建企業時,每個參與人在什麼情況下幹什麼,該得到什麼,並沒有完全明確地說明。比如說,勞動合同規定了工人上下班時間和每月工資水平,但是沒有說明工人每天該在什麼地方做什麼具體工作。

企業契約不完備性與企業契約涉及人力資本交易存在深刻聯繫。人力資本的產權特性,使得直接使用這些資源時客觀上無法採用「事先全部講清楚」的完備合約模式。在利用工人勞動的場合,即使是那種簡單到可以把全部細節在事前交代清楚的工作,執行勞務合同仍然可能出現問題。因此,企業契約不同於一般市場契約,關鍵在於企業契約中包含了勞務要素的利用,而勞務要素事實上的不完備性,或者真正做到完備性的成本可能會更高昂。

1.3.1.3 企業邊界

企業邊界是指企業規模擴大至最后一筆交易的成本與通過市場交易的成本相等為止,如圖1-3所示。

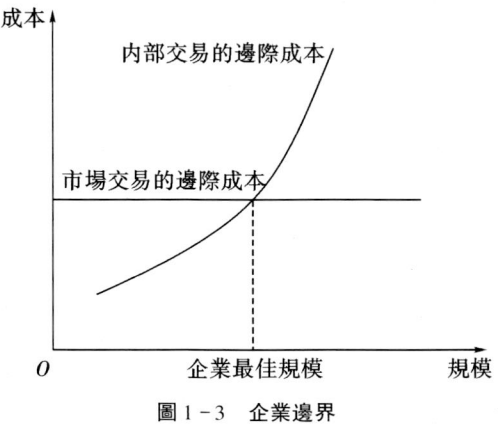

圖1-3 企業邊界

【閱讀1-4】

日不落帝國

如果說歷史上龐大輝煌的羅馬帝國只不過是一個以地中海為中心的區域帝國,那麼,英國人建立的「日不落帝國」卻是一個真正的世界帝國。英國殖民地遍及全球,其開拓的疆域之大,統治的人口之多,絕非人類歷史上任何一個帝國所能比擬——世界上幾乎沒有任何一個國家可以望其項背。龐大的「日不落帝國」是英國成為世界最強國的一個標誌,帝國本身與英國的海上霸權與工業霸權一起,共同將英國推上了世界霸主的寶座。英國的霸權地位一直延續到20世紀,一個小小的島國,其本身人口不過千萬,能在世界稱霸一個世紀之久,這是它一系列的制度領先所造成的結果。

帝國擴張能力不是無限的,殖民地並不是越大越好。二次工業革命后喪失了工業科技的優勢、沒有及時進行經濟結構調整、經濟對外依賴程度過高、教育落後與惰性導致的企業家精神喪失,總之,當一個國家喪失創新能力的時候,它就要衰落下去了。

由此看來，一個國家或民族應隨時審視自身的缺點與不足，不斷根據時代的需要做出相應的調整；否則，優勢中存在的隱患會影響全局，英國的教訓值得思考。

【閱讀1-5】
企業制度

歷史和現實表明，企業制度存在三種基本類型和形態：個人業主制、合夥制和公司制。

個人業主制，建立在一家一戶私有財產基礎上，特點是企業家與經理人力資本合而為一，業主直接經營，享有全部經營所得，並對企業一切債務負有無限責任。業主制一般結構簡單，決策簡便，經營靈活，權責明確，缺點是財力有限，規模較小，企業的生命基本上取決於業主的個體狀況，因而可持續性不強。

合夥制是以兩個或兩個以上業主的個體財產為基礎建立起來的企業，是若干業主的簡單相加。每個人都同意提供一部分勞動和資本，分享一定比例的利潤，分攤一定的虧損和債務。合夥制有三個重要特點：第一，每個業主對企業的債務負無限責任。第二，業主之間擁有互為代理權，即每個人都能簽署對所有其他合夥人具有法律約束力的合約。第三，有限期的合夥關係，即出現某位合夥人死亡、破產、被驅逐或退出情況時，合夥關係自動解體。

公司制指的是合法擁有一個企業的契約性機構，它的資本來自投資者，並由若干董事和經理階層經營。現代公司製作為最完善、最主要的企業組織制度，有三個基本特點：第一，公司是法人。它意味著一個公司可以用公司的名義進行民事活動，享有民事權利和民事義務。第二，無限期。不同於合夥制企業有限期性質，公司創立人可以在公司建立條款中規定無限期，即無論公司的投資者如何變化，公司將繼續存在。第三，有限責任。公司僅僅以它註冊資本為基礎並對營運過程可能帶來的損失承擔責任，不必以投資人所有財產負無限責任。

進一步講，有必要重新審視工業革命的偉大成就——工業革命的偉大成就不僅是科學技術在工廠的應用，更是企業組織結構（制度）的建立！

1.3.2　企業的目標

1.3.2.1　利潤目標

（1）短期利潤最大

利潤最大化是古典微觀經濟學的理論基礎，經濟學家通常都是以利潤最大化這一概念來分析和評價企業行為和業績的。

儘管利潤最大化與經濟分析中的其他假設一樣，並不完全符合現實世界的所有現實。但顯然，對於管理者來說，利潤是企業生存和發展的決定性因素，也是企業所有者的要求和願望。因此，在一般情況下，管理者要求以利潤最大化作為企業目標有其合理性。

(2) 長期企業價值最大化

企業價值是指企業未來預期利潤收入的現值之和。其計算公式為：

$$\text{企業價值} = \frac{\pi_1}{1+i} + \frac{\pi_2}{(1+i)^2} + \cdots + \frac{\pi_n}{(1+i)^n}$$

$$= \sum_{t=1}^{n} \frac{\pi_t}{(1+i)^t}$$

式中，π_t 為第 t 年的預期利潤；i 為資金利息率；t 為第幾年（從第 1 年即下一年，到第 n 年即最后一年）。

由於利潤等於總銷售收入（TR）減去總成本（TC），上述方程又可以表述為：

$$\text{企業價值} = \sum_{t=1}^{n} \frac{TR_t - TC_t}{(1+i)^t}$$

式中，TR_t 為企業在第 t 年的總銷售收入；TC_t 為企業在第 t 年的總成本。

把企業價值最大化作為企業目標，與短期利潤最大化相比，主要有以下三大優點：①促使管理人員堅持長期行為。②促使管理人員在決策時考慮收益的時間性。③促使管理人員在決策時考慮經營的風險性。

需要注意的是，長期與短期問題不只是一個時間概念問題；事實上任何企業的日常經營都是短期的行為，只不過對短期目標的設計和安排要服從於長期目標。誠如企業管理中所說的：做正確的事與正確地做事同樣重要。

1.3.2.2 其他目標

其他目標是由企業是經濟組織的同時又是一個社會組織性質所決定的。它是企業欲追求可持續發展的重要因素。它包括：銷售額最大化，股東財富最大化，追求多方利益的平衡等問題。

1.3.3 企業的利潤

1.3.3.1 機會成本

「世上沒有免費的午餐」，這句名言體現了經濟學的核心思想：每一種選擇都包含了成本。因此，選擇就是一種權衡取捨，是為了得到某種東西就必須放棄其他的東西。一個人做出決策時必須要在不同的目標和行動上做出取捨。

由於面臨著權衡取捨，所以有了機會成本的概念。人們為了得到一件東西而放棄的東西就是做出這項選擇的機會成本。注意機會成本是指所放棄的評價最高的一件事情的成本，而不是所放棄的所有可能的事情的成本的總和。

可見，機會成本並不是一種真實發生的成本，因此它並不計入會計成本。會計成本是以權責發生制為基礎的，它強調的是歷史成本，它要求會計數據是客觀的和可核實的。基於以上理由，會計成本不能用於決策，決策時必須考慮機會成本。

【例 1-2】甲自己當經理經營管理工廠，不拿工資，但如果他在其他單位工作，每月可獲得工資 3500 元。乙聘請別人當經理來管理工廠，每月向其付工資 3500 元。試求甲和乙管理工廠的會計成本和機會成本。

解：

甲：會計成本＝0，機會成本＝3500元。

乙：會計成本＝3500元，機會成本＝3500元。

通過以上分析，從會計觀點看，甲的管理費用低，其方案似乎較優；但從經濟觀點看，兩個方案機會成本相同，說明兩個方案不分優劣。

【閱讀1-6】

看電視的經濟學

看不看電視也是一種決策。為什麼有人電視看得多，有人看得少？或有時看得多，有時看得少？他們決定是否看電視的依據是什麼？依據之一就是看電視的機會成本的大小。

例如，如果孩子正在準備高考，家長可能會嚴格限制他看電視。為什麼？因為看電視是要占用時間的，而時間是稀缺資源，它可以用於多種用途，比如用於看書（準備考試），也可用於看電視。但用於前者，就必須放棄後者，反之亦然。看了電視，就不能看書，高考成績就會下降，升學概率就會降低，這就是看電視的機會成本。這個機會成本太大，是家長所不希望看到的。但如果孩子已經高考完，閒暇時間很多，這時看電視的機會成本就接近於零，當媽媽的當然可以放寬對孩子看電視的限制了。

人們是否選擇看電視，還有一個決定因素，就是電視節目的精彩程度，也就是能給自己帶來多大的愉悅和滿足。譬如，有一位主婦，要在做家務和看電視之間作出抉擇。如果多看電視，就要少做家務，家裡就會弄得凌亂不堪，就會給生活帶來不便和不悅，這就是她看電視的機會成本。但如果電視節目好，她覺得電視帶來的愉悅和滿足（看電視的效益）足夠彌補因少做家務帶來的不便和不悅（看電視的機會成本）而且有餘，她就會選擇看電視；否則，就選擇做家務。如果電視節目很多，她會選擇哪個節目？當然是效益高出成本最多的節目。

1.3.3.2 經濟利潤和會計利潤

（1）經濟利潤與會計利潤的計算公式如下：

經濟利潤＝總收益－機會成本

會計利潤＝總收益－會計成本

（2）經濟利潤反應資源的配置情況。①經濟利潤大於零，說明資源用於本用途的價值高於其他用途。②經濟利潤小於零，說明本用途的資源配置不合理。③經濟利潤等於零，說明資源配置達到了均衡。

正的經濟利潤和負的經濟利潤都會促使資源進行重新配置。

1.3.4 橫向和縱向一體化

一體化的目的是為了迅速擴大生產規模，提高規模效益和市場佔有率。通常包括橫向一體化和縱向一體化兩種方式，通過一體化，可能大大改變企業所在產業和關聯

產業的格局，不過因此受到了極其廣泛的關注，包括反壟斷部門的關注。當然，一體化並不是在任何時候都是一種有效的發展手段，因這它也是有成本的。

1.3.4.1　橫向一體化

橫向一體化是指生產或經營相同、相似產品的企業間的兼併。橫向一體化的收益主要體現在三個方面：①實現規模經濟。橫向一體化通過收購同類企業達到規模擴張，這在規模經濟性明顯的產業中，可以使企業獲取充分的規模經濟，從而大大降低成本，取得競爭優勢。同時，通過收購往往可以獲取被收購企業的技術專利、品牌名稱等無形資產。②減少競爭對手。橫向一體化是一種收購企業的競爭對手的增長戰略。通過實施橫向一體化，可以減少競爭對手的數量，降低產業內相互競爭的程度，為企業的進一步發展創造一個良好的產業環境。③生產能力擴張。橫向一體化是企業生產能力擴張的一種形式，這種擴張相對較為簡單和迅速。

橫向一體化長期以來都是企業規模擴張的一種最主要的方式，但是這種擴張僅僅是生產規模的橫向擴張，往往會對產業的市場結構產生顯著的影響。①減少了競爭者的數量，改善了行業結構。當行業競爭數量較多而且處於勢均力敵的情況下，行業內企業由於激烈的競爭，只能保持最低的利潤水平。通過兼併使行業相對集中，行業由一家或幾家控製時，能有效地降低競爭激烈程度，使行業內所有企業保持較高的利潤率。②解決了行業整體生產能力擴大速度和市場擴大速度不一致的矛盾。在規模經濟支配下，企業不得不大量增加生產能力才能提高生產率，這種生產能力的增加和市場需要及其增長速度往往是不一致的，從而破壞供求平衡關係，使行業面臨生產能力過剩或價格戰的危險。通過兼併，將行業內生產能力相對集中，企業既能實現規模經濟的要求，又能避免生產能力的盲目增加。③兼併降低了行業的退出壁壘。某些行業，如鋼鐵、冶金行業，由於它們的資產具有高度的專業性，並且固定資產占較大比例，使這些行業的企業很難退出這一經營領域，只能頑強地維持下去，致使行業內過剩的生產能力無法減少，整個行業平均利潤保持在較低水平。通過兼併和被兼併，行業可以調整其內部結構，將低效和老化的生產設備淘汰，解決了退出障礙過高的問題，達到穩定供求關係、穩定價格的目的。

關係到橫向一體化成功與否的一個重要問題是一體化後的管理成本。收購一家企業往往涉及收購後母子公司的管理協調上的問題。由於母子公司在歷史、人員組成、業務風格、企業文化、管理體制等方面都存在著較大的差異，因此母子公司各方面的協調都非常困難，這是橫向一體化的一大成本。當然，如果母子公司之間協調得好，那麼企業的管理費用總體上會實現「1＋1＜2」的協同效應，這反而會成為一體化的收益。

雖然橫向一體化具有規模經濟等經濟效應，但是橫向一體化又往往使兼併後的企業增強了對市場的控製力，並在很多情況下形成了壟斷，從而降低了整個社會經濟的運行效率。因此，對橫向兼併的管制一直是各種反壟斷法的重點，這也會帶來企業之間橫向一體化的成本。

1.3.4.2　縱向一體化

　　縱向一體化是企業沿產業鏈占據若干環節的業務佈局而進行的另一種邊界擴張的方式。縱向一體化是企業在兩個可能的方向上擴展現有經營業務的一種發展戰略，它包括前向一體化和后向一體化。

　　前向一體化戰略是企業自行對本公司產品做進一步深加工，或者對資源進行綜合利用，或公司建立自己的銷售組織來銷售本公司的產品或服務。如鋼鐵企業自己軋制各種型材，並將型材制成各種不同的最終產品即屬於前向一體化。

　　后向一體化則是企業自己供應生產現有產品或服務所需要的全部或部分原材料或半成品，如鋼鐵公司自己擁有礦山和煉焦設施；紡織廠自己紡紗、洗紗等。

　　企業進行縱向一體化的動因在於：①帶來經濟性。採取這種戰略后，企業將外部市場活動內部化后可獲得：內部控製和協調的經濟性；信息的經濟性（信息的獲得 很關鍵）；節約交易成本的經濟性；穩定關係的經濟性。②有助於開拓技術。在某些情況下，縱向一體化提供了進一步熟悉上游或下游經營相關技術的機會，這種技術信息對基礎經營技術的開拓與發展非常重要。如許多領域內的零部件製造企業發展前向一體化體系，就可以瞭解零部件是如何進行裝配的技術信息。③提高競爭力。削弱供應商或顧客的價格談判能力；提高差異化能力；提高進入壁壘；進入高回報產業；防止被排斥。

　　當然縱向一體化也存在：因高退出壁壘而經營不靈活的風險；內部交易會減弱員工降低成本，改進技術的積極性以及縱向一體化對價值鏈的各個階段平衡生產能力的影響等問題。

【閱讀1-7】
經濟學史上的幾個關鍵人物

　　亞當·斯密——現代經濟學之父
　　大衛·李嘉圖——古典經濟學集大成者
　　卡爾·馬克思——馬克思主義經濟學創立者
　　馬歇爾——新古典經濟學的代表
　　凱恩斯——現代宏觀經濟學創立者
　　薩繆爾森——新古典綜合派代表人物

【閱讀1-8】
經濟學十大原理

　　曼昆在《經濟學原理》中提出了經濟學的十大原理，這些原理貫穿了經濟學的全部，在此，我們將介紹經濟學的十大原理。同時，這十大原理又圍繞著人們如何做出決策、如何進行交易、整體經濟怎樣運行而展開。由於管理經濟學只是探討與企業有關的經濟學原理，所以對於宏觀經濟學的一些原理我們只做一個簡單的介紹，以后不

再贅述。

在十大原理中，原理一到原理四探討的是人們如何做出決策，原理五到原理七探討的問題是人們如何進行交易，原理八到原理十研究整體經濟怎樣運行。

(1) 原理一：人們面臨權衡取捨

「世上沒有免費的午餐」，這句名言體現了經濟學的核心思想：每一種選擇都包括了成本。因此，選擇就是一種權衡取捨，是為了得到某種東西就必須放棄其他的東西。一個人做出決策時必須要在不同的目標和行動上做出取捨。

(2) 原理二：某種東西的成本是為了得到它而放棄的東西

由於面臨著權衡取捨，所以有了機會成本的概念。人們為了得到某一件東西而放棄的東西就是做出這項選擇的機會成本。注意，機會成本是指所放棄的評價最高的一件事情的成本，而不是所放棄的所有可能的事情的成本的總和。

(3) 原理三：理性人考慮邊際量

經濟學以理性作為行為假定，但是在很多情況下，經濟學又抽象出人的一些基本的規律性行為，指導人做出更為理性的決策。理性人考慮邊際量的原理就是如此。

（註：理性人，也稱經濟人；自利人，即通常所謂符合道德底線者——利己不損人。）

(4) 原理四：人們會對激勵做出反應

經濟學認為，人們通過成本收益的比較來做出決策，所以當成本收益變動時，人們的行為也會改變。這也就是說，人們會對激勵做出反應。因此，經濟學往往會通過改變激勵機制來改變人的行為。

(5) 原理五：貿易能使人變得更好

以我們日常生活中的某一個早上為例。起床之後，啟動廣東格蘭仕的微波爐加熱早飯，喝著內蒙古特侖蘇牛奶，打開四川長虹的電視，或者不妨，摁下青島海爾的雙動力洗衣機開關。每天我們享受著全國甚至全世界的人為我們提供的物品和服務，而為我們生產這些產品和服務的人我們並不認識。這種相互依存性之所以存在是因為交易的存在。人們進行交易的目的不是出於對他人福利的關切，而是為了從交易中獲得收益。

家庭可以從貿易中獲益，企業也是如此：沒有市場的交易行為的發生，企業不能創造出市場所需要的產品來，那樣企業就不可能長期生存。國家和國家之間同樣是如此：沒有國際間的貿易，各國的經濟就不可能得到迅速的發展。

(6) 原理六：市場通常是組織經濟活動的一種好辦法

在《國富論》中，亞當·斯密提出了「看不見的手」的原理。「我們的晚餐並非來自屠宰商、釀酒師和麵包師的恩惠，而是來自他們對自身利益的關切。」這句話表明：當個體自私地追求個人利益時，他或她好像為一只看不見的手所引導而去實現公眾的最佳福利。斯密認為在所有可能出現的結果中，這是最好的；政府對自由競爭的任何干預都幾乎必然有害。

對於私人利益和公共利益的相互協調問題，斯密是這樣表述的：每個人都力圖利用好他的資本，使其產出能實現最大的價值。一般說來，他並不企圖增進公共福利，

也不知道他實際上所增進的公共福利是多少，他所追求的僅僅是他個人的利益和所得。但在他這樣做的時候，有一只看不見的手在引導他去幫助實現另一種目標，這種目標並不是他本意所要追求的東西，通過追逐個人的利益，他經常增進社會利益，其效果比他真的想促進社會利益時所能夠得到的那一種要更好。

（7）原理七：政府有時可以改善市場結果

雖然市場通常是組織經濟活動的一種好辦法，但這並不意味著市場可以解決所有的問題。有時在市場失靈的情況下，需要政府的干預，以提高整個經濟的效率和促進公平。

（8）原理八：一國的生活水平取決於它生產物品與服務的能力

不同國家之間的貧富差距是政治家、學術界、公眾和媒體普遍關注的問題。無論它是旅行者的觀察，還是電視報導的畫面，都顯示出世界上不同國家和地區的經濟和生活水平存在極大的差別。國際比較統計數據表明，歐美、日本等發達國家的人均收入，可能是緬甸、盧旺達這些比較貧窮國家的幾十倍。與收入差異相適應，富國居民在營養水平、人均汽車或計算機擁有量、國外旅行次數、住房、教育以及醫療衛生等物質生活質量指標方面，與窮國也存在巨大反差。以中國情況而論，改革開放之初，國外訪問歸來者像天方夜譚般描述發達國家的富裕生活，襯托出中國當時經濟的封閉和落後。經過 30 多年改革開放和經濟高速發展，中國經濟水平有了很大提高，但與發達國家相比仍有很大差距。

（9）原理九：當政府發行了過多貨幣的時候，物價會上升

經濟學家把一般物價水平的持續上升稱為通貨膨脹。如果人們能夠預見到將要發生嚴重通貨膨脹，一種理性應對行為就是事先購買很多商品，因為只要物品存儲成本低於未來物價上升幅度，事先囤積就可能減少損失。但是如果每個人都進行囤積，那麼需求就會進一步上升，物價也會上升。經濟學把這種通貨膨脹叫做拉上型通貨膨脹。通貨膨脹有很多原因，比如需求拉上型、成本型、結構型。但是無論哪種通貨膨脹都歸因於政府發行了太多的貨幣。因此著名經濟學家弗里德曼說，通貨膨脹歸根究柢是一種貨幣現象。

（10）原理十：社會面臨通貨膨脹和失業之間的短期交替關係

通常人們認為，降低通貨膨脹會引起失業率暫時增加。通貨膨脹和失業之間的這種交替關係被稱為菲利普斯曲線。這個名稱是為了紀念第一個研究了這種關係的荷蘭經濟學家菲利普斯而命名的。

【閱讀 1-9】

假設的意義

有一個廣為流傳的笑話：一個物理學家、一個化學家、一個經濟學家漂流到一個孤島上，十分饑餓。這時海面上漂來一個罐頭，對這個罐頭的打開方式，幾個科學家進行了激烈爭論。物理學家說：「我們可以用岩石對罐頭施以動量，使其表層疲勞而斷裂。」化學家說：「我們可以生火，然后將罐頭加熱，使它膨脹以至破裂。」經濟學家

說:「假設我們有一個開罐頭的起子……」據說，這個調侃經濟學家的笑話正是美國經濟學家薩繆爾森發明的。

在人們聽來，這個故事顯然是諷刺經濟學家的，因為經濟學家在分析問題時總是從假設開始，但這種假設有時又不存在。這就讓人覺得經濟理論遠離現實。正如孤島上沒的開罐頭的起子，而經濟學家的解決辦法卻是從「假設有一個開罐頭的起子」開始的，由此得出的方法又有什麼用呢？

但在經濟學家看來，這個故事說明了假設在形成理論中的作用，以及假設、理論和現實之間的關係。事實上，任何一門科學的研究都是從假設開始的，因此現代科學哲學把科學理論的本質看作是假設。普爾認為：必須把一切科學定律和理論都看作是假說或者猜想。因為假設使得對象簡單化，它一方面使科學分析成為可能，另一方面又使分析結論是具有條件的。

假設是一種現實簡單的方法，它抓住了本質性特徵，而忽略了其他關係不大的細節，因此它是認識世界的正確方法。其實在現實生活中我們也經常使用假設的方法，如生物課上我們用的人體模型都是真人的複製品，只包括有關的主要人體器官。它與現實的人不同，是人體本質的一種簡單化概括，但對我們認識人體機能卻非常有用。經濟學的假設和這種簡單化的人體模型一樣，有助於我們認識經濟世界的內在規律。

（資料來源：李自杰. 管理經濟學. 北京：清華大學出版社，2007.）

[本章小結]

本章介紹了管理、經濟學和管理經濟學的基本概念，指出管理經濟學是研究如何配置資源以最有效率地實現預期管理目標的科學。管理經濟學致力於運用經濟學的概念、原理和分析工具來分析和解決企業的各種經營決策問題。管理經濟學的諸多概念、原理與方法均來自於經濟學，是經濟學（主要是微觀經濟學）向企業管理實踐領域的應用性延伸，但管理經濟學是為企業服務的，它將經濟理論和企業管理實踐聯繫在一起，形成了一套自成體系的理論和方法。

本章闡述了管理經濟學的邊際分析、最優化分析以及博弈分析方法等基本分析方法。由於管理經濟學的研究對象是企業，而企業是市場的主體，又是市場經濟中基本的決策單元，因而本章還對企業理論進行了詳細介紹，包括：企業的性質、企業的目標、企業的利潤以及橫向和縱向一體化等。

[練習與思考]

一、選擇題

1. 決定商品市場與要素市場均衡是商品或要素的（　　）。
    A. 需求量　　　　　　　　　　B. 供給量
    C. 價格　　　　　　　　　　　D. 以上三項
2. 西方經濟學可以定義為（　　）。

A. 研究如何配置資源　　　　　　B. 政府如何干預市場

C. 消費者如何獲得收益　　　　　D. 企業如何進行管理

3. 資源稀缺是指（　　）。

A. 世界上大多數人處於貧困之中

B. 資源要保留給我們的未來

C. 相對於人們的慾望而言，資源是不足的

D. 資源最終會被耗光

4. 經濟學的四個基本問題可以歸納為（　　）。

A. 什麼、為誰、何時、為什麼　　B. 為誰、何時、什麼、哪裡

C. 如何、什麼、何時、哪裡　　　D. 什麼、如何、為誰、多少

5. 運用數學和現代計算工具，確定經濟運行目標最優化的論證方法是（　　）。

A. 邊際分析　　　　　　　　　　B. 最優分析

C. 規範分析　　　　　　　　　　D. 實證分析

二、簡答題

1. 何謂經濟學？其經濟含義是什麼？
2. 管理經濟學是研究什麼的？它與微觀經濟學之間存在什麼關係？
3. 宏觀經濟學與微觀經濟學之間的區別是什麼？
4. 什麼是邊際分析法？在管理決策中使用它的意義是什麼？
5. 橫向一體化和縱向一體化的收益和成本分別是什麼？

三、問答題

1. 企業有哪些經營目標？試舉例說明。

2. 找到一個現實中進行縱向一體化的企業案例，說明在該案例中企業是如何通過縱向一體化來擴大企業邊界的？

四、計算題

某公司的總收益和總成本函數估計為：$TR = 100 - 2Q^2$，$TC = 4Q$。請問：

（1）什麼樣的產量水平使該公司的總收益最大化？

（2）什麼樣的產量水平使該公司的總成本最小化？

（3）什麼樣的產量水平使該公司的利潤最大化？

2　市場供求決策理論

[本章結構圖]

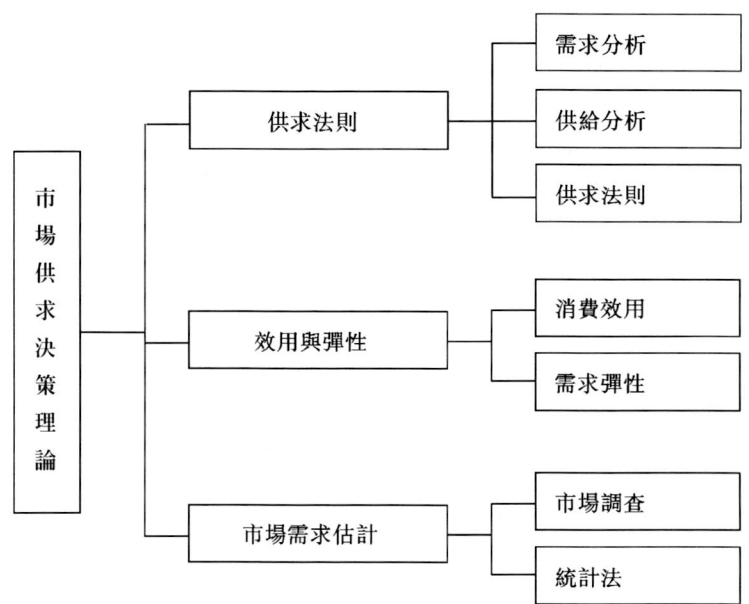

[本章學習目標]

在本章中，您將學習到：
- 需求與供給概念及其影響因素。
- 需求與供給變動基本規律及均衡價格的決定。
- 消費者效用、基數效用與序數效用論。
- 邊際效用分析法、無差異曲線分析法和消費者預算線。
- 消費者最優購買的實現。
- 需求彈性及其對企業生產經營決策的作用。
- 基本市場需求估計方法。

企業的目標是在適應社會需要的基礎上，實現利潤最大化。要做到這一點，關鍵在於企業生產的產品必須適銷對路，能有效地滿足消費者的需要。離開消費者的需要，利潤最大化是不能實現的。為此，必須深入研究和分析消費者的需求及其需求變動規律，認識、利用這些規律，必將大大提高企業適應市場經濟發展的能力與水平。

　　本章從需求與供給分析入手回顧了供求法則、效用理論、消費者均衡、需求彈性等問題，最后再簡要介紹了基本市場需求估計方法。

2.1　供求法則

2.1.1　需求分析

2.1.1.1　需求

　　人類無限的需要產生了無限的慾望。人們的慾望雖然與其收入水平和貧富程度有關，但並不完全取決於收入水平及其購買能力。

　　需求（demand）是指在某一時期內的某一市場上消費者所願意並且有能力購買的該商品的數量。

　　構成需求必須同時滿足兩個條件。

　　（1）消費者願意購買，有購買的慾望；

　　（2）消費者有購買能力。

【閱讀 2-1】

區分慾望與需求對企業正確地瞭解市場的意義

　　區分慾望與需求對企業正確地瞭解市場具有重要意義。首先，需求與慾望的區別意味著產品的市場容量並不取決於人口的數量，而主要是取決於消費者的收入水平和購買的能力。可以用對私人轎車的需求來說明這個問題。中國作為一個人口眾多的國家，如果按家庭計算，私人轎車的需求量極小，只有在近幾年隨著經濟的高速增長和高收入階層的出現，對私人轎車的需求量才迅速上升。如果汽車製造企業在預期和估算市場需求量時，不嚴格區分慾望與需求的區別，只考慮數量而忽略了他們的支付能力，那麼就不能做出正確的需求估計，而且可能會對生產決策起誤導作用。其次，由於需求與慾望的區別，在現實經濟中才會出現供過於求、市場疲軟等需求不足的情況，即市場購買力不足的情況。而購買力直接受商品價格的影響，因而價格對需求起著重要的作用。在消費者收入水平一定的情況下，價格的降低常能增加市場的需求。顯然，對於企業來說，價格是生產經營決策中的重要變量。

2.1.1.2　需求的影響因素

　　在市場經濟中，企業必須對消費者的需求做出反應。因此，瞭解需求的影響因素

對管理者來說十分重要。

(1) 商品的價格

這是影響需求量的一個最重要的因素。通常，消費者在不同的價格條件下，就有不同的購買數量，而且購買量隨著價格的變化作反方向的變化。即商品的價格上漲，其需求數量就會減少；反之，其需求數量就會增加。

(2) 消費者的收入水平

一般情況下，在其他條件不變的情況下，消費者的收入越高，對商品的需求越多，而收入越低，對商品的需求越少。

(3) 消費者的嗜好與偏好

所謂嗜好（偏好）是指消費者喜歡或願意購買、使用的商品，也就是對商品的喜愛程度。當消費者對某種商品的偏好程度增強時，該商品的需求量就會增加。反之，偏好度減弱時，商品的需求量就會減少。針對消費者的廣告宣傳，其目的不僅是要告訴消費者有什麼商品，更主要是通過改變人們的偏好而增加對商品的需求量。

(4) 相關商品的價格

當一種商品本身的價格保持不變，而與其相關的其他商品的價格變動時，也會影響該種商品的需求量。商品之間的關係通常有兩種：一種是互補關係，另一種是替代關係。

替代（substitute）關係是指兩種商品可以互相代替來滿足同一慾望。這種有替代關係的商品，當一種商品價格上升引起另一種商品需求增加的兩種商品。如大米和面粉、咖啡和茶葉、電視和電影等。

互補（complement）關係是指兩種商品共同滿足一種慾望。這種有互補關係的商品，當一種商品價格上升引起另一種商品需求減少的兩種商品。如錄音機和磁帶，汽車與汽油等。

(5) 消費者對未來的預期

消費者對未來的預期也會影響到消費者對物品和勞務的現有需求，如消費者自己的收入水平，商品價格水平的預期等。如果預期的未來收入水平上升，商品價格水平上升，則會增加現在的需求；反之，如果預期未來收入水平下降，商品價格水平下降則會減少現在的需求。中國 1998 年曾經出現過「搶購風」，其原因就是消費者預期商品將漲價，都想在漲價前多買一些，結果導致某些生活必需品的需求量猛增。

(6) 其他因素

影響需求量的因素有很多，除上述因素外，如市場規模、結構的變動、政府的消費政策、社會收入分配狀況等，顯然也會對需求產生影響。

如果把影響需求的各種因素作為自變量，把需求作為因變量，則可以用函數關係來表示影響需求的因素與需求之間的關係，這種函數稱為需求函數。

以 Q_d 代表需求量（quantity），a，b，c，d，…，n 代表影響需求量的因素，則需求函數為

$$Q_d = f(a, b, c, d, \cdots, n)$$

為了簡化分析，通常假定影響需求量的其他因素不變，只研究需求量對商品價格的依存關係。因此，需求函數可以簡寫成：

$$Q_d = f(p)$$

對商品的需求進行定量分析時一般採用：

$$Q_d = aP^{-b} \text{（非線性形式）}$$
$$Q_d = a - bP \text{（線性形式）}$$

將需求函數所反應的商品價格與需求數量關係以列表法與圖示法表示出來，則分別稱為需求表（demand schedule）與需求曲線（demand curve）。

需求曲線是指用圖示法把需求量與價格之間的關係表示出來的曲線，如圖 2-1 所示。

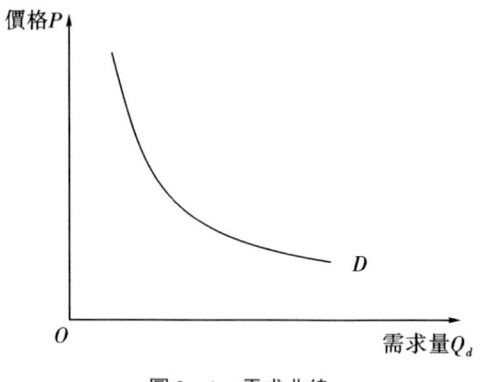

圖 2-1　需求曲線

需求曲線的特點如下：

①通常情況下是從左向右下傾斜的曲線，這表明需求量與價格之間是反方向變動的關係；

②需求曲線可以是直線，當需求函數是線性時，直線上各點斜率是相等的；也可以是曲線，當需求函數是非線性時，曲線上各點斜率是不相等的。

【閱讀 2-2】

消費比例會影響你的決策

假設某天你在 A 商店看中一瓶售價 100 元的葡萄酒，覺得值得購買。但就在你準備掏錢的時候，你突然得到可靠消息，在 B 商店這一款一樣的葡萄酒正在搞促銷活動，售價為 50 元。你知道從 A 商店到 B 商店騎車只需要 10 分鐘，此時你會不會去 B 商店購買呢？

看另一種情況：假設某天你在 A 商店看中一臺售價 9000 元的數碼相機，覺得值得購買，但就在你準備掏錢的時候，你突然得到可靠消息，在 B 商店這一款一樣的數碼相機售價為 8950 元，你知道從 A 商店到 B 商店只需要 10 分鐘，此時你不會不去 B 商店購買呢？

2.1.1.3　需求定理（需求量與價格的關係）

需求定理是用來說明商品本身價格與其需求量之間的理論。其基本內容是：在其

他條件不變的情況下，某商品的需求量與價格之間成反方向的變動，即需求量隨著商品本身價格的上升而減少，隨商品本身價格的下降而增加。

在理解需求定理時，需注意以下兩點。

（1）需求定理是在假定影響需求的其他因素不變的前提下，研究商品本身價格與需求量之間的關係。離開了這一前提，需求定理就無法成立。例如，如果收入在增加，商品本身的價格與需求量就不一定成反方向的變動。

（2）需求定理指的是一般商品的規律，但這一定理也有例外，如炫耀性商品、吉芬商品、投機商品等。

①某些炫耀性的消費商品，如珠寶、名畫、名車等。這類商品的價格已成為消費者地位和身分的象徵。價格越高，越顯示擁有者的地位，需求量也越大；反之，當價格下跌，不能再顯示擁有者的地位時，需求量反而下降。

②某些低檔商品，在特定條件下當價格下跌時，需求會減少；而價格上漲時，需求反而增加。最著名的是以英國人吉芬而得名的「吉芬商品」。吉芬發現，在1845年愛爾蘭發生災荒時，馬鈴薯的價格雖然急遽上漲，但它的需求量反而增加。原因是災荒造成愛爾蘭人民實際收入急遽下降，不得不增加這類生活必需的低檔食品的消費。

③某些商品的價格小幅度升降時，需求按正常情況變動；價格大幅度升降時，人們會因不同的預期而採取不同的行動，需求發生不規則變化，如證券、黃金市場。

【閱讀2-3】

需求規律的理論解釋：替代效應和收入效應共同作用的結果。

替代效應。例如，假設絲綢的價格下降，而棉布的價格沒有變化，那麼，消費者會在一定程度上減少棉布的購買量，轉而增加絲綢的購買量。也就是說，絲綢價格下降促使人們用絲綢來替代棉布，從而引起絲綢需求量的增加。

收入效應。在絲綢價格下降，而其他商品的價格都不變的情況下，同等數量的貨幣收入在不減少其他商品消費量的同時，可以購買更多的絲綢。這就是說，雖然消費者的貨幣收入數量（名義收入）沒有變，但實際收入即實際購買力卻增加了。

2.1.1.4 需求的變動與需求量的變動

（1）需求的變動

需求的變動指的是在商品本身價格不變條件下，由於其他因素變動所引起的需求數量的變化。就是說，需求的變化是同一價格下需求量的變化，其表現為整條需求曲線的移動。

在圖2-2中，價格是P_0，由於其他因素變動（如收入變動）而引起的需求曲線的移動是需求的變動。例如，收入減少了，在同樣的價格水平P_0時，需求從Q_0減少到Q_1，則是需求曲線由D_0移動到D_1；收入增加了，在同樣的價格水平時，需求從Q_0增加到Q_2，則是需求曲線由D_0移動到D_2。可見，需求曲線向左方移動是需求減少，需求曲線向右方移動是需求增加。

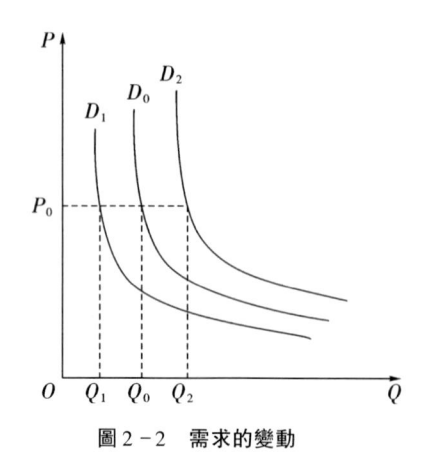

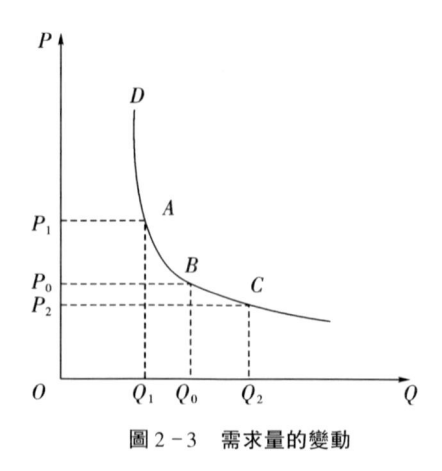

图 2-2　需求的變動　　　　　　　　　图 2-3　需求量的變動

（2）需求量的變動

需求量的變動是指其他條件不變的情況下，商品本身價格變動所引起的需求量的變動。需求量的變動表現為在同一條需求曲線上的上下移動，如圖 2-3 所示。

在圖 2-3 中，當價格由 P_0 上升為 P_1 時，需求量從 Q_0 減少到 Q_1 在需求曲線 D 上則是從 B 點向上方移動到 A 點。當價格由 P_0 下降到 P_2 時，需求量從 Q_0 增加到 Q_2 在需求曲線 D 上則是從 B 點向下方移動到 C 點。可見，在同一條需求曲線上，向上方移動是需求量減少，向下方移動是需求量增加。

2.1.2　供給分析

2.1.2.1　供給

供給總是指在一定時期內該商品市場上企業所願意提供並有能力提供的該商品的數量。構成供給與需求相同，同樣必須同時具備兩個條件——意願與有能力。

2.1.2.2　供給的影響因素

（1）商品的價格

一般而言，一種商品的價格越高，企業提供的產量就會越大；反之，商品的價格越低，企業提供的產量就越小。

（2）生產成本

在商品價格不變的條件下，生產成本的提高會減少利潤，從而使得商品企業不願意生產，進而減少供給量。

（3）生產技術水平

一般而言，技術水平的提高可以降低生產成本，增加企業的利潤，企業願意提供更多的產量。

（4）相關商品的價格

企業角度的所謂相關商品主要是指使用相同資源生產的商品。例如，土地可以用來種棉花，也可種小麥，棉花和小麥在同樣都要使用土地這一要素的意義上是相關商

品。那麼，當棉花價格提高而小麥價格不變時，生產者將會增加棉花的種植面積，相應地減少小麥的種植面積。這就是說，棉花價格的提高會使小麥的供給量減少。

（5）供給者對商品價格的預期

如果生產者對未來的預期看好，比如價格上升，則制訂生產計劃時就會增加產量供給；反之如果生產者對未來的預期是悲觀的，在制訂生產計劃時，就會減少產量供給。

（6）政府的稅收政策

對一種產品的課稅使賣價提高，在一定條件下會通過需求的減少而影響供給增加；反之，則可能影響供給的減少。

2.1.2.3 供給函數

供給函數反應供給量與影響因素之間的關係：

$$Q_s = f(P, W, r, T, P_r, P_b, X, \cdots\cdots)$$

式中：Q_s 為商品供給量；P 為該商品的價格；W 為勞動力價格；r 為資本價格；T 為該商品的生產技術水平；P_r 為相關商品的價格；P_b 為該商品的預期價格；X 為政府稅收。式中的省略號則表示其他未予明確討論的影響因素。

把其他因素作為給定的參數，只考察價格變動對商品供給量的影響，則供給函數可以簡化為如下表達式：

$$Q_s = f(P)$$

2.1.2.4 供給基本規律

供給基本規律內容：在影響供給量的其他因素給定不變的條件下，在一種商品的供給量與其價格之間存在正向變動的關係，價格越高（或提高），供給量越多（或增加）；價格越低（或降低），供給量越少（或減少）。

供給基本規律的理論解釋。一般而言，對一個企業來說，當其產品在市場上可以按比原先更高的價格出售時，它就會增加該產品在市場上的銷售量，以獲取更多的利潤；反之，當產品價格降低時，企業則會減少其產量，此時也會使利潤增加或虧損減少。由此我們也可以得到單個企業的供給曲線，如圖 2-4 所示。

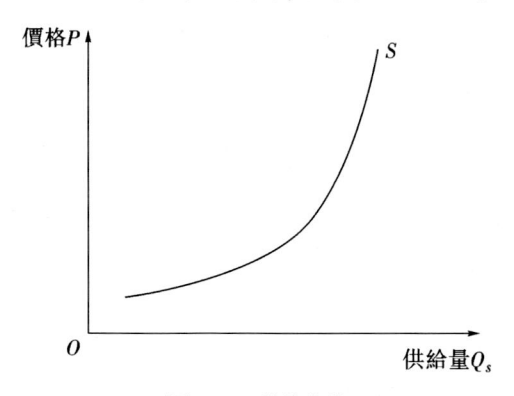

圖 2-4 供給曲線

同需求的變動與需求量的變動一樣，供給的變動與供給量的變動有著類似的規律。
供給的變動：非價格因素發生變化，供給曲線平移（供給函數發生了變化）。
供給量的變動：供給量發生了變化（沿著同一根曲線移動）。

2.1.3 供求法則

將供給曲線和需求曲線畫在同一個平面上，可清楚地分析供給與需求相互作用的結果。此時的橫坐標既表示需求量，也表示供給量。

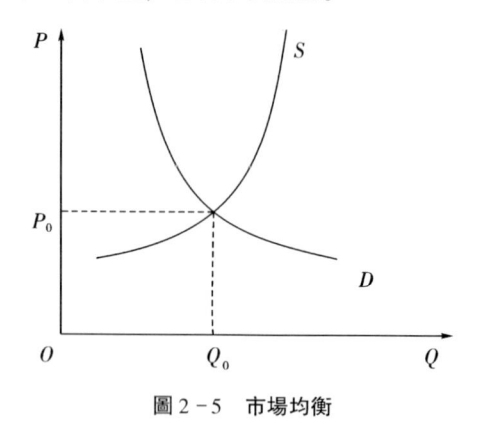

圖 2-5 市場均衡

所謂市場均衡是指，在影響需求和供給的其他因素都給定不變的條件下，市場上的商品價格達到這樣一種水平，即使得消費者願意購買的數量等於生產者願意供給的數量。在這種狀態下，買者與賣者都不再希望改變當時的價格與買賣的數量。

市場處於均衡狀態時的價格稱為均衡價格，與均衡價格相對應的成交數量稱為均衡交易量（或均衡產量、均衡銷售量）。

用函數形式將市場均衡狀態表示如下：

$$Q_s = Q_d$$

因此，當需求曲線和供給曲線都已給定，由此就可以求解均衡狀態下的市場均衡價格和相應的均衡交易量。

當供大於求時，均衡價格下降；當供小於求時，均衡價格上升。

【閱讀 2-4】
需求曲線和供給曲線的應用

需求曲線和供給曲線以及由需求和供給所決定的供求規律在經濟學中是極其有用的。它們有助於我們解釋為什麼某些商品的價格比較高，而某些商品的價格比較低，還可以幫助我們相當準確地預測某種因素變化所產生的結果。

當分析某個事件對一個市場的影響時，我們可以按三個步驟進行：

第一，確定該事件是移動供給曲線還是需求曲線（或者兩者都移動）。

第二，確定曲線移動的方向。

第三，用供求關係曲線說明這種移動如何改變均衡。

例如：假設某一年雞瘟，這個事件如何影響豬肉市場呢？我們可以按上面的三個步驟來分析這個問題：

（1）雞瘟影響豬肉市場的需求曲線。由於發生雞瘟，減少了雞肉的供給量，雞肉的價格提高了，豬肉是雞肉的替代品，人們會更多地吃豬肉來代替吃雞肉，因而雞瘟影響豬肉市場的需求曲線。豬肉市場的供給曲線不變。

（2）需求曲線向右移動。由於發生雞瘟使人們更多地吃豬肉來代替吃雞肉，因而增加了豬肉的需求量，所以豬肉市場的需求曲線向右移動。圖 2-6 表示豬肉市場的需求曲線從 D_1 移動到 D_2。這種移動表明：在豬肉價格水平升高的同時，豬肉的需求量增加了。

（3）如圖 2-6 所示，豬肉需求的增加使均衡價格和均衡數量都增加了。也就是說，雞瘟提高了豬肉價格，增加了豬肉銷售量。

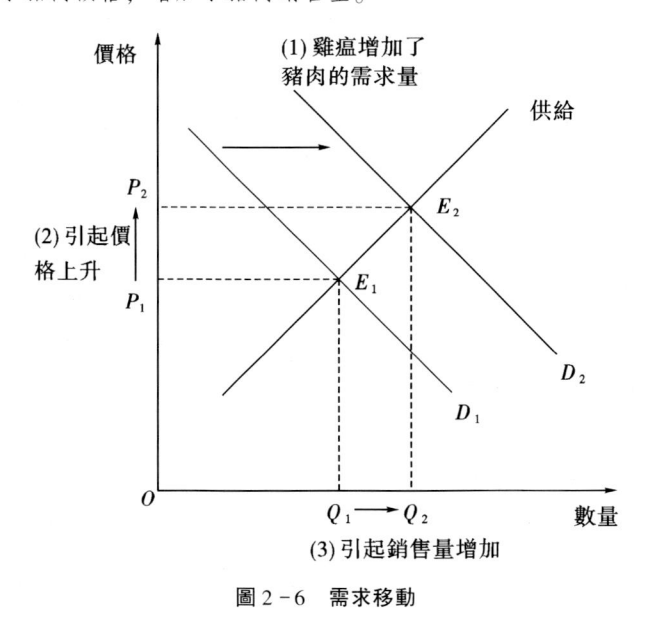

圖 2-6 需求移動

2.2 效用與彈性

2.2.1 消費效用

（1）效用

效用（utility）就是消費者通過消費某種物品或勞務所能獲得的滿足程度。消費者消費某種物品能滿足慾望的程度高效用就大；反之，效用就小。如果不僅得不到滿足感，反而感到痛苦，就是負效用。

效用的特點主要表現在以下方面：

①效用具有主觀性。效用是消費者的主觀感受，隨消費者本身所處環境的變化而變化，並且因人而異。

②效用是中性的。一種商品或勞務是否具有效用，只看它能否滿足人的慾望或需要，而不論這種慾望是好是壞。

（2）基數效用和序數效用

既然效用是一種心理感受，那麼對這種心理現象如何去衡量？經濟學家持基數效用與序數效用兩種觀點，進而形成了基數效用論與序數效用論兩種理論。

基數效用論的基本觀點是：效用的大小可以計量並加總求和，因此，效用的大小可以用基數（1、2、3…）來表示。根據這種理論，可以用具體的數字來研究消費者效用最大化問題。基數效用論採用邊際效用分析法。

序數效用論的基本觀點是：效用作為一種心理現象是無法計量的，也不能加總求和，只能表示出滿足程度的高低與順序，因此效用只能用序數（第一、第二、第三……）來表示。序數效用論採用無差異曲線進行分析比較。

應該指出的是，無論採用基數效用論或序數效用論分析消費者行為，得出的消費者均衡的結論是相同的。

2.2.1.1 基數效用論：邊際效用分析法

（1）總效用與邊際效用

①總效用。總效用（total utility，簡稱 TU）是指從消費一定量某種物品中所得到的總滿足程度。根據基數效用論的觀點，如果以 X 表示某種物品數量，TU 就是 X 的函數，即 $TU = f(X)$。

②邊際效用。邊際效用（marginal utility，簡稱 MU）是指每增加一單位物品消費所增加的效用。或者說消費量變動所引起的效用的變動。其數學表達式為：

$MU = \Delta TU / \Delta X$

當 $\Delta X \to 0$ 時，$MU = dTU/dX$

其中 MU 為邊際效用，ΔTU 為總效用的增加量，ΔX 為 X 商品的增加量。

③總效用與邊際效用

邊際效用是總效用函數的導數。一定消費量的邊際效用，可用總效用曲線在該消費量的斜率表示。

總效用為邊際效用函數的積分。該消費量的總效用，可用其邊際效用曲線與兩軸所包圍的面積表示。

當邊際效用為 0 時，總效用最大。這是因為，儘管邊際效用是遞減的，但只要邊際效用大於 0，總效用就會增加，但當邊際效用為負時，總效用開始下降。邊際效用為 0 時，總效用達到最大。

需要指出，通常的理性消費者的消費數量不會超過 X_0 點，這裡為便於解釋，在圖 2-7 上做出了邊際效用為負的情況。

（2）邊際效用遞減規律

從圖2-7可以看出：在其他商品消費保持不變下，則消費者從連續消費某一特定商品中所得到的滿足程度將隨著這種商品消費量的增加而遞減，這種現象被稱為邊際效用遞減規律，也叫戈森第一法則。

為什麼邊際效用會遞減呢？一般認為有以下兩個方面原因。

①生理或心理上的原因。消費一種物品的數量越多，即某種刺激的反覆，使人生理上的滿足或心理上的反應減少，從而滿足程度減少。例如一個異常口渴的人連續喝水的感覺。

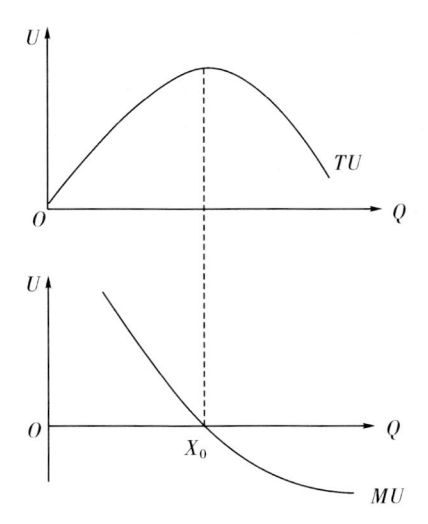

圖2-7　總效用與邊際效用的關係

②物品用途的多樣性原因。每一種物品都有多種用途，這些用途的重要性不同。消費者總是先把物品用於最重要的用途，而后用於次重要的用途。這樣前者的邊際效用就大於后者。

換言之，當消費者有若干某一種物品時，把第一單位用於最重要的用途，其邊際效用就大；把第二單位用於次重要的用途，其邊際效用就小了。以此順序用下去，用途越來越不重要，邊際效用就遞減了。

一般說來，大多數商品都符合邊際效用遞減規律，但也有極個別商品的邊際效用是遞增的，一類是由於商品的成套性產生的。例如，集郵愛好者收集一套郵票時，恰好缺一張，那麼在他得到這一張郵票時，顯然這張郵票比整套郵票中的哪一張的效用都要大，至少在得到的當時是這樣。另一類是由於極端的癖好產生的。如嗜酒如命的人，酒對他來說，越多越好，不過對於這類情況，事實上已經不符合理性人假設了，這一點值得強調。

【思考】為什麼一個人的貨幣收入很少時，他將會對每一元錢看得很重要，花錢小心謹慎。但當他發財之后，對錢的看法就不一樣了，出手闊綽，甚至揮金如土。又有

人說每一元錢的效用都是一樣的。這兩種有什麼矛盾嗎？

【案例分析1】

價值悖論

200多年以前，亞當·斯密在《國富論》中提出了價值悖論：「沒有什麼能比水更有用，然而水卻很少能交換到任何東西。相反，鑽石幾乎沒有任何使用價值，但卻經常可以交換到大量的其他物品。」

換句話說，為什麼對生活如此必不可少的水幾乎沒有價值，而只能用作裝飾的鑽石卻索取高昂的價格？

儘管200年以前，這一悖論困擾著亞當·斯密，現在我們已經可以對此作出解釋：「水的供給和需求曲線相交於很低的價格水平，而鑽石的供給和需求曲線決定了它的均衡價格十分昂貴。」這樣作答之後，我們自然還會問：「為什麼水的供給和需求曲線相交於如此低的價格？」其答案是，鑽石十分稀缺，因此得到鑽石的成本很高，而水相對豐裕，在世界上許多地區都幾乎可以不花什麼成本就能得到。

為了解釋這一悖論，我們還要再加上一條：水的價格不取決於它在整體上的效用，而是取決於它的邊際效用，即取決於最後一杯水的有用性。由於有如此之多的水，所以最後一杯水只能以很低的價格出售。即使最初的幾滴水相當於生命自身的價值，但最後的一些水僅僅用於澆灌草坪或洗汽車。

（3）消費者均衡

在一定條件下，消費者手中的貨幣量是一定的，消費者用這一定的貨幣來購買各種商品時可以有多種多樣的安排。一個理性的消費者總是在選擇和購買商品時尋求獲得最大的效用。

①消費者均衡。消費者均衡（consumer's equilibrium）是指在既定收入的條件下，如何實現效用最大化。也就是當消費者如何把有限的貨幣收入分配在各種商品的購買中以獲得最大效用。

這裡的均衡是指實現最大效用時既不想再增加也不想再減少任何商品購買數量的一種相對靜止狀態。（因為增加或減少某一種商品時，都會使消費者總效用減少）

②消費者均衡條件。在消費者收入和商品價格既定的情況下，消費者所消費的各種物品的邊際效用與其價格之比相等，即每一單位貨幣所得到的邊際效用相等，也叫戈森第二法則。

假定消費者用一定的收入 M 購買 X、Y 兩種商品，兩種物品的價格分別為 P_x 和 P_y，購買數量分別為 Q_x 和 Q_y，兩種物品所帶來的邊際效用分別為 MU_x 和 MU_y，每一單位貨幣的邊際效用為 MU_I。那麼消費者效用最大化的均衡條件可以表示為：

$$P_x Q_x + P_y Q_y = M \tag{2.1}$$

$$MU_x/P_x = MU_y/P_y = MU_I \tag{2.2}$$

（2.1）式表示消費預算約束條件。如果消費者的支出超過收入，消費者購買是不

現實的；如果支出小於收入，就無法實現在既定收入條件下的效用最大化。

（2.2）式表示消費者均衡的實現條件。每單位貨幣無論是購買 X 物品或 Y 物品，所得到的邊際效用都相等。

消費者之所以按照這一原則來購買商品並實現效用最大化，是因為在既定收入的條件下，多購買 X 物品就要減少 Y 物品的購買。隨著 X 購買量的增加，X 物品的邊際效用就會遞減，相應的 Y 物品邊際效用就會遞增。為了使所購買的 X、Y 的組合能夠帶來最大的總效用，消費者就不得不調整這兩種物品的組合數量，其結果是增加對 Y 物品的購買，減少對 X 物品的購買。當消費者所購買的最后一單位 X 物品所帶來的邊際效用與其價格之比等於其所購買的最后一單位 Y 物品所帶來的邊際效用與價格之比時。也就是說，無論是購買哪種物品，每一單位貨幣所購買的物品其邊際效用都是相等的，於是就實現了總效用最大化，即消費者均衡，兩種物品的購買數量也就隨之確定，不再加以調整。

【閱讀 2-5】
需求曲線的邊際效用說明

需求曲線之所以向右下方傾斜是由於邊際效用遞減規律造成的。

需求曲線上的每一個點都是消費者效用最大化的點，也就是均衡點。

需求曲線的每一個點反應的是消費者在這樣的消費數量上願意支付的最高價格。

【案例分析 2】
如何最佳地利用你的時間？

如果你是一名中學生，你應該如何利用有限的時間來提高你的總成績呢？你應該在每一門功課上花費相同的學習時間嗎？當然不是，你可能發現在語文、數學、英語、物理和化學上花費相同的學習時間時，各門課所用的最后一分鐘，並沒有給你帶來相同的分數。如果花費在化學上的最后一分鐘提高的邊際分數大於物理，那麼就把學習時間從物理轉移到化學上，直到花費在每一門功課上的最后一分鐘所提高的分數相等時為止。這樣你就最佳地利用了你的時間，因而就會提高你的總成績。

【案例分析 3】
應該用實物還是現金救濟窮人？

張三是一個窮人，政府想救濟他。政府既可以給他 200 元的實物，也可以簡單地給他 200 元現金。那麼這兩種方法那一種較好呢？

根據等邊際效用原則，一般地說，現金救濟要好於實物救濟。因為現金救濟使張三可以隨自己的偏好來選擇花錢，他自己最瞭解什麼物品能給他帶來最大的效用，他會把錢花費到對他效用最大化的商品組合上去，相較之下，實物救濟則未能留予他更多選擇餘地。除非救濟的實物是他最需要的，才能給他帶來與現金救濟同等的效用。

2.2.1.2 序數效用論：無差異曲線分析法

（1）無差異曲線

①無差異曲線（indifference curve）又稱為效用等高線、等效用線，是指給消費者帶來相同滿足程度的不同商品組合的軌跡。

也就是說，對同一條無差異曲線上的所有商品組合，消費者的偏好程度是完全相同的，或者說，消費者覺得它們在效用上是沒有差異的。

無差異曲線的效用函數為：

$$U = f(X, Y)$$

假設有蘋果（X）與梨（Y）兩種水果，它們在數量上可以有多種消費組合。下列任何一個組合的總效用是相等的。

表 2-1　　　　　　　　　　　無差異組合表

組合方式	X 蘋果	Y 梨
a	8	2
b	6	4
c	2	8

據上表的數據，可以作出無差異曲線（如圖 2-8 所示）。

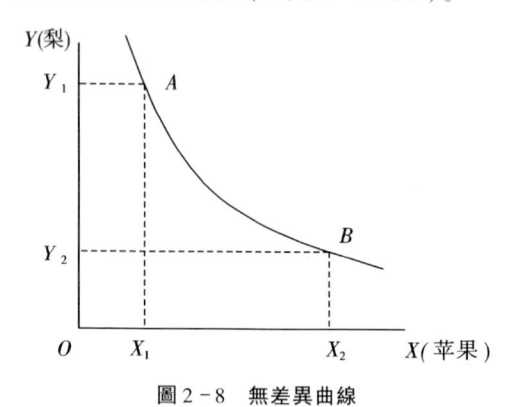

圖 2-8　無差異曲線

②無差異曲線的特點。

A. 無差異曲線是一條向右下傾斜的曲線。這是因為，在收入和價格既定的條件下，消費者要得到同樣的滿足程度，在增加一種商品的消費時，必須減少另一種商品的消費。

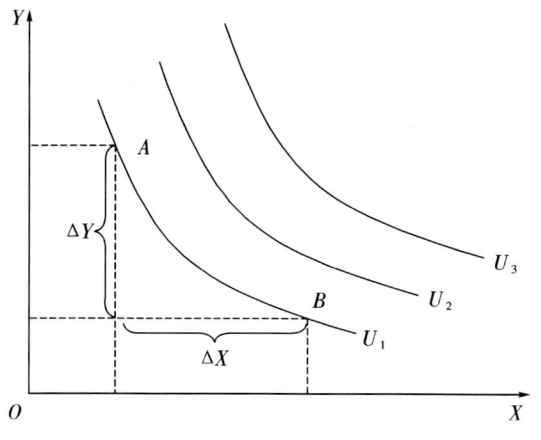

圖 2-9　MRS_{xy} 與多條無差曲線

B. 在同一平面坐標圖上可以有無數條無差異曲線。不同的無差異曲線代表不同的效用。離原點越遠的無差異曲線所代表的效用水平越高。如圖 2-9 是三條不同的無差異曲線，分別代表不同的效用，其順序為 $U_1 < U_2 < U_3$。

【閱讀 2-6】
為什麼在同一平面坐標圖上可以有無數條無差異曲線

無差異曲線是在一定價格水平和收入水平下得出的，它代表某一特定的消費水平或滿足水平。當價格不變而消費者的收入改變時，情況發生變化。如果他的收入增加，他可以購買更多的商品，無差異曲線相應向右上方移動；反之，如果他的收入減少，他可以購買的商品數量減少，無差異曲線相應向左下方移動。因此，對應不同收入水平，應有許多條無差異曲線。

價格變化也有類似的效應。因此，對應不同價格水平，同樣可能有許多條無差異曲線。

C. 在同一平面圖上，任意兩條無差異曲線不允許相交。

否則，在交點上兩條無差異曲線代表了相同的效用，出現與上述無差異曲線特徵相矛盾的結果。

D. 無差異曲線是一條凸向坐標原點的曲線。它是由邊際替代率遞減規律所決定的。邊際替代率是一個十分重要的概念，在下面進行介紹。

③邊際替代率及其遞減法則。

一條無差異曲線上的各點都表示能提供同等效用的兩種商品的不同組合，為了保持同等的效用，可以用一種商品代替另一種商品，即兩種商品必須一增一減，這樣兩種商品之間就存在替代比率問題。

A. 邊際替代率（marginal rate of substitution，簡稱 MRS）。邊際替代率就是指在保持消費者效用水平不變的前提下，消費者增加一單位某種商品的消費所能代替另外一

種商品的消費數量。或者說 MRS 是指為了保持同等的效用水平，消費者要增加一單位 X 商品就必須放棄一定數量的 Y 商品，表現為 Y 商品的減少量與 X 商品的增加量之比。公式如下：

$$MRS_{XY} = -\frac{\Delta Y}{\Delta X}$$

式中，X、Y 分別代表兩種商品；ΔX、ΔY 分別代表兩種商品的增量。

B. 邊際替代率遞減法則。這個法則是指在保持消費者效用水平不變的前提下，隨著一種商品消費數量的增加，每增加一單位該商品的消費所能代替的另一種商品的數量是逐漸減少的。

為什麼邊際替代率具有遞減的趨勢呢？

邊際替代率遞減的原因要聯繫邊際效用遞減規律來說明。按照總效用不變的原則，隨著 X 商品的增加，它的邊際效用在遞減；隨著 Y 商品的減少，它的邊際效用在遞增。這樣，增加 X 消費所增加的效用必須等於減少 Y 的消費所減少的費用，於是有：

$$MU_x \Delta X = MU_y \Delta Y$$

也可以寫為：

$$\frac{\Delta Y}{\Delta X} = \frac{MU_X}{MU_Y}$$

故有：

$$MRS_{XY} = \frac{MU_X}{MU_Y}$$

從上式可以看出，兩種商品的邊際替代率等於兩種商品的邊際效用之比。由於邊際替代率遞減規律的作用，無差異曲線的形狀都是凸向坐標原點的。

④邊際替代率與無差異曲線的形狀。

邊際替代率作為無差異曲線的斜率（如圖 2-9 所示）必然決定無差異曲線的形狀。

A. 如果 X、Y 兩種商品是完全替代的，則邊際替代率是常數，無差異曲線就是一條從左上方向右下方傾斜的直線，如百事可樂與可口可樂，如圖 2-10(a) 所示。

B. 如果 X、Y 兩種商品是互補的，則邊際替代率等於零，無差異曲線就是一條直角折線，如我們穿的鞋，需要一雙，缺一不可，如圖 2-10(b) 所示。

C. 如果 X、Y 兩種商品是獨立的，那以無差異曲線就是一條垂線，如食鹽與汽車，如圖 2-10(c) 所示。

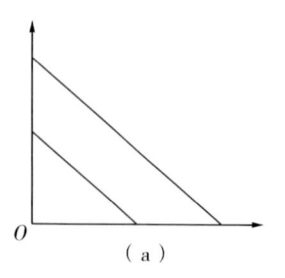

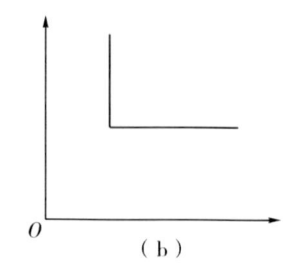

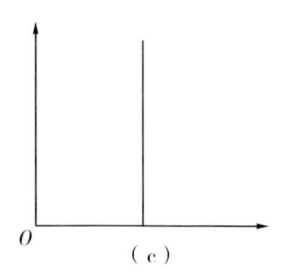

圖 2-10　特殊的無差異曲線

（2）消費者可能線

①消費可能線（consumption possibility line）又稱家庭預算線、等支出線、消費約束線，是表示在消費者收入和商品價格既定的條件下，消費者用其全部收入所能購買到的各種商品的最大組合點的軌跡。

假定，消費者的全部貨幣收入為 I，商品 X 的價格為 P_x，商品 Y 的價格為 P_y，則消費者的預算方程為：

$$P_x X + P_y Y = I$$

根據預算方程，就可以繪出預算線，如圖 2-11 所示。

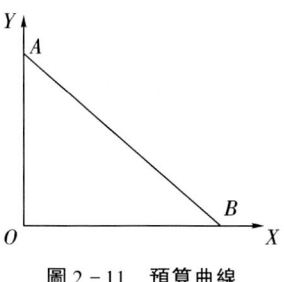

圖 2-11　預算曲線

消費可能線表明了消費者行為的限制條件，這種限制就是購買商品的總花費不能大於消費者收入，也不能小於消費者收入。大於收入在收入既定的條件下是無法實現的，小於收入則無法實現效用最大化。只有 AB 線上的點正好讓消費者花掉所有收入，是消費者的購買量與可購買的最大數量一致的點，因此選擇都是在消費可能線上進行的。

②影響預算線的因素。

A. 收入變化對預算線的影響。如果商品價格不變，消費者收入增加，則消費者可能線平行向右移動，即預算水平增加；反之，向左平移，如圖 2-12(a)。

B. 價格變化對預算線的影響。如果消費者收入不變，而兩種商品的價格中一種（如 Y）不變，一種（如 X）上升或下降，則消費可能線順時針或逆時針旋轉，如圖 2-12(b)。

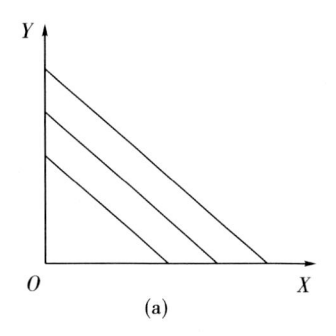

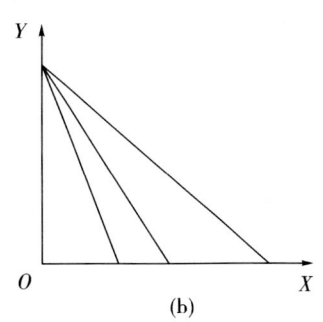

圖 2-12　預算線變化

【思考】預算線的實質是什麼？

(3) 消費者均衡

根據序數效用論的無差異曲線分析法，如果將無差異曲線與消費可能線合在一個坐標系內，兩者的關係有三種情況：相交、相離和相切，如圖2-13所示，AB為預算線，無差異曲線U_1、U_2和U_3分別和預算線相交，相切和相離。即消費可能線必定總能與若干條無差異曲線中的一條相切，這個切點就是消費者均衡點，消費者實現了效用最大化，如圖2-13中E點。在該點，顯然有：

$$\frac{MU_X}{P_X} = \frac{MU_Y}{P_Y}$$

此即為消費均衡條件。兩種商品的邊際替代率等於這兩種商品的價格之比，或無差異曲線的斜率等於消費可能線的斜率。

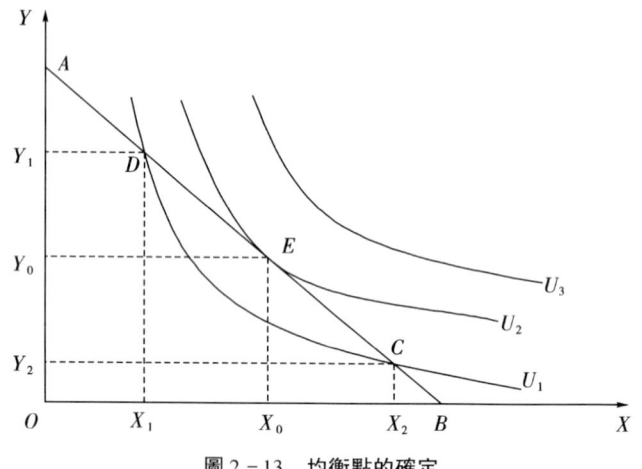

圖2-13 均衡點的確定

U_3代表較高的效用水平，和AB沒有交點。這說明，由於消費者收入太低或商品價格太高而使消費者難以達到這樣的效用水平，於是消費者不得不選擇其他的效用水平以便使其消費具有現實可行性。

U_1代表較低的效用水平，和預算線AB有兩個交點C和D，這意味著在C、D兩點，消費者既能達到U_1的效用水平，又能滿足預算約束。但這兩點是否最優呢？換句話說，調整兩種商品的數量，是否可以達到更大的效用水平呢？回答顯然是肯定的。事實上，只要從C點出發，在滿足約束的前提下，減少X_2的數量同時增加Y_2的數量（沿AB線把C點向上移），就可以使效用水平不斷增加。或者從D點開始，在滿足約束的前提下，減少Y_1的數量同時增加X_1的數量（沿AB線把D點向下移），同樣可以使效用水平不斷增加。

在E點，無差異曲線U_2正好和預算線AB相切，此時，任何的X和Y的替換都會使效用水平下降，而要達到更高的效用水平也不可能，此時，我們說消費者在既定約束條件下達到了均衡。

2.2.2 需求彈性

我們已經知道,價格的變動會引起需求量的變動,但生活中不同的商品,價格的變動引起需求量變動的程度是不同的。如打火機與房子都降價50%,顯然市場需求量回應的程度會大不相同的,何以會出現這樣的現象。彈性理論正是要說明價格變動與需求量或供給量變動之下的這種量的變化關係。

當兩個經濟變量之間存在函數關係時,作為自變量的經濟變量的變化,必然引起作為因變量的經濟變量的變化。彈性表示作為因變量的經濟量的相對變化對作為自變量的經濟變量的相對變化的反應程度或靈敏程度,它等於因變量的相對變化對自變量的相對變化的比值,於是有:

$$彈性系數 = \frac{因變量的變動比例}{自變量的變動比例}$$

設兩個經濟變量之間的函數關係為 $Y = f(X)$,則具體的彈性公式為:

$$E = \frac{\frac{\Delta Y}{Y}}{\frac{\Delta X}{X}} = \frac{\Delta Y}{\Delta X} \cdot \frac{X}{Y}$$

式中,E 為彈性系數;ΔX、ΔY 分別為變量 X、Y 的變動量。

彈性(Elasticity)分為需求彈性和供給彈性。這裡我們分析需求,所以只重點討論需求彈性,而需求彈性又分為需求的價格彈性、需求的收入彈性、需求的交叉彈性。

2.2.2.1 需求的價格彈性

通常影響需求的因素很多,但價格是一個決定性的因素。價格升高,需求會相應減少;價格降低,需求會相應增大,反之亦然。企業想通過調整價格的方式來增加收益,因為價格受到需求函數的制約,提價和降價都可能要冒減少收益的風險,因此應充分考慮該商品目前在市場上的需求所能承受價格變化的能力,即需求價格彈性。

(1)需求價格彈性(price elasticity of demand)

當商品的價格發生變動時,需求量也會發生變動。需求量變化的百分比(相對變化率)與價格變化的百分比(相對變化率)之比,稱作需求的價格彈性,需求的價格彈性反應了需求量對價格變動反應的敏感程度。

需求量變化的百分比(相對變化率)與價格變化的百分比(相對變化率)的比值,稱為需求價格彈性系數,通常以 E_d 表示。

E_d = 需求量變動百分比/價格變動百分比

$\quad = (\Delta Q/Q)/(\Delta P/P)$

$\quad = (\Delta Q/\Delta P) \cdot (P/Q)$

當 $\Delta P \to 0$ 時,$E_d = -(dQ/dP) \cdot (P/Q)$。

【例2-1】假定每斤豬肉的價格從12元上升到15元使你購買的豬肉從每月6斤減少為4斤,那麼豬肉的需求價格彈性系數是多少呢?

解:我們可以計算出:

價格變動百分比為：$(15-12)/12 \times 100\% = 25\%$

需求量變動百分比為：$(6-4)/6 \times 100\% = 33\%$

則：需求價格彈性 $E_d = 33\% \div 25\% = 1.32$

在這個例子中，豬肉的需求價格彈性是 1.32，反應出需求量變動的比例是價格變動比例的 1.32 倍。

需求價格彈性幾何表現，如圖 2-14。

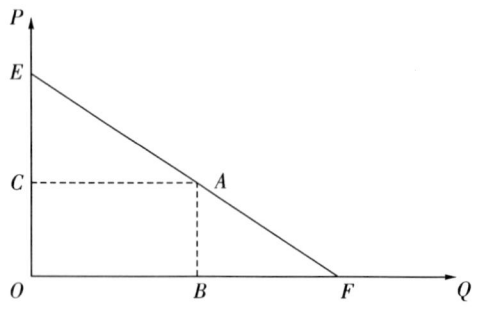

圖 2-14 需求價格彈性幾何表現

$E_d = AF/AE = BF/OB = OC/CE$

通過對需求價格彈性幾何表現分析，我們是否可判斷一條需求曲線的彈性大小的直觀方法呢？這裡我們需要記住一條原則：需求曲線越平坦，需求的價格彈性就越大；需求曲線越陡峭，需求的價格彈性就越小。

(2) 需求價格彈性的分類

當 $E_d = 0$ 時，需求對價格完全無彈性，即需求量與價格無關，需求曲線為一垂直於產量軸的垂線，如喪葬費、骨灰盒。

當 $E_d = 1$ 時，需求對價格為單位彈性。

當 $E_d > 1$ 時，需求對價格富有彈性，奢侈品的需求價格彈性一般大於 1。

當 $E_d < 1$ 時，需求對價格彈性不足，生活必需品需求價格彈性一般小於 1。

當 $E_d = \infty$ 時，需求對價格完全彈性，需求曲線為一條平行於產量軸的水平曲線，這類情況是完全競爭市場的特點。

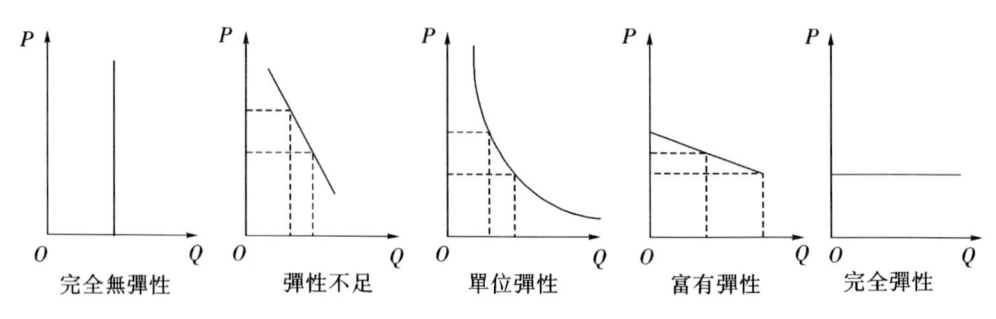

完全無彈性　　彈性不足　　單位彈性　　富有彈性　　完全彈性

圖 2-15 需求彈性的類型

表 2-2 是一些常見商品的需求價格彈性估計值。

表 2-2　　　　　　　　一些常見商品的需求價格彈性估計值

行業	需求價格彈性
金屬	1.52
機電產品	1.39
機械產品	1.30
家具	1.26
汽車	1.14
專業服務	1.09
運輸服務	1.03
煤氣、電、水	0.92
石油	0.91
化工產品	0.89
各種飲料	0.78
醫生服務	0.60
廚房用具	0.60
菸草	0.61
食物	0.58
銀行與保險服務	0.56
住房	0.55
汽油、燃料油（長期）	0.50
法律服務	0.50
服裝	0.49
農產品	0.42
珠寶	0.40
出租汽車	0.40
圖書、雜誌、報紙	0.34
煤	0.32
汽油、燃料油（短期）	0.20

（3）需求價格彈性的決定因素

①商品的需要程度：需要程度越高，彈性越小。

②緊密替代品的多少：替代品越多，彈性越充足。

③獨特價值效應（用途的廣泛性）：產品的差異化越大，彈性越小。

④允許調整（觀察）的時間長短：一般地講，時間越長，彈性越大。

⑤商品支出占預算的比例：比例越大，彈性越充足。

（4）需求的價格彈性與邊際收益、總收益的關係

$TR = P_{(Q)} \times Q$

$MR = \mathrm{d}TR/\mathrm{d}Q$

$\quad = \mathrm{d}\left[P_{(Q)} \times Q\right]/\mathrm{d}Q$

$\quad = P + Q \times \mathrm{d}P/\mathrm{d}Q$

$\quad = P\left[1 + (Q/P) \times (\mathrm{d}P/\mathrm{d}Q)\right]$

$\quad = P(1 - 1/E_d)$

如果 $E_d > 1$，則 $MR > 0$，此時 P 上升（即 Q 下降），TR 減少；P 下降（即 Q 上升）TR 增加；

如果 $E_d < 1$，則 $MR < 0$，此時 P 上升（即 Q 下降），TR 增加；P 下降（即 Q 上升）TR 減少；

如果 $E_d = 1$，則 $MR = 0$，此時總收益達到最大。

【案例分析4】

風景區門票的定價

如果你是某一個著名風景區的負責人，你的財務經理告訴你，公司缺乏資金，並建議你考慮改變門票價格以增加總收益。你將怎麼辦呢？你是要提高門票價格，還是降低門票價格？回答取決於需求彈性。

如果旅遊的需求是缺乏彈性的，那麼，提高門票價格會增加總收入。

如果旅遊的需求是富有彈性的，那麼提高價格就會使參觀者人數減少得如此之多，以至於總收入減少。在這種情況下，你應該降價。參觀者人數會增加得如此之多，以至於總收入會增加。

顯然，接下來你最想知道的是：我所在景區的需求是缺乏彈性還是富有彈性呢？

為了估算需求的價格彈性，你需要用歷史資料來研究門票價格變化。旅遊人數的逐年變動情況，或者用其他風景區旅遊人數的資料來說明門票價格如何影響旅遊人數。當然，在研究時，你還需要考慮影響旅遊人數的其他因素，例如天氣、人口、收入多少等，以便把價格因素獨立出來。最后，這種分析會提供一個需求價格彈性的估算，你可以用這種估算來決定對門票問題作出什麼反應。

【思考】什麼商品可以薄利多銷？

需求富於彈性的商品，其銷售收益與價格是反方向變動的，即隨總收益隨價格的提高而減少，隨價格的降低而增加，即降價會使銷售收入增加，提價會使消費者花費在該商品的支出減少；需求缺乏彈性的商品，其銷售收益與價格則是同方向變動的，即總收益隨價格的提高而增加，隨價格的降低而減少，企業可以適當漲價；需求是單位彈性的商品，總收益與價格的變動無關。

【案例分析5】

廣告及其對需求曲線的影響——如何增加銷售和價格

在各種傳媒中，總能聽到商品生產者說如下的廣告話語：使用某品牌的商品，將使我們更加美麗，使我們的生活更加豐富多彩，把我們的衣服洗得更加潔白，使我們的干勁更加十足，讓我們感覺到一種新的口味，令我們成為朋友的羨慕對象等。那麼，廣告商想幹什麼？其中是否蘊含著什麼經濟學知識？

實際上，廣告商在試圖做兩件事：①使該產品的需求曲線向右位移；②使該產品缺乏價格彈性。

這可用下圖2-16來說明。

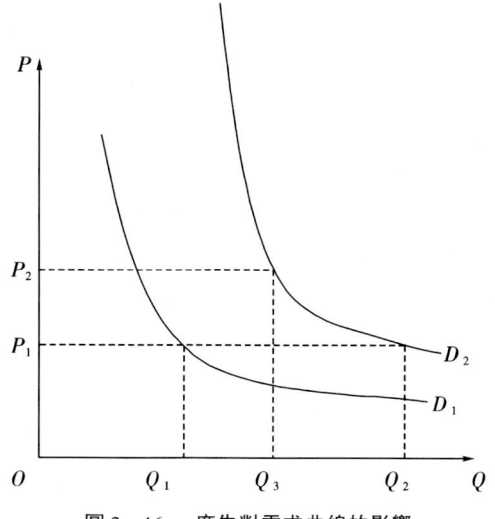

圖2-16　廣告對需求曲線的影響

在圖2-16中，D_1表明的是價格為P_1，銷售量為Q_1時的原始需求曲線，D_2表明的是廣告大戰之后的需求曲線。需求曲線向右移位，使得銷售量在原始價格是增加到Q_2。如果還使該需求具有很高的無彈性，那麼，該企業還可以提高該產品的價格，銷售量仍然有很大的增加。因此，在圖中，價格可以提高到P_2，銷售量將為Q_3，它仍然大大高於Q_1。陰影的面積表明了所獲得的總收入。

廣告怎能產生這種新的需求曲線（D_2）？

使需求曲線向右位移。

①如果廣告使這種產品引起更多人的注意，如果提高了人們購買這種產品的慾望，就會使需求曲線向右位移，從D_1變動到D_2。

②使需求曲線缺乏彈性。如果廣告使人們忠於這個品牌，讓人們相信（無論是正確的還是錯誤的）競爭對手的品牌是劣質的，那麼該需求曲線就會缺乏彈性。這樣，該企業就可以把價格提高到其對手的價格之上而不出現銷量銳減。這時，只有微小的替代效應，因為消費者已經相信沒有密切的替代品。

【閱讀 2-7】
腦白金廣告策略

近年來，腦白金的名稱可以說家喻戶曉，無論是報紙還是電視，都以各種方式衝擊人們的視聽，腦白金成了一個出現頻率比較高的詞彙，在很多人看來，腦白金廣告一無是處，更有業內人士罵其毫無創意，「土得令人噁心」。有趣的是，就靠著這在網上被傳為「第一惡俗」的廣告，腦白金創下了幾十個億的銷售額，在 2001 年更是每月平均銷售額高達兩億，「巨人」史玉柱也翻了身，再次躊躇滿志地重出江湖。「土」廣告打下大市場，不是用偶然性能解釋的，對其廣告策略進行剖析，對我們一定能有不少啟示。首先腦白金的策劃者們對腦白金軟性功能加以發揮並進行了擴散性定位——送禮，送禮不如送健康，送禮就送腦白金，好東西自然可以送禮，通過禮品定位，並且借助於產品名稱的有利，加以強力倡導，以期社會形成禮送腦白金的風尚。這樣，送的有理，收的高興，腦白金的購買者不僅是消費者，還有送禮者，產品不僅是保健品，而且還是禮品，產品市場自然擴大了。因此，在禮尚往來的中國，腦白金的廣告彈性變得非常大，同時好面子又是中國人普遍的心理特徵，人們對腦白金的需求彈性非常小——腦白金的價格越高越是有人去買，因此腦白金廣告每天在黃金段時間滾動播出。

（資料來源：根據各方面公共資料整理。）

2.2.2.2 需求的收入彈性

(1) 定義及計算公式

需求收入彈性（income elasticity of demand，簡稱 E_I）指一種商品的需求量（Q）相對消費者收入（I）變化的反應程度，其彈性系數等於需求量變動的百分比除以收入變動的百分比：

E_I = 需求量變動百分比/收入變動百分比

$\quad = (\Delta Q/Q)/(\Delta I/I)$

$\quad = (\Delta Q/\Delta I) \times (I/Q)$

當 $\Delta I \to 0$ 時，$E_I = (dQ/dI) \times (I/Q)$

不同的商品在一定的收入範圍內具有不同的收入彈性；同一商品在不同的收入範圍內也具有不同的收入彈性。這說明收入彈性並不取決於商品本身的屬性，而取決於消費者購買時的收入水平。

隨著收入水平的提高，原先的必需品可能變為低檔品；而原先的奢侈品可能變為普通正常品，即必需品。

(2) 需求收入彈性的類型

如果某商品的需求收入彈性大於零（$E_I > 0$），則該商品為正常品；如果某商品的需求收入彈性大於零但小於 1（$0 < E_I < 1$），則該商品為生活必需品；如果某商品的需求收入彈性大於 1（$E_I > 1$），則該商品為奢侈品；如果某商品的需求收入彈性小於零（$E_I < 0$），則該商品為劣等品。

【例2-2】假定某消費者的需求的價格彈性 $E_d = 1.3$，需求的收入彈性 $E_I = 2.2$。

求：①在其他條件不變的情況下，商品價格下降2%對需求數量的影響。

②在其他條件不變的情況下，消費者收入提高5%對需求數量的影響。

解：①由於 $E_d = -\dfrac{\dfrac{\Delta Q}{Q}}{\dfrac{\Delta P}{P}}$，於是有：

$\dfrac{\Delta Q}{Q} = -E_d \cdot \dfrac{\Delta P}{P} = -(1.3) \cdot (-2\%) = 2.6\%$

即商品價格下降2%使得需求數量增加2.6%。

②由於 $E_I = \dfrac{\dfrac{\Delta Q}{Q}}{\dfrac{\Delta I}{I}}$，於是有：

$\dfrac{\Delta Q}{Q} = E_I \cdot \dfrac{\Delta I}{I} = (2.2) \cdot (5\%) = 11\%$

即消費者收入提高5%使得需求數量增加11%。

2.2.2.3 需求的交叉彈性

(1) 需求交叉價格彈性的定義與計算

需求交叉價格彈性（cross price elasticity of demand，簡稱為 $E_{X,Y}$）是指一種商品的需求量（Q_X）對其相關商品價格（P_Y）變動的反應程度，需求交叉價格彈性系數可以用該商品需求量變動百分比與其相關商品價格變動百分比之間的比率來表示：

$E_{X,Y}$ = 某商品需求量變動百分比/相關商品價格變動百分比

= $(\Delta Q_X/Q_X) / (\Delta P_Y/P_Y)$

= $(\Delta Q_X/\Delta P_Y) \times (P_Y/Q_X)$

當 $\Delta P_Y \to 0$ 時，$E_{X,Y} = (dQ_X/dP_Y) \times (P_Y/Q_X)$

(2) 需求交叉價格彈性類型

如果 $E_{X,Y} < 0$，則商品 X 與商品 Y 之間存在互補關係；如果 $E_{X,Y} > 0$，則商品 X 與商品 Y 之間存在替代關係；如果 $E_{X,Y} = 0$，則商品 X 與商品 Y 互不相關。

【例2-3】假定某企業獲悉競爭對手將把產品價格從1000元降到800元，並根據資料計算出本企業與競爭對手產品的需求交叉彈性為0.8。若該企業保持原價格，那麼競爭企業降價後，對該企業會產生什麼影響？

解：需求交叉彈性 $E_{X,Y} = (\Delta Q_X/Q_X) / (\Delta P_Y/P_Y)$

$0.8 = \dfrac{\Delta Q_X/Q_X}{(1000-800)/1000}$

據題意則有：

所以 $\Delta Q_X/Q_X = 0.8 \times 0.2 = 0.16$

該企業產品需求量會下降16%。

值得一提的是，在經濟學中，交叉彈性還是從經濟學上劃分不同行業的標誌。交叉彈性的絕對值大，說明產品之間的相關程度很高，從而說明它們在經濟上屬於同一行業。反之，說明產品之間的相關程度低，它們在經濟上屬於不同行業。

【閱讀2-8】供給彈性

（1）供給彈性的定義與計算

供給彈性（elasticity of supply，簡稱為 E_s）是指一種商品的供給量（Q_s）對其價格（P）變動的反應程度，供給彈性系數可以用供給量變動百分比與價格變動百分比之間的比率來表示：

E_s = 供給量變動百分比/價格變動百分比

$\quad = (\Delta Q_s/Q_s)/(\Delta P/P) = (\Delta Q_s/\Delta P) \cdot (P/Q_s)$

當 $\Delta P \to 0$ 時，$E_s = (dQ_s/dP) \cdot (P/Q_s)$

（2）供給彈性的分類及其幾何表現形式

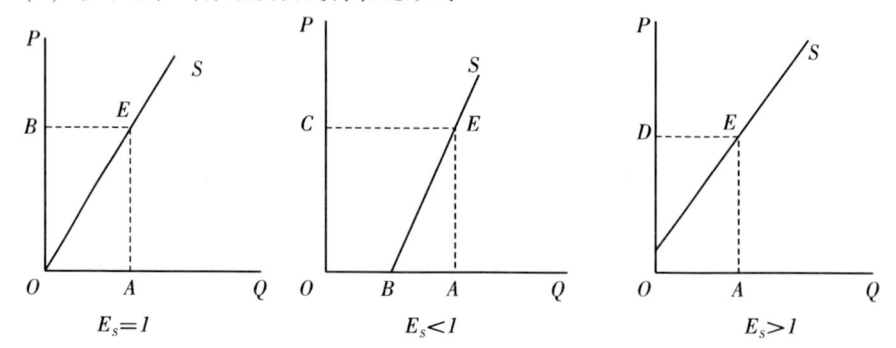

圖2-17　供給彈性的分類及幾何表現形式

（3）影響供給彈性的因素

①生產的難易程度；

②生產規模及規模變化的難易程度；

③成本的變化；

④時間的差異。

（4）供求彈性對市場均衡價格的影響。

①谷賤傷農（農產品：彈性小）。

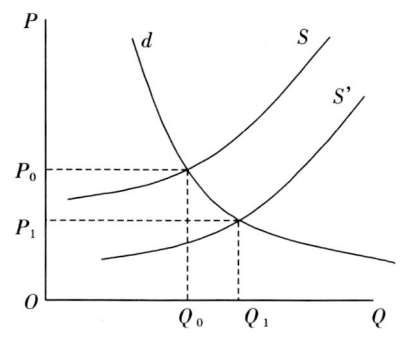

图 2-18 彈性小的供給曲線

②藥品價格管制（彈性≈0）。

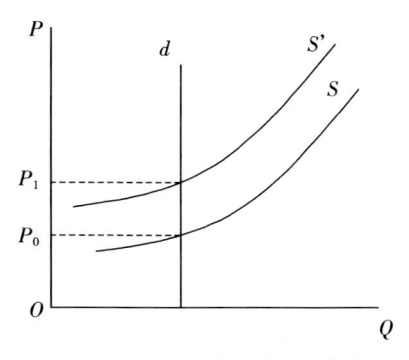

图 2-19 管制價格下的供給曲線

③商品稅賦。

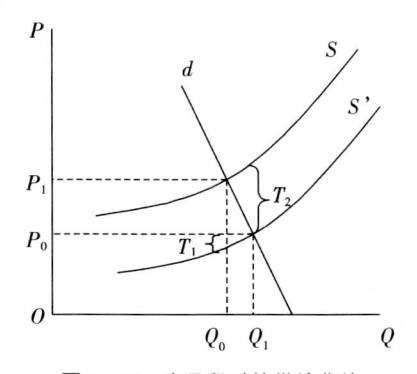

图 2-20 商品稅賦的供給曲線

T_1 為生產者增加的稅；
T_2 為消費者承擔。
當 $E_d > E_s$ 時，$T_1 >> T_2$。
當 $E_d < E_s$ 時，$T_1 << T_2$。

【思考】

1. 票販子屢禁不止的原因——限制價格

看過病的人都知道，在協和、同仁這些名牌醫院掛專家門診號有多難？價錢倒不貴，在協和正教授級專家門診號不過 14 元，但數量有限，你半夜去也不一定能掛上號。要看專家門診也不難，花 100 元左右就可以從票販子手中買到票。儘管公安部門一直加大打擊力度，但票販子仍屢禁不止。實際上不是因為公安部門打擊不力，而是這種限制價格的做法違背了市場經濟規律。那麼限制價格的做法違背市場經濟的什麼規律呢？

2. 農產品保護價格

許多國家出於保護農業和擴大農產品出口的需要都對農產品實施價格保護或出口價格補貼。在中國實行的是「保護價敞開收購」，這一政策有什麼利弊。

3. 禁毒政策是減少還是增加了與毒品相關的犯罪？

【閱讀 2-9】

天津市雞蛋價格管制

天津市一直以來以「低物價」而著稱。1995 年，天津市雞蛋價格持續不斷上揚，市場價格有時高達 3.5 至 3.8 元/斤不等。天津市政府從穩定物價、保證人民群眾生活不受大的影響的良好願望出發，於 1995 年 8 月 25 日對雞蛋價格實行管制，最高限價定為每斤 3.3 元。為了能實施限價政策，天津市政府著重做了以下工作：

(1) 成立專門機構。為了對價格管制工作進行組織、協調和統一領導，市政府成立專門機構——天津市雞蛋調節工作組。工作組如同「戰鬥指揮部」每天都要以報告的形式向市主要領導陳述當日的鮮蛋調市量，完成日調市任務的比例，以及未完成任務的原因，還要製作各種統計報表等。

(2) 鮮蛋調市。「工作組」責成市農委和商委對設在各郊縣的雞蛋生產基地逐層下達鮮蛋調市任務，保證雞蛋日上市總量達到 20 萬斤。

(3) 層層補貼。在價格管制的期間，對養雞場（戶）來說，生產不僅沒有利潤，而且部分賠本，在市場經濟環境下經營的企業無法接受這樣的事實，因此一段時間內，天津市國有副食店的雞蛋有價無貨。考慮到限價收購給養雞戶帶來的損失，「工作組」做出決定：實行價格補貼。

(4) 掛牌銷售。由於市區內銷售門市部的組織工作多數比較簡單，各銷售點均未發放任何憑證，只是每人限購 3 斤，反覆排除反覆購買或為賣而買（自由市場雞蛋小販雇人購買）也無人干涉，各銷售點排除人數一般在 200-300 人左右。為此市公安局曾派出 100 多名幹部分別到各雞蛋銷售點維持秩序。物價、交通、工商部門也都抽調了大批人員進行監督，防止各種哄抬物價、「賣大號」、走後門、私分等意外情況的發生。

天津市政府在實施價格管制過程中組織成本非常高。它從各級政府及有關部門抽調大量人員（包括各級行政負責人、一般業務人員，估計涉及幾千人）組成專門機構，

以對限價措施運轉進行管理、協調、監督,這些組織包括市政府成立的領導決策機構「雞蛋調市工作組」、市農委、商委聯合成立的雞蛋調市實施辦公室,市財政局成立的雞蛋價格補貼發放辦公室,市物價局、工商局專門安排的雞蛋價格監督人員,各郊縣鄉村成立的相應辦公室,市公安局向各限價銷售點分派的維持秩序人員,市交通局設專門人員為各銷售點運輸車發放特別通行證,派專人在各主要交通要道設卡防止鮮蛋外流。

1996年天津市政府最終放棄了雞蛋價格管制制度。放棄價格管制后的事實證明,像雞蛋、大白菜這類生產週期較短、替代性較強的產品的價格水平和供求關係,最好交由市場制度來來調節:在短期內,雞蛋價格的上升,一方面正好刺激了其替代品(如肉類消費等)的消費量上升,調整了消費結構;另一方面吸引了外部(地)市場供給量,很快就能增加本地供給;同時刺激資源向生產領域流動,從而在稍長的下一生產週期使本地供給上升,價格又會再度回落下來,1996年天津市場上的雞蛋價格曾一度下降到2.9元/斤,一般也就維持在3元多,這是最好的證明。看來,至少在某些產品領域裡,即使從維持物價穩定、保證人民生活安定的目的出發,選擇市場調節也是最理想的制度安排。

(資源來源:陳宗勝. 價格管制復歸的制度變遷分析——天津市雞蛋價格管制剖析 [J]. 經濟研究, 1997 (11).)

【閱讀2-10】

自發演進的市場

市場是自發演進的,即使有外界的禁止也不例外。它可以在艱難的時期頑強存在,可以像野草一樣四處發芽、生長並且有效地運作——至少能實現簡單直接的交易,創造出新的市場,或者設計出更好的市場機制以改變自己的命運。下面的兩個例子可以充分地說明這一點,充分表明市場自有爆發的辦法。

越南河內的路邊小販大多數是那些戴著圓錐形草帽、領著小孩的農村婦女,她們銷售一些水果、蔬菜和小商品。城裡人把這樣的貨攤戲稱為「跳蚤市場」,因為這些商販通常都把自己的貨物裝在小推車上,她們需要快速地逃避警察,否則商品會被警察拿走。對於當局來說,無證經營不能容許的,但是他們又沒有辦法徹底地查禁,小販們的頑強再次印證了越南的一句俗話:「要想阻止市場,就像讓紅河停止奔流。」

同樣,在第二次世界大戰期間的戰俘集中營裡,也出現了類似的市場,一位被德國人俘虜的英國軍人回憶說,戰俘之間用紅十字會配給的食品、香菸和衣服做交易。香菸替代了現金,成為交換的媒人和價值儲存的工具。價格會根據供給和需求的情況而波動。當一批饑餓的新戰俘到來的時候,食品價格將上漲,剛開始,每週的食品補給到來的時候,價格會出現下跌,但是到后來,戰俘們開始儲存食物,從而緩和了食品供給的波動。有些戰俘開始充當中間人,在集中營裡從價格較低的地方買進商品,然後到價格較高的地方賣出,於是平衡了各處的價格。這裡甚至出現了一個勞動力市場,有戰俘提供諸如洗衣服、畫肖像的服務,還有原始的金融市場,買方可以給賣者

提供一定的信用。

(資料來源：麥克米蘭. 市場演進的故事 [M]. 北京：中信出版社，2006.)

2.3 市場需求估計

前面對供求法則和需求彈性等問題的分析，都是假定需求函數或需求曲線是已知的。那麼，企業怎樣得到它們，並根據它們對未來的市場需求進行預測，這個問題稱為市場需求估計或市場需求測定。

需求估計的方法很多，但基本上可以歸結為兩種方法：一是進行市場調查，根據所得資料估計需求；二是根據累積的統計資料，用統計方法估計。這兩種方法是不能分割的，對調查所得資料的分析和判斷，離不開統計方法；而統計資料不足時，也需以市場調查資料作補充，才能進行統計分析。需求估計與預測屬於市場調查和統計學專門的學科領域，本節只介紹其梗概。

2.3.1 市場調查

市場調查就是通過對消費者直接進行調查，來估計某種商品的需求量和各個變量之間的關係。亦即通過調查來瞭解顧客在不同的價格、不同的收入以及不同的相關產品的價格等條件下，他們願意購買某種產品的數量。

市場調查的方法通常有訪問調查法和市場實驗法兩種。

2.3.1.1 訪問調查法

訪問調查法，就是訪問者通過口頭交談等方式向被訪問者瞭解社會實際情況的方法。訪問調查，一般都是訪問者向被訪問者做的面對面的直接調查，是通過口頭交流方式獲取社會信息的口頭調查。

訪問調查的最大特點在於，整個訪談過程是訪問者與被訪問者互相影響、互相作用的過程。在實地觀察中，觀察過程主要是觀察者單方面的活動，被觀察的對象一般都是被動地處於觀察者的觀察之中。為了防止或減少被觀察者的反應性心理或行為，觀察者應努力控制自己的觀察活動，盡量減少對被觀察者的影響。訪問調查則恰恰相反，整個訪談過程不是單向傳導過程，而是雙向傳導過程，即一方面是訪問者通過提問等方式作用於被訪問者的過程，另一方面又是被訪問者通過回答等方式反作用於訪問者的過程。因此，在訪問調查中，訪問者不是盡量減少對被訪問者的影響，而是積極影響被訪問者，並努力掌握訪談過程的主導權，盡可能使被訪問者按照預定計劃回答問題。

訪問調查的目的是瞭解市場實際情況。但是，訪問對象都是有思想、有感情、有心理活動的活生生的人。因此，訪談過程，首先是人與人之間的交往過程。訪問者只有在人際交往中，與被訪問者建立起基本的信任和一定的感情，並根據對方的具體情況採取恰當方式進行訪談，才能使被訪問者積極提供他所掌握的社會情況。這說明，

要取得訪問調查的成功，訪問者不僅要認真做好訪談前的各項準備工作，而且要善於人際交往，熟練掌握訪談技巧，並有效控製整個訪談過程。

訪問調查法的這些特點說明，它是比實地觀察高出一個層次的調查方法，它能比實地觀察獲得更多、更有價值的市場情況，同時也是比實地觀察更複雜、更難以掌握的一種市場調查方法。

2.3.1.2 市場實驗法

市場實驗法是指從影響調查問題的許多因素中選出一至兩個因素，將它們置於一定條件下進行小規模的實驗，然后對實驗結果做出分析的調查方法。如根據一定的調查研究目的創造某種條件，採取某種措施把調查對象置於非自然狀態下觀察其結果。實驗法的最大特點，是把調查對象置於非自然狀態下開展市場調查，可提高調查的精確度。但也要注意其實驗結果不易比較、限制性比較大的缺點。在採用市場實驗法時，應注意實驗法的有效性。

2.3.2 統計法

估計需求的統計方法有很多種，但最常用的是迴歸分析法。迴歸分析（regression analysis）是確定兩種或兩種以上變量間相互依賴的定量關係的一種統計分析方法。運用十分廣泛，迴歸分析按照涉及的自變量的多少，可分為一元迴歸分析和多元迴歸分析；按照自變量和因變量之間的關係類型，可分為線性迴歸分析和非線性迴歸分析。如果在迴歸分析中，只包括一個自變量和一個因變量，且兩者的關係可用一條直線近似表示，這種迴歸分析稱為一元線性迴歸分析。如果迴歸分析中包括兩個或兩個以上的自變量，且因變量和自變量之間是線性關係，則稱為多元線性迴歸分析。

迴歸分析的主要內容為：①從一組數據出發確定某些變量之間的定量關係式，即建立數學模型並估計其中的未知參數。估計參數的常用方法是最小二乘法。②對這些關係式的可信程度進行檢驗。③在許多自變量共同影響著一個因變量的關係中，判斷哪個（或哪些）自變量的影響是顯著的，哪些自變量的影響是不顯著的，將影響顯著的自變量選入模型中，而剔除影響不顯著的變量。④利用所求的關係式對某一生產過程進行預測或控制。

【閱讀 2 - 11】

一元線性迴歸分析預測法模型分析

一元線性迴歸分析預測法，是根據自變量 x 和因變量 Y 的相關關係，建立 x 與 Y 的線性迴歸方程進行預測的方法。由於市場現象一般是受多種因素的影響，而並不是僅僅受一個因素的影響。所以應用一元線性迴歸分析預測法，必須對影響市場現象的多種因素做全面分析。只有當諸多的影響因素中，確實存在一個對因變量影響作用明顯高於其他因素的變量，才能將它作為自變量，應用一元相關迴歸分析市場預測法進行預測。

一元線性迴歸分析法的預測模型為：

$$\hat{Y}_t = a + bx_t$$

式中，x_t 代表 t 期自變量的值；

$\hat{Y}_t$ 代表 t 期因變量的值；

a、b 代表一元線性迴歸方程的參數。

a、b 參數由下列公式求得（用 $\sum$ 代表 $\sum_{i=1}^{n}$）：

$$\begin{cases} a = \dfrac{\sum Y_i}{n} - b \dfrac{\sum X_i}{n} \\ b = \dfrac{n \sum X_i Y_i - \sum X_i \sum Y_i}{n \sum X_i^2 - (\sum X_i)^2} \end{cases} \quad (1)$$

為簡便計算，我們作以下定義：

$$\begin{cases} S_{xx} = \sum (X_i - \bar{X})^2 = \sum X_i^2 - \dfrac{(\sum X_i)^2}{n} \\ S_{yy} = \sum (Y_i - \bar{Y})^2 = \sum Y_i^2 - \dfrac{(\sum Y_i)^2}{n} \\ S_{xy} = \sum (X_i - \bar{X})(Y_i - \bar{Y}) = \sum X_i Y_i - \dfrac{\sum X_i \sum Y_i}{n} \end{cases} \quad (2)$$

式中：$\bar{X} = \dfrac{\sum X_i}{n}$，$\bar{Y} = \dfrac{\sum Y_i}{n}$

這樣定義 a、b 后，參數由下列公式求得：

$$\begin{cases} a = \bar{Y} - b\bar{X} \\ b = \dfrac{X_{xy}}{S_{xx}} \end{cases} \quad (3)$$

將 a、b 代入一元線性迴歸方程 $Y_t = a + bx_t$，就可以建立預測模型，那麼，只要給定 x_t 值，即可求出預測值 $\hat{Y}_t$。

在迴歸分析預測法中，需要對 X、Y 之間相關程度作出判斷，這就要計算相關係數 Y，其公式如下：

$$r = \dfrac{\sum (x_i - \bar{X})(Y_i - \hat{y})}{\sqrt{\sum (x_i - \bar{x})^2 \sum (y_i - \bar{y})^2}}$$

相關係數 r 的特徵有：

① 相關係數取值範圍為：$-1 \leq r \leq 1$。

② r 與 b 符合相同。當 $r > 0$，稱正線性相關，X_i 上升，Y_i 呈線性增加。當 $r < 0$，稱負線性相關，X_i 上升，Y_i 呈線性減少。

③ $|r| = 0$，X 與 Y 無線性相關關係；$|r| = 1$，完全確定的線性相關關係；$0 < |r| < 1$，X 與 Y 存在一定的線性相關關係；$|r| > 0.7$，為高度線性相關；$0.3 < |r| \leq 0.7$，為中度線性相關；$|r| \leq 0.3$，為低度線性相關。

$$r = \frac{S_{xy}}{\sqrt{S_{xx} \cdot S_{yy}}}$$

例如：某地區輕工部門要求預測 1998 年輕工產品銷售總額。根據初步分析，銷售總額直接同本地區的職工工資總額有關。已知資料如下表，同時預計 1998 年職工工資總額比 1995 年增加 30%，要求預測 1998 年銷售總額。

單位：萬元

年份	1985	1986	1987	1988	1989	1990	1991	1992	1993	1994	1995	1996
銷售總額 Y	19.5	22.2	24.9	25.2	19.1	34.5	41.1	46.2	53.1	61.5	66.9	38.6
職工工資總額 X	61	75	94	107	146	174	211	244	298	349	380	194.5

解：1) 建立迴歸分析模型，計算 a、b 係數值。

$$Y = a + bx$$

根據最小二乘法原理，a、b 值可由下式求得：

$$b = \frac{n \sum (x_i y_i) - \sum x_i \sum y_i}{n \sum x_i^2 - (\sum x_i)^2}$$

$$a = \frac{\sum y_i - b \sum x_i}{n}$$

根據已知資料，列出下表：

單位：萬元

年份	商品銷售額 Y	職工工資總額 X	$X \cdot Y$	X^2	Y^2	$X - \bar{X}$
1985	19.5	61	1189.5	3721	380.3	-135.5
1986	22.2	75	1665.0	5652	492.8	-119.5
1987	24.9	94	2340.6	8836	620.0	-100.5
1988	25.2	107	2696.4	11449	635.0	-87.5
1989	29.1	146	4248.6	21316	846.8	-48.5
1990	34.5	174	6003.0	30276	1190.3	-20.5
1991	41.1	211	8672.1	44821	1689.2	16.5
1992	46.2	244	11272.0	59836	2134.2	49.5
1993	53.1	298	15823.0	88804	2816.6	103.5
1994	61.5	349	21463.0	121801	3782.3	154.5
1995	66.9	380	25422.0	144400	4475.6	185.5
$\sum$	$\sum y = 424.2$	$\sum X = 2139$ $\bar{x} = 194.5$	$\sum (x \cdot y) = 100797$	$\sum x^2 = 540285$	$\sum y^2 = 19063.3$	$\sum (x - \bar{x})^2 = 1243466$

將上表最末一行計算值代入上式，求得：

$$b = \frac{11 \times 100797 - 424.2 \times 2139}{11 \times 540285 - (2139)^2} = 0.147$$

$$a = \frac{424.2 - 0.147 \times 2139}{11} = 9.98$$

2）確定相關係數，進行相關性檢驗。相關性檢驗就是 Y 與 X 相關程度的檢驗。

相關係數 r 的計算公式為：

$$r = \frac{n\sum(x \cdot y) - \sum x \cdot \sum y}{\sqrt{[n\sum x^2 - (\sum x)^2][n\sum y^2 - (\sum y)^2]}}$$

將上表數據代入相關係數公式。

$$r = \frac{11 \times 100797 - 2139 \times 424.2}{\sqrt{(11 \times 540285 - 2139^2)(11 \times 19063.3 - 424.2^2)}}$$

$$= 0.988$$

相關性檢驗通過，所以迴歸模型 $Y = 9.98 + 0.147x$ 是可用的。

3）利用迴歸方程進行預測。1998年工資總額：

$380 \times 130\% = 494$（萬元），將其代入迴歸方程，就可預測出1998年產品銷售總額：$Y = 9.98 + 1.47 \times 494 = 82.6$（萬元）。

[本章小結]

本章介紹的內容在管理經濟學中占據著十分重要的地位。因為掌握市場需求變化規律是在市場經濟條件下，企業經營管理決策的基本前提和出發點。

需求是指在某一時期內的某一市場上消費者所願意並且有能力購買的該商品的數量。影響需求的主要因素有：商品的價格、消費者的收入水平、消費者的嗜好與偏好、相關商品的價格、消費者對未來的預期等。需求函數是需求量與影響這一數量的諸因素之間的數學表達式。需求函數所反應的商品價格與需求數量關係以列表法與圖示法表示出來，則分別稱為需求表與需求曲線。需求曲線有從左向右下傾斜並具有負斜率的特點。需求的變動指的是在商品本身價格不變條件下，由於其他因素變動所引起的需求數量的變化。需求量的變動是指其他條件不變的情況下，商品本身價格變動所引起的需求量的變動。

供給總是指在一定時期內該商品市場上企業所願意提供並有能力提供的該商品的數量。其影響因素、供給函數與曲線以及供給與供給量的變動等同需求有類似規律。

市場均衡是指在影響需求和供給的其他因素都給定不變的條件下，市場上的商品價格達到這樣一種水平，即使得消費者願意購買的數量等於生產者願意供給的數量。

消費者效用是指消費者通過消費某種物品或勞務所能獲得的滿足程度。對購買行為有著重大影響。需要懂得消費者邊際效用遞減規律、消費者效用最大化的均衡條件、邊際替代率遞減、消費者在既定約束條件下的均衡。

需求彈性是一個用於測試需求量對需求因素變動敏感程度的指標。它主要包括：需求的價格彈性、需求的收入彈性、需求的交叉彈性。它們分別是制定企業價格策略的基礎、企業調整產品結構的新思路以及為企業統籌兼顧制定競爭策略提供了相對量化的依據。

需求曲線方程是企業進行需求分析的基礎，而需求曲線方程的獲得方法很多，但

基本上可以歸結為兩種方法：一為進行市場調查法；二為統計法。統計法最主要的是迴歸分析法。

[思考與練習]

一、判斷題

1. 如果對小麥的需求高度缺乏彈性，糧食豐收將減少農民的收入。（ ）
2. 一般來說生活必需品的需求彈性比奢侈品的需求彈性要小。（ ）
3. 如果價格和總收益呈同方向變化，則需求是富有彈性的。（ ）
4. 某商品價格下降沒有引起銷售量增加，這是因為在這個價格段需求完全無彈性。（ ）
5. 完全沒有彈性是指價格的變化對總收益沒有影響。（ ）
6. 生產者預期某商品未來價格要下降，就會減少該商品當前的供給。（ ）
7. 當某種商品的價格上漲時，其互補商品的需求將上升。（ ）
8. 原油的價格下降會促使人們對別的替代能源的開發。（ ）
9. 某商品的價格的上升會使其補充品的需求曲線向右上方移動。（ ）
10. 維持農產品價格的主要目的是防止其價格的大幅度的波動。（ ）
11. 購買某種商品的支出占全部收入的比例越小，其價格彈性就越小。（ ）
12. 一般來說，價格上漲就會增加銷售收入，而價格下跌則要減少銷售收入。（ ）
13. 在價格缺乏彈性的時候，價格變化的方向與銷售收入的變化方向是相反的。（ ）
14. 某種商品如果很容易被別的商品代替，那麼該種商品的價格彈性就比較大。（ ）
15. 高檔商品因占人們收入的比例較大，所以它的彈性就比較小。（ ）
16. 垂直的需求曲線的價格彈性一定等於無窮大。（ ）
17. 必需品的價格彈性必定大於高級品的價格彈性。（ ）
18. 如果價格彈性絕對值等於2，說明價格上漲1%，需求數量會上升2%。（ ）
19. 如果一種商品的用途越廣泛，會使該種商品的價格彈性變小。（ ）
20. 如果價格彈性的絕對值等於零，說明該種商品是低等品。（ ）
21. 在無差異曲線圖上存在無數條無差異曲線是一位消費者的收入有時高有時低。（ ）
22. 同一杯水具有相同的效用。（ ）
23. 無差異曲線表示不同的消費者消費兩種商品的不同數量組合所得到的效用是相同的。（ ）
24. 如果一個商品滿足了一個消費者壞的慾望，說明該商品具有負效用。（ ）
25. 在消費者均衡條件下，消費者購買的商品的總效用一定等於他所支出的貨幣的

總效用。   (   )

26. 如果 $MU_x / MU_y > P_x / P_y$，作為一個理性的消費者則會增加購買 X 商品，減少購買 Y 商品。   (   )

27. 預算線的平行移動說明效法收入發生變化，價格沒有變化。   (   )

28. 預算線上的各點說明每種商品的組合是相同的。   (   )

29. 一個消費者喜歡 X 商品甚於 Y 商品的主要原因是 X 商品的價格比較便宜。
                                                                  (   )

30. 如果消費者的偏好和趣味不發生變化，效用極大的均衡點也不會發生變化。
                                                                  (   )

二、選擇題

1. 需求的彈性系數是指（   ）。
   A. 需求函數的斜率   B. 收入變化對需求的影響程度
   C. 消費者對價格變化的反應程度 D. 以上說法都正確

2. 假定需求表中 D_1，D_2，D_3 和 D_4 的彈性系數分別為 2.3，0.4，1.27 和 0.77，哪種情況在價格提高后將導致總收益的增加？（   ）
   A. D_1 和 D_3 B. D_3 和 D_4
   C. D_2 和 D_4 D. 僅 D_1

3. 假定某商品的價格從 10 元下降到 9 元，需求量從 70 增加到 75，需求為（   ）。
   A. 缺乏彈性   B. 富有彈性
   C. 單位彈性   D. 不能確定

4. 供給曲線的位置由下例哪種因素決定（   ）。
   A. 廠商的預期   B. 生產成本
   C. 技術狀況   D. 以上皆是

5. 某商品價格下降導致其互補品的（   ）。
   A. 需求曲線向左移動   B. 需求曲線向右移動
   C. 供給曲線向右移動   D. 價格上漲

6. 如果甲商品價格下降引起乙商品曲線向右移動，那麼（   ）。
   A. 甲和乙產品是互相替代商品 B. 甲和乙產品是互補商品
   C. 甲為低檔商品，乙為高檔商品 D. 甲為高檔商品，乙為低檔商品

7. 收入和偏好是（   ）。
   A. 影響供給的因素   B. 影響需求的因素
   C. 在經濟分析中可以忽略   D. 上述都不正確

8. 需求大於供給時的價格（   ）。
   A. 在均衡價格之上   B. 在均衡價格之下
   C. 將導致需求曲線的移動   D. 是不可能出現的

9. 下例哪種情況不會引起玉米的需求曲線移動？（   ）
   A. 消費者收入增加   B. 玉米價格上升
   C. 大豆供給量銳減   D. 大豆價格上升

10. 假定某商品的需求價格為 $P = 100 - 4Q$，供給價格為 $P = 40 + 2Q$，均衡價格與均衡產量應為（　　）。

　　A. $P = 60$，$Q = 10$　　　　　　B. $P = 10$，$Q = 6$

　　C. $P = 40$，$Q = 6$　　　　　　D. $P = 20$，$Q = 20$

11. 如果商品 A 和商品 B 是替代的，則 A 的價格下降將造成（　　）。

　　A. A 的需求曲線向右移動　　　　B. A 的需求曲線向左移動

　　C. B 的需求曲線向右移動　　　　D. B 的需求曲線向左移動

12. 下列因素中除哪一種以外都會使需求曲線移動？（　　）。

　　A. 消費者收入變化　　　　　　　B. 商品價格下降

　　C. 其他有關商品價格下降　　　　D. 消費者偏好變化

13. 一個商品價格下降對其互補品最直接的影響是（　　）。

　　A. 互補品的需求曲線向右移動　　B. 互補品的需求曲線向左移動

　　C. 互補品的供給曲線向右移動　　D. 互補品的供給曲線向左移動

14. 如果某商品的需求價格彈性是 -2，要增加銷售收入（　　）。

　　A. 價格必須下降　　　　　　　　B. 價格必須提升

　　C. 保持價格不變　　　　　　　　D. 在提升價格的同時，增加推銷開支

15. 某商品的需求價格 100 元，需要數量是 100 件，價格下降到 80 元，需求數量沒有發生變化，還是 100 件，說明該種商品為需求價格彈性是（　　）。

　　A. 等於 1　　　　　　　　　　　B. 等於 -1

　　C. 等於零　　　　　　　　　　　D. 不能確定

16. 預算線的位置和斜率取決於（　　）。

　　A. 消費者的收入

　　B. 消費者的收入和商品的價格

　　C. 消費者的偏好

　　D. 消費者的偏好，收入和商品的價格

17. 消費者的收入增加可能會是（　　）。

　　A. 無差異曲線向右移動　　　　　B. 預算線的斜率變平

　　C. 需求增加　　　　　　　　　　D. 需求量增加

18. 消費者均衡的條件是（　　）。

　　A. $P_x / P_y = MU_y / MU_x$　　　　B. $P_x / P_y = MU_x / MU_y$

　　C. $P_x \cdot X = P_y \cdot Y$　　　　　　D. 以上三者都不是

19. 總效用達到最大時（　　）。

　　A. 邊際效用為零　　　　　　　　B. 邊際效用最大

　　C. 邊際效用為負　　　　　　　　D. 邊際效用為正

20. 如果無差異曲線上任一點的斜率 $-1/4$，這意味著消費者意願放棄幾個單位 X 而獲得一個單位的 Y（　　）。

　　A. 5　　　　　　　　　　　　　　B. 1

C. 1/4　　　　　　　　　　　　D. 4

21. 消費者購買每位物品所支付的價格一定等於（　　）。
    A. 消費者從消費第一單位的這種物品中獲取的邊際效用
    B. 消費者從消費這種物品中獲得的總效用
    C. 消費者從平均每單位物品的消費中獲得效用
    D. 消費者從消費最后以單位物品中獲得的效用

22. 已知 X 商品的價格為 5 元，Y 商品的價格為 2 元，如果消費者從這兩種商品的消費中得到最大效用時，商品 Y 的邊際效用為 30 元，那麼此時 X 商品的邊際效用為（　　）。
    A. 60　　　　　　　　　　　　B. 45
    C. 150　　　　　　　　　　　 D. 75

23. 如果一個消費者所選擇的商品的邊際效用都遞減，說明（　　）。
    A. 這個消費者的收入沒有增加
    B. 這個消費者的生活狀況惡化了
    C. 這個消費者減少了各種商品的消費
    D. 這個消費者的生活水平提高了

24. 處在不同的無差異曲線上的各種商品組合（　　）。
    A. 效用是不可能相等的
    B. 一般情況下，效用是不可能相等的，但在個別場合，有可能相等
    C. 效用是否相等要視情況而定
    D. 效用是可能相等的

25. 處於同一條無差異曲線的兩個點，說明（　　）。
    A. 兩種商品組合不同，效用水平也不同
    B. 兩種商品組合相同，但效用水平不同
    C. 兩種商品組合相同，效用水平也相同
    D. 兩種商品組合不同，但效用水平相同

三、問答題

1. 試分析下列三種情況是需求還是需求量發生變化？
   （1）大蔥價格每公斤下降 5 元，消費者購買更多的大蔥。
   （2）汽車價格大幅上升，對汽車的影響如何？
   （3）收入增加使某消費者購買更多的高檔商品。

2. 試分析下列情況是供給變化還是供給量變化？
   （1）氣候不好使葡萄歉收，葡萄的供給量大幅減少。
   （2）面粉漲價使麵包價格提高。
   （3）皮鞋價格提高后制鞋商增加了產量。

3. 什麼是邊際效用遞減規律？

4. 什麼是邊際替代率遞減規律？物品的邊際替代率為什麼遞減？

5. 什麼是消費者均衡，其條件是什麼？

6. 對於廠商來說，其產品的需求彈性大於1和小於1對其價格戰略（採取降價還是漲價）將產生何種影響？

7. 中國許多大城市，由於水資源不足，自來水供應緊張，請根據邊際效用遞減原理，設計一種方案供政府來緩解或消除這個問題，並說明具體措施：

（1）對消費者剩余有何影響？

（2）對生產資源的配置有何有利或不利的效應？

（3）對於城市居民的收入分配有何影響？能否有什麼補救的辦法？

四、計算題

1. 某商店出售土豆條，如果每袋35美分，店主希望每週出售450袋，而消費者需求卻為50袋。如果每袋價格降低5美分，店主希望每週出售350袋，消費者需求卻增加了100袋。試找出均衡點。

（答案：$P=25$；$Q=250$）

2. 某國為了鼓勵本國石油工業的發展，採取措施限制石油進口，估計這些措施將使石油數量減少20%，如果石油需求的價格彈性在0.8~1.4之間，試問第二年該國石油價格預期會上漲多少？

（答案：14.3%~25%）

3. 假定某商品的需求價格為$P=100-5Q$，供給函數為$P=40+10Q$，求：該商品的均衡價格和均衡產量。

（答案：$P=80$；$Q=4$）

4. 某人每月收入120元可花費在X和Y兩種商品上，他的效用函數為$U=XY$，$P_x=2$元，$P_y=3$元。要求：

（1）為獲得最大效用，他會購買幾單位X和Y？

（2）假如X的價格提高40%，Y的價格不變，為使他保持原有的效用水平，收入必須增加多少？

（答案：$X=30$，$Y=20$；收入必須增加24元）

5. 找出$P=10$，$I=20$，$P_s=9$時的點價格彈性，點收入彈性和點交叉彈性，需求函數估計為：$Q_d=90-8P+2I+2P_s$。此產品的需求彈性是充足還是不足？是一個奢侈品還是必需品？兩種產品是替代品還是互補品？

（答案：需求彈性不足）

6. 某產品市場由消費者A、B及生產者I、J構成。A、B的需求分別為：$D_a=200-2P$，$D_b=150-P$，並且I、J的供給分別為：$S_i=-100+2P$，$S_j=-150+3P$，p為產品價格。試求：

（1）市場均衡價格。

（2）消費者A、B的需求量。

（3）I、J的供給量。

（答案：$p=75$；$Da=50$，$Db=75$；$Si=50$，$Sj=75$）

7. 設現階段中國居民對新汽車需求的價格彈性是$E_d=-1.2$，需求的收入彈性是

$E_I = 3.0$,計算：

(1) 在其他條件不變的情況下，價格提高3%對需求的影響；

(2) 在其他條件不變的情況下，收入提高2%對需求的影響；

(3) 假設價格提高8%，收入增加10%。2004年新汽車的銷售量為800萬輛。利用有關彈性系數估算2005年新汽車的銷售量。

(答案：其他條件不變時，價格提高3%使需求降低3.6%；其他條件不變收入提高2%時，需求增加6%；2005年新汽車的銷售量為963.2萬輛)

8. 已知某人消費的兩種商品 X 和 Y 的效用函數 $U = X^{1/3}Y^{2/3}$，商品價格分別為 P_x 和 P_y，收入為 M。試求：此人對商品 X 和 Y 的需求函數。

(答案：$X = M/3P_x$，$Y = 2M/3P_y$)

9. 已知：某產品的價格下降4，致使另一種商品銷售量從800下降到500。

試問：這兩種商品是什麼關係？彈性是多少？

(答案：略)

10. 假設：消費者張某對 X 和 Y 兩種商品的效用函數為：$U = X^2Y^2$，張某收入為500元，X 商品和 Y 商品的價格分別為 P_X 為2元，P_Y 為5元。

試求：張某對 X 和 Y 兩種商品的最佳組合。

(答案：$X = 50$，$Y = 125$)

3　生產決策理論

[本章結構圖]

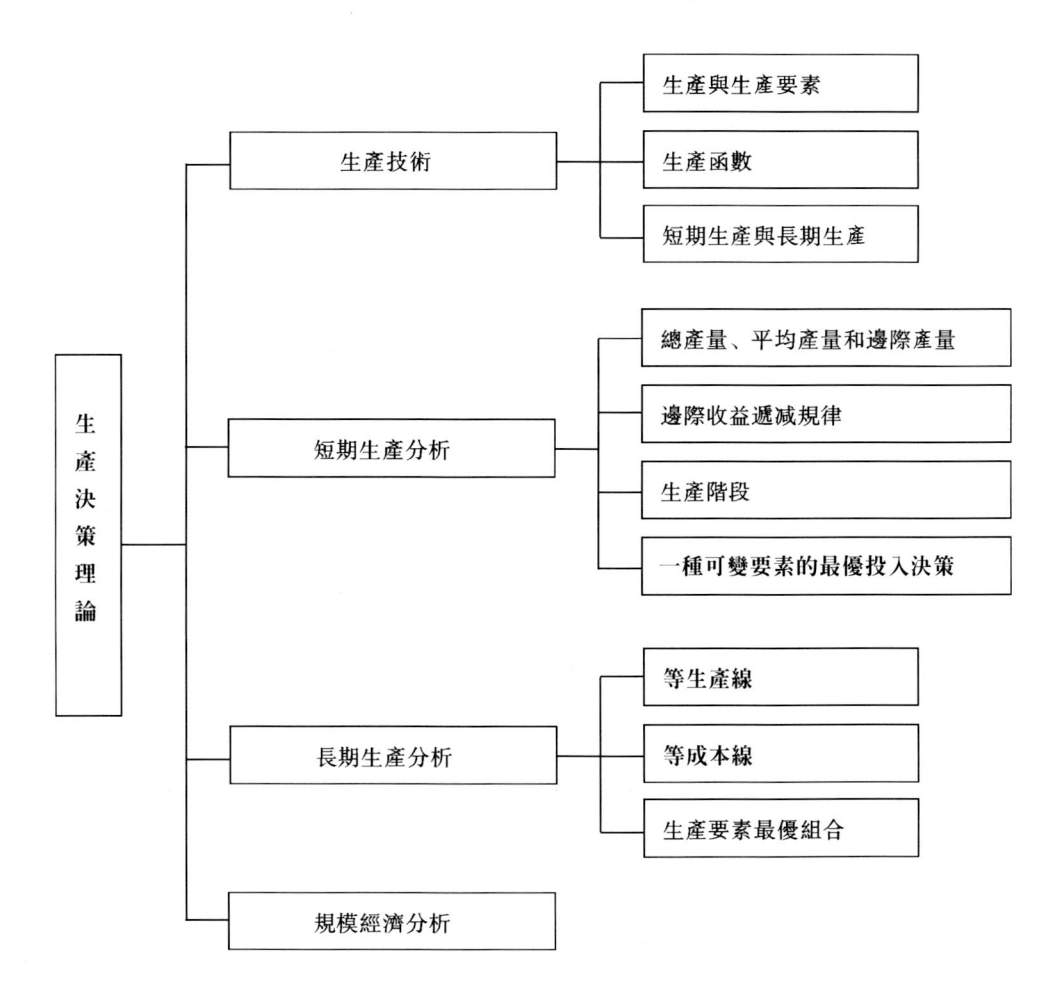

```
                                    ┌─ 生產與生產要素
                    ┌─ 生產技術 ────┼─ 生產函數
                    │              └─ 短期生產與長期生產
                    │
                    │                ┌─ 總產量、平均產量和邊際產量
                    │                ├─ 邊際收益遞減規律
                    ├─ 短期生產分析 ─┤
生產決策理論 ───────┤                ├─ 生產階段
                    │                └─ 一種可變要素的最優投入決策
                    │
                    │                ┌─ 等生產線
                    ├─ 長期生產分析 ─┼─ 等成本線
                    │                └─ 生產要素最優組合
                    │
                    └─ 規模經濟分析
```

[本章學習目標]

通過本章的學習，你可以瞭解：

✿ 生產與生產要素。

> ■ 生產函數、長期生產和短期生產。
> ■ 短期生產分析、邊際收益遞減規律。
> ■ 長期生產分析、等產量曲線、等成本曲線、生產擴展線。
> ■ 生產報酬遞減規律、規模報酬、規模經濟。

企業的任務是把資源組織起來加工以生產產品，直接或間接滿足消費者需求。它們面臨的一般生產問題是如何確定多少產量和使用多少以及何種資源，從而最有效地達到這些產量，以實現利潤最大化。

我們知道，利潤是總收益和總成本的差額。總收益受價格和產量的影響，其中產品價格取決於不同市場結構。產量和成本取決於廠商的生產技術選擇。廠商力求在技術上實現生產要素的最優組合，具體而言就是要實現產量既定條件下的成本最小或成本既定條件下的產量最大，而生產是達到這一目的的主要手段。因此，對生產活動的分析成為對廠商行為分析的第一步。

3.1　生產技術

3.1.1　生產與生產要素

生產是指企業把其可以支配的資源轉變為物質產品或服務的過程，即投入要素后轉化為產出的過程。

生產要素是指用於生產商品和勞務中投入的各種經濟資源，包括勞動、土地、資本和企業家才能。勞動（labour）是勞動力在生產中所提供的服務；資本（capital）是生產中使用的廠房、設備、原料等；土地（land）是指各種自然資源；企業家才能指企業家對整個生產過程中的組織與管理工作。

3.1.2　生產函數

生產過程本身就是一個投入產出的過程，經濟學中用生產函數來表示各種生產要素的數量與組合與所生產出來的產量之間的關係。

3.1.2.1　生產函數的含義

生產函數（production function）是指在一定時期內，在技術水平不變的情況下，生產過程中投入的各種生產要素的數量組合與其所能生產出來的最大產量之間的對應關係。它的一般表達式為：

$$Q = f(L, K, N, E)$$

式中：Q 為產量；

　　　L 為勞動要素；

　　　K 為資本要素；

　　　N 為土地要素；

E 為企業家才能要素。

為了簡化分析，一般常把勞動和企業家才能合併統稱為勞動因素，用 L 表示，把資本和土地合併統稱為資本因素，用 K 表示，則生產函數表示為：

$$Q = f(L, K)$$

3.1.2.2 技術系數

生產不同產品時，廠商所投入的各種生產要素的配置比例是不同的。技術系數（technological coefficient）是指為生產一定量的產品所需要投入的各種生產要素的組合比例。如果這個比例是不能改變的，則稱為固定技術系數，表明兩種生產要素之間不能相互替代。與之相對應的生產函數是固定配置比例生產函數。如果配置比例是可以改變的，則稱為可變技術系數，表明生產要素之間可以相互替代，如果多用某種生產要素，就可以少用另一種生產要素，與之相對應的生產函數是可變配置比例生產函數。

3.1.3 短期生產與長期生產

在經濟分析中，常把生產分為短期和長期兩種。經濟學對短期與長期的劃分不是根據時間的長短來判斷，而是根據在一定時期內生產要素是否可以隨產量變化而變化。

短期生產（Short run）是指生產期間至少有一種生產要素的投入量固定不變的時期。這種固定不可變動的生產要素稱為固定要素或固定投入（Fixed Inputs）。固定要素決定企業的生產潛力和生產規模。

長期生產（Long run）是指生產期間所有生產要素的投入量都可以變動的時期。這些可變動的生產要素稱為可變要素或可變投入（Variable Inputs）。可變要素只決定廠商在既定生產規模下的某個確定產量水平。

在短期，因為固定要素（廠房、設備等）無法變動或變動成本無限大，企業只能通過增加可變要素（工人、原料等）的投入來擴大產量。而在長期，由於所有要素都能變動，企業就可以擴建廠房、增添設備、擴大生產能力以更經濟有效地增加產量。

根據短期與長期的劃分，可相應地得出短期生產函數和長期生產函數。

短期生產函數是以一種可變要素的生產函數來考察廠商的短期生產行為。假如資本的投入量是固定的，用 $\bar{K}$ 表示，勞動 L 的投入量是可以改變的，則短期生產函數為：

$$Q = f(L, \bar{K}) \text{ 或 } Q = f(L)$$

長期生產函數是以兩種可變生產要素的生產函數來考察廠商的長期生產行為，長期生產函數為：

$$Q = f(L, K)$$

【討論】從實際情況看，任何廠商從事生產活動，一定是短期生產行為。該說法是否正確？

3.2 短期生產分析

短期生產分析主要通過研究短期生產函數，尋求短期內生產要素的合理投入問題。當生產中只有一種生產要素的投入量（如勞動 L）可變，而其他要素投入不變時，這種可變投入的使用量為多少時能使企業的利潤最大。為此，首先要瞭解總產量、平均產量和邊際產量及其相互關係。

3.2.1 總產量、平均產量和邊際產量

3.2.1.1 總產量、平均產量與邊際產量的定義

（1）總產量（total product，簡稱 TP）是指一定的生產要素投入量所提供的全部產量。如果只考察一個可變生產要素，如勞動對產量的影響則有：$TP_L = Q = f(L)$。

（2）平均產量（average product，簡稱 AP）是指單位生產要素所生產出來的產量。如果研究勞動因素的平均產量，可用 AP_L 表示，則有：$AP_L = Q/L = TP_L/L = f(L)/L$。

（3）邊際產量（marginal product，簡稱 MP）是指增加一個單位可變要素投入量所增加的產量。如研究勞動的邊際產量，可用 MP_L 表示，則：$MP_L = dQ/dL = dTP_L/dL$ 或 $MP_L = \Delta Q/\Delta L = \Delta TP_L/\Delta L$。

根據總產量、平均產量和邊際產量的定義，再用具體的數字來對上述的量進行說明。假定資本量不變，可變量為勞動的投入量，隨著勞動量投入的不斷增加，總產量、平均產量和邊際產量的變動如表 3-1 所示：

表 3-1　　　　　　　　　總產量、平均產量和邊際產量

資本(K)投入量	勞動(L)投入量	勞動增量(ΔL)	總產量(TP_L)	平均產量(AP_L)	邊際產量(MP_L)
2	1	1	15	15.0	15
2	2	1	32	16.0	17
2	3	1	48	16.0	16
2	4	1	59	14.7	11
2	5	1	67	13.4	8
2	6	1	72	12.0	5
2	7	1	73	10.4	1
2	8	1	72	9.0	-1
2	9	1	70	7.8	-2
2	10	1	67	6.7	-3

根據表 3-1，資本投入量為常數，在短期中始終是 2 單位，勞動的投入量則以 1 單位為增量不斷增加。總產量、平均產量和邊際產量均呈現先升後降的趨勢，且它們之間存在著密切的聯繫。

3.2.1.2 總產量曲線、平均產量曲線與邊際產量曲線

根據表 3-1，作圖 3-1。橫軸 OL 代表勞動量，縱軸 TP、AP、MP 分別代表總產量、平均產量、邊際產量。

我們可以清楚看出這三條曲線之間有以下特徵：

(1) 邊際產量反應了總產量變動的速度。在邊際產量遞增的區域，隨著勞動投入量的增加，總產量以遞增的速度增加；在邊際產量遞減但為正的區域，總產量增加的速度變緩；邊際產量為零時（$MP = 0$）總產量達到最大；邊際產量為負時（$MP < 0$）總產量下降。

在數學上，邊際產量是總產量對可變生產要素求一階導數，在圖上表現為總產量曲線上相應各點切線的斜率。

另外，當邊際產量為正數時（$MP > 0$），總產量總會增加。

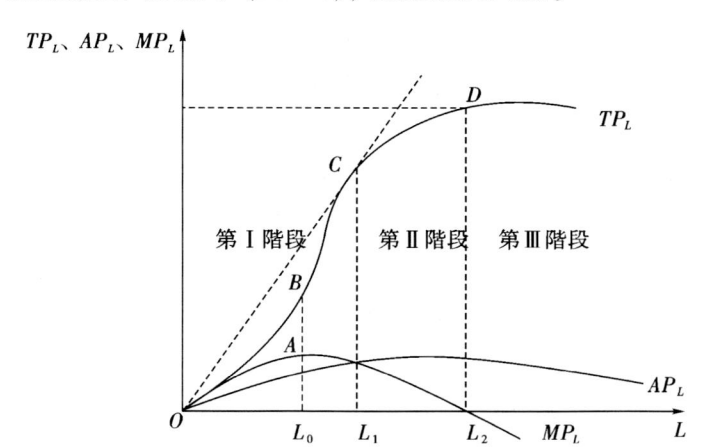

圖 3-1 總產量曲線、平均產量曲線與邊際產量曲線

(2) 從平均產量定義和圖 3-1 可知，從原點出發作一射線至總產量上的 C 點，這條射線的斜率就是與 C 點對應的平均產量。與總產量相切的射線 OC 的斜率在所有射線中的斜率是最大的，因此 C 點所對應的平均產量自然也是最大平均產量。

邊際產量曲線與平均產量曲線相交於平均產量曲線的最高點。在相交左側，邊際產量大於平均產量（$MP > AP$），平均產量是遞增的；在相交右側，邊際產量小於平均產量（$MP < AP$），平均產量是遞減的；在相交時，邊際產量等於平均產量（$MP = AP$），平均產量達到最大。

3.2.2 邊際收益遞減規律

在短期生產理論中，邊際收益遞減規律相當重要，它既可以說明上述三條曲線的走勢關係，還能進一步解釋在一種生產要素變動時生產者的合理投入區域。

邊際收益遞減規律亦稱為生產要素報酬遞減規律（the law of diminishing returns），該規律的基本內容是：在技術水平不變的情況下，當把一種可變的生產要素投入到一

種或幾種不變的生產要素時，最初這種生產要素的增加會使產量增加，但當它的增加超過一定限度時，增加的產量將要遞減，最終還會使產量絕對減少。

在理解這一規律時，要注意以下幾點：

（1）這一規律發生作用的前提是技術水平不變。只有當技術水平不變時，一種要素的連續投入，邊際產量才會出現遞減趨勢。否則，該規律不存在。

（2）隨著可變要素投入量的增加，邊際產量要經過遞增到遞減的過程。也就是說，可變要素的邊際產量並不是一開始就是遞減的，只有當可變要素投入超過一定量時，邊際產量才開始遞減。在此之前，邊際產量是遞增的。

在表3-1中，當勞動投入量小於2個單位時，勞動的邊際產量是遞增的。當勞動的投入量超過2個單位時，勞動的邊際產量開始遞減。這一變化規律在圖3-1表現為邊際產量的斜率先為正後為負的曲線。

（3）邊際收益遞減規律只適用於可變配置比例的生產函數。此規律對固定配置比例生產函數是不成立的。

（4）邊際收益遞減規律是一個以生產實踐經驗為根據的一般性概括，是一個基本的規律，是不需要理論證明的。

邊際收益遞減規律的合理性在於：隨著可變投入的不斷增加，它與固定投入量之間的匹配逐漸趨於合理，因此邊際產量會增加；但可變投入與固定投入的匹配一旦超越最優后，可變投入的繼續增加將使固定投入的相對量變得越來越稀少，則可變投入會越來越難以發揮作用，邊際產量自然下降。

【閱讀3-1】
馬爾薩斯與邊際報酬遞減規律

馬爾薩斯極為關注農業邊際收益遞減規律的后果。依據他的分析，在土地供給數量不變和人口增加的條件下，每個額外生產者耕作的土地數量不斷減少，他們所能提供的額外產出會下降；這樣雖然食物總產出不斷增加，但新增農民的邊際產量會下降，因而社會範圍內人均產量也會下降。在馬爾薩斯看來，世界人口增加比例會大於食物供給增加比例。因此，除非能夠說服人們少要孩子——馬爾薩斯並不相信人口可以由此得到控制——饑荒將在所難免。

在馬爾薩斯生活的年代，工業化進步尚未提供成熟到可以替代耕地的農業技術，使之能夠大幅度提高單位耕地面積產量，克服人多地少的農業和食物生產邊際收益遞減帶來的困難。從實證分析角度看，馬爾薩斯的理論建立在邊際收益遞減的規律基礎之上，對於觀察工業化特定階段的經濟運行矛盾具有歷史認知價值。換言之，如果沒有現代替代耕地的農業技術的出現和推廣，如果沒有外部輸入食物或向外部輸出人口的可能性，英國和歐洲一些國家工業化確實會面臨馬爾薩斯陷阱所描述的困難。馬爾薩斯觀察暗含了農業技術不變與人均佔有耕地面積下降這兩點假設，如果實際歷史和社會經濟狀況滿足或接近這兩個條件，馬爾薩斯陷阱作為一個條件預測是有效的。例如，這一點對於中國經濟史上某些現象具有分析意義，在中國幾千年傳統農業歷史時

期，農業技術不斷改進，但沒有突破性進步；在沒有戰亂和大範圍饑荒的正常時期，人口長期增長率遠遠高於耕地面積增加的速度，由於越來越多的人口不得不在越來越小的人均耕地面積上勞作，勞動生產率和人均糧食產量難免下降，這一基本經濟面的邊際收益遞減規律作用，加上其他一些因素（如制度因素導致的分配不平等、外族入侵等等）影響，可能是我們幾千年傳統農業社會週期振蕩的重要原因。

然而，馬爾薩斯結論作為一個無條件預言是錯誤的，近現代世界經濟史告訴我們，在過去200多年間，農業科學技術不斷取得革命性突破，與馬爾薩斯生活時代的情況發生了根本性變化，與他的推論暗含的假設條件完全不同。化肥、機械、電力和其他能源、生物技術等現代技術和要素投入，極大地提高了農業勞動生產率，使農業和食品的增長率顯著超過人口增長。從歷史事實看，馬爾薩斯理論是對邊際收益規律的不適當運用，如果馬爾薩斯當年的分析還有某種歷史認識價值，那麼形形色色的現代馬爾薩斯預言則是完全錯誤的。

（資料來源：盧鋒. 經濟學原理. 北京：北京大學出版社，2002.）

【案例分析1】

人多真的好辦事嗎？

人（勞動力）只有與資本保持合適的比例，才能高效率地生產財富。所以，人多好辦事是有條件的，即勞動力與資本之間必須保持合理的比例關係。如果一味只增加勞動力沒有資本的相應增加必然會導致生產率的下降。

試想，如果汽車的需求增加了，為了適應這一增加，汽車製造商起初可以靠增加工人來增加產量，但這是有限度的，一旦工人人數達到最優，再增加工人，就會導致成本的增加和利潤的降低。如果汽車需求的增加是持久的，更為明智的做法應當是擴建，即既增加工人，又增加設備。又比如種地，要提高土地的產量，光靠增加勞動量同樣是行不通的。中國大躍進期間，在土地上大搞「人海戰術」，並沒有收到預期效果，就是例證。為什麼中國要實行計劃生育？一個最重要的原因，就是國家的耕地和其他許多資源是有限的，如果人口（勞動力）無限的增長，就必然會導致生產率的下降，從而降低人民生活的水平。

如果僅靠增加工人真的能無限增加產量，那麼，在一家汽車廠裡就能製造出全世界需要的汽車來。在一畝土地上就長出全球人口所需的糧食來。顯然，這是不可能的，因為有邊際收益遞減規律在起作用。

（資料來源：陳立，等. 西方經濟學. 北京：電力出版社，2006.）

3.2.3 生產階段

從邊際收益遞減規律我們已經知道，在其他條件不變的前提下，一種可變要素的不間斷追加必將導致邊際收益的遞減。那麼，追求最大利潤的生產者應如何控製其可變生產要素的投入呢？

圖3-1可分為三個區域：從原點到平均產量的最高點 C 為第Ⅰ區間；從 C 到總產

量的最大值 D 點為第 II 區間；D 點之后為第 III 區間。

在第 I 區間，投入勞動 L 從零增加到 L_1 點。其特點是：$MP>0$，TP 保持遞增趨勢；$MP>AP$，AP 遞增，$MP=AP$ 時 AP 遞增至最高點；MP 在達到最大值后遞減，A 點是 MP 曲線的最高點，對應 TP 曲線的拐點 B。在 TP 遞增階段，TP 先是以遞增的速度遞增，然后以遞減的速度增加。

在第 II 區間，投入勞動 L 從 L_1 點增加到 L_2 點。其特點是：TP 保持遞增趨勢但增幅減緩直到最大值 D 點（$MP=0$）。$MP>0$，且 $MP<AP$，AP 下降。

在第 III 區間，投入勞動 L 超過 L_2 點。其特點是：TP 由最高點依次遞減；AP 一直保持遞減趨勢；$MP<0$。

顯然，I 區間和 III 區間都不是一種生產要素的合理投入區間，因為在 I 區間，邊際產量大於平均產量，再增加勞動的投入，不僅可增加總產量，還可以提高平均產量。而在 III 區間，邊際產量小於零，再增加勞動投入會使總產量絕對減少。相較之下 II 區間為一種可變生產要素的投入合理區域，因為，在總成本既定的前提下，不考慮其他因素，只有總收益達到最大。若總收益既定的前提下，企業只有總成本最小，總成本最小就意味著企業需要追求平均產量的最大。因此，若要獲得最大利潤，企業的投入合理區域就應在平均產量最大值到總產量最大值之間，即勞動的投入量在 L_1 到 L_2 之間。

3.2.4 一種可變要素的最優投入決策

3.2.4.1 決策原理

通過前邊分析，我們不難得出一種可變要素的最優投入決策原理：投入最后一個單位要素時的總成本的增加量等於它所帶來的收益增加量。

3.2.4.2 數學表達

$$MRP = ME \text{ 或 } MRP = P_L$$

MRP（邊際產量收益）是指增加一單位要素投入所獲得的產品銷售收益增加量，它等於生產要素的邊際產量 MP 乘以相應的邊際收益 MR，即 $MRP = MP \times MR$。

ME（邊際支出）是指增加一個單位的投入要素所帶來的總成本的增加量，即要素的價格，如勞動力或原料的價格。

當生產要素的邊際產量收益等於它的邊際要素支出（要素的價格）時，企業利潤最大。

【例 3-1】假定已知某企業的生產函數為：$Q = 21L + 9L^2 - L^3$

（1）求該企業的平均生產函數和邊際產量函數。

解：

$AP = Q/L = 21 + 9L - L^2$

$MP = dQ/dL = 21 + 18L - 3L^2$

（2）如果企業現在使用 3 個勞動力，試問是否合理？合理的勞動使用量應在什麼範圍內？

解：

合理區域在第二階段，即在 $\max AP \sim \max Q$ 範圍內。

$\max AP$：$dAP/dL = 9 - 2L = 0$，$L = 4.5$

$\max Q$：$MP = 0$，$L = 7$

合理的勞動使用量應該在 4.5 ~ 7 之間。

（3）如果該企業產品的市場價格為 3 元，勞動力的市場價格為 63 元，該企業的最優勞動投入量是多少？

解：

$MRP = P_L$

$MR \times MP = P_L$

$3(21 + 18L - 3L^2) = 63$

$L = 6$

即該企業的最優勞動投入量是 6。

3.3 長期生產分析

在長期生產中，廠商有足夠的時間根據市場調整改變所有的生產要素，因此不存在固定的生產要素，如前所述，為了簡化分析，以兩種可變生產要素的生產函數考察長期生產問題。

3.3.1 等產量線

3.3.1.1 等產量曲線的含義

等產量曲線（isoquant curve）是指在技術水平不變的情況下，生產一定產量的兩種生產要素投入量的各種不同組合點的軌跡，如圖 3-2 所示。L 和 K 為生產要素勞動和資本的數量，曲線 Q 即為等產量曲線。

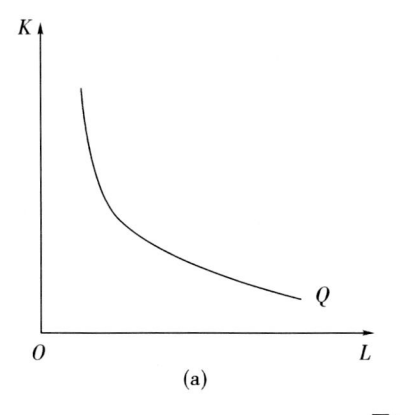

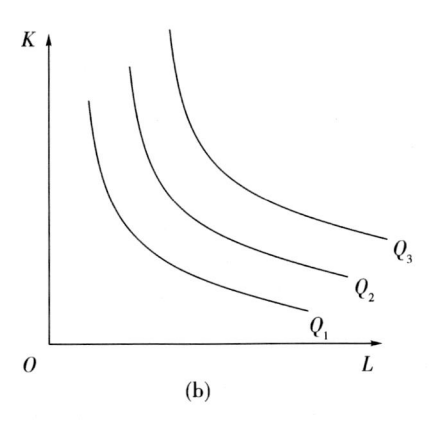

圖 3-2 等產量曲線

3.3.1.2 等產量曲線的性質

等產量曲線擁有與無差異曲線相類似的特徵：
(1) 同一條等產量曲線上的任意兩點所代表的產量水平相等；
(2) 等產量曲線斜率為負；
(3) 等產量曲線凸向原點；
(4) 越遠離原點的等產量曲線所代表的產量水平越高；
(5) 兩條等產量曲線互不相交。

3.3.1.3 邊際技術替代率及其遞減法則

(1) 邊際技術替代率。邊際技術替代率（marginal rate of technical substitution，簡稱 $MRTS_{L,K}$）是指在產量保持不變的情況下，增加一單位的某種生產要素（L）的投入量所能代替的另一生產要素（K）的投入量。

$$MRTS_{L,K} = -\Delta K/\Delta L$$

當 $\Delta L \to 0$ 時，$MRTS_{L,K} = -dK/dL = MP_L/MP_K$

(2) 邊際技術替代率遞減法則。邊際技術替代率遞減法則是指在保持產量不變的前提下，隨著一種生產要素（L）的投入量的增加，它能替代的另一種生產要素（K）的數量是逐漸減少的。

3.3.2 等成本線

從企業的角度，企業當然希望等產量曲線離原點越遠越好，但要受到生產要素價格和自身貨幣投入量的制約。等成本線（isocost）表示在既定的要素價格下，廠商用一定數量的資金所能購買的兩種生產要素最大量組合的軌跡，如圖 3-3 所示。

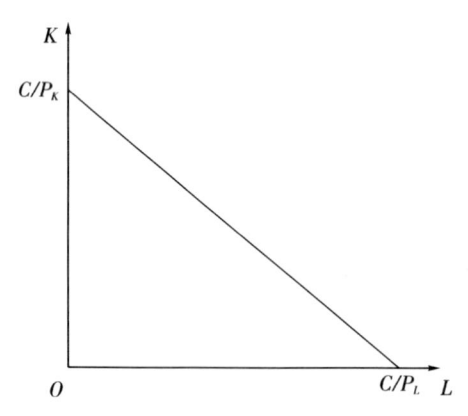

圖 3-3 等成本線

等成本方程式：$C = KP_K + LP_L$。

可改寫為：$K = C/P_K - LP_L/P_K$。

與消費可能曲線性質相同，等成本曲線的性質包括：①離原點較遠的等成本曲線總是代表較高的成本水平。②同一等成本曲線上的任一兩條等成本曲線都不能相交。

③等成本曲線向右下方傾斜，其斜率為負。這意味著要增加某一種要素的投入量而要保持總成本不變，就必須相應地減少另一種要素的投入量。④在要素價格給定的條件下，等成本曲線是一條直線，其斜率是一個常數。

【閱讀 3-2】
為什麼不使用停車計時器

　　城市中心由於交通擁擠，停車需要繳費，把收繳停車費這一勞務供給活動看成一項特殊的產品生產過程，那麼它既可以採用人工收繳方式，也可以採用停車計時器收繳方式。二者代表了不同的勞動和資本投入品組合方式。在歐美發達國家大城市，通常採用停車計時器收費，中國城市一般採用人工收費方式，這顯然是符合經濟學規律的選擇。因為中國經濟發展水平較低，資本比較缺乏，勞動相對價格較低，因而在技術條件允許勞動替代資本的場合，應當盡量使用較多勞動。發達國家則相反，那裡資本比較充裕勞動相對價格較高，因而較多利用資本替代勞動技術。幾年前某城市有關部門認為停車計時器比較現代化，花費幾百萬元從歐洲引入了幾十個停車計時器，安裝在道路兩旁，但是這個辦法效果不好，沒有推廣，為什麼？原因之一是我們試圖在勞動力價格很低的條件下，不適當的採用資本替代勞動的生產方式，不符合經濟規律。

3.3.3　生產要素最優組合

　　把等產量曲線和等成本曲線結合起來，可以確定生產要素的最佳組合。

　　最優組合即是指要素的最優配置。在這裡最優的條件是，在既定的產量目標下使成本最小，或在既定成本下使產量最大。

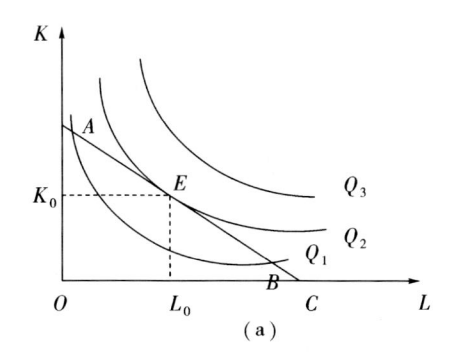

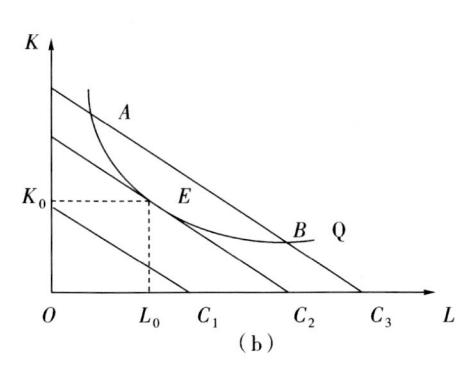

圖 3-4　**生產要素的最佳組合**

3.3.3.1　成本既定，產量最大

　　由於成本既定，所以只有一條等成本線 C，如圖 3-4（a）所示。Q_1、Q_2、Q_3 為三條等產量線。因為等產量線是凸向原點的，所以等成本線必然能與無數條等產量線中的一條相切。假定 C 與 Q_2 相切於 E 點，同時 C 與 Q_1 相交於 A、B 兩點，那麼 A、B、E 三點都在等成本線 C 上，而且都是既定成本下所購買的最大數量的要素組合，但

其中 E 點所生產的產量是最大的，因為 E 在等產量線 Q_2 上。

3.3.3.2 產量一定，成本最小

由於產量既定，所以只有一條等產量線 Q，如圖 3-4（b）所示。C_1、C_2、C_3 為三條等成本線，無數條等成本線中必然有一條能與等產量曲線 Q 相切。假定 Q 與 C_2 相切於 E 點，同時 Q 與 C_3 相切於 A、B 兩點，那麼 A、B、E 三點都在等產量線 Q 上；相應地，三種要素投入組合都可以生產出產量 Q，但其中 E 點所花費的成本是最小的，因為 E 點在成本線 C_2 上。

從上述分析可知，要實現生產要素的最佳投入組合，必須使一定的成本獲得最大的產量，或者使一定的產出水平只需付出最小的成本。

圖形上表現為等產量線與等成本線相切時，在切點 E 才能實現最佳投入組合。如果在切點上，兩條曲線的斜率是相等的。

等產量曲線的斜率為：

$$-MP_L/MP_K$$

等成本線的斜率為：

$$-P_L/P_K$$

因此，在切點有：

$$-\frac{MP_L}{MP_K} = -\frac{P_L}{P_K}$$

或

$$\frac{MP_L}{P_L} = \frac{MP_K}{P_K}$$

上式即為生產要素的最佳組合原則。

以此類推，若投入生產要素有多種，則投入要素最佳組合的條件為：

$$\frac{MP_1}{P_1} = \frac{MP_2}{P_2} = \cdots\cdots = \frac{MP_N}{P_N}$$

上式表明，只有當生產者花費在各種要素上的最后一單位貨幣所帶來的邊際產量相等時，生產要素達到最佳組合。

【例 3-2】某出租汽車公司現擁有小轎車 100 輛，大轎車 15 輛。如果再增加一輛小轎車，估計每月的營業收入可增加 10,000 元；如果再增加一輛大轎車，每月的營業收入可增加收入 30,000 元。假定每增加一輛小轎車每月增加開支 1250 元，每增加一輛大轎車每月增加開支 2500 元。該公司這兩種車的比例是否最優？如果不是，應如何調整？

解：$\because MP_{大} = 30,000 \quad P_{大} = 2500$

$\therefore \dfrac{MP_{大}}{P_{大}} = \dfrac{30,000}{2500} = 12$（元）

$\because MP_{小} = 10,000 \quad P_{小} = 1250$

$\therefore \dfrac{MP_{小}}{P_{小}} = \dfrac{10000}{1250} = 8$（元）

即大轎車每月增加1元開支，可增加營業收入12元，而小轎車每月增加1元開支，卻只能增加營業收入8元。兩者不等，說明兩種車的比例不是最優。如想保持總成本不變，而使總營業收入增加，就應增加大轎車，減少小轎車（需要說明的是，這裡$P_大$，$P_小$不是轎車的購置價格，是指每月開支的增加額，收入是指每月的增加額）。

3.4 規模經濟分析

所有生產要素按原來的技術系數增加，即生產規模的擴大與所引起的產量變化之間的關係屬於長期的生產理論，這就要涉及經濟學中的另一個重要規律：規模經濟。

規模經濟是指在其他條件不變的情況下，廠商同比例地變動所有生產要素所引起的產量的變化。

根據投入變動與產出變動之間的關係，可以把規模經濟的變化劃分為規模收益遞增、規模收益不變、規模收益遞減三種類型。

（1）規模收益遞增。這是指產量增加的比例大於各種要素投入增加的比例，如生產規模擴大了10%，而產量的增加大於10%。

產生規模收益遞增的原因是由於廠商生產規模擴大所帶來的生產效率的提高，表現為以下幾個方面：

①生產規模擴大后，廠商能夠利用更加先進的技術和機器設備等，而小規模的廠商則很難利用這樣的技術和機器設備等。

②可以實行專業化生產。在大規模的生產中，專業和分工都可以分得更細，這樣就會提高生產效率、提高工人的技術水平，從而使企業內部的生產分工更加合理化和專業化。

③可以提高管理效率。各種規模的生產都需配備必要的管理人員，在生產規模小時，這些管理人員無法得到充分利用，在生產規模擴大后，可以在不增加管理人員的情況下增加生產，這樣就提高了管理效率。

④生產要素具有不可分割性。例如，一座產量為500噸的高爐，由於不可分割性，除非產量達到500噸，否則就不能充分利用。

⑤其他因素。大規模生產便於實行聯合化生產和多角化經營；便於實行大量銷售和大量採購。

（2）規模收益不變。這是指產量增加的比例等於各種要素投入增加的比例，如生產規模擴大了10%，產量也增加了10%。

規模收益遞增的趨勢不可能是無限的，當生產達到一定規模之後，上述促使規模收益遞增的因素會逐漸得到充分利用后而受到限制。例如，工人分工過細，可能導致工人工作單調乏味，影響工作積極性；設備生產效率的提高，最終也可能要受當前技術水平的限制。因此企業通常會有一個最優規模。對廠商來說，當企業達到最優規模時，再擴大生產，它就要採用建若干個基本相同的工廠的方式。這時的規模收益基本處於不變階段。這個階段往往要經歷相當長的時期，但最終它會走向規模收益遞減

階段。

（3）規模收益遞減。這是指產量增加的比例小於各種要素投入增加的比例，如生產規模擴大了10%，而產量的增加卻小於10%，或者是負數。

產生規模收益遞減的原因主要表現如下：

①生產要素價格與銷售費用增加。生產要素的供給並不是無限的，生產規模過大必然大幅度增加對生產要素的需求，導致了生產要素的價格上升。同時，生產規模過大，產品大量增加，也增加了銷售的困難，需要增設更多的銷售機構與人員，增加了銷售費用。可見，生產規模並不是越大越好。

②管理效率的下降。生產規模過大則會使管理機構過於龐大而不靈活，管理上也會出現各種漏洞，從而使產量和收益反而減少。

因此，當規模的擴大超過一定限度時，則會使產量的增加小於生產規模的擴大，甚至使產量絕對減少，出現規模不經濟。

一般來講，在長期生產過程中，當企業改變生產規模時，規模收益會隨著生產規模的由小到大，依次經過規模收益遞增、規模收益不變和規模收益遞減三個階段。規模收益遞增的階段通常被稱為是規模經濟階段，而規模收益遞減階段被稱為規模不經濟階段。

【閱讀3-3】
「拒絕長大」的亞都加濕器

儘管身為全球IAQ（室內空氣品質）產業的第二大企業，但北京亞都科技股份有限公司（下稱「亞都」）並不為多數人所熟知。1987年年初，亞都董事長何魯敏同另外兩名歸國的學者一起創辦了亞都的前身——北京亞都建築設備製品研究所，幾個技術出身的合作夥伴在京城鐘樓下租用一間破倉庫開始了創業之路。

據國家統計局的報告，在加濕器、淨化器兩個領域裡，當前亞都都佔有70%以上的市場份額。如今，亞都不僅是中國最大的空氣淨化器廠商，也是加濕核心器件全球出口最大的行業製造商。據調查，在美國，亞都為holmes（全球第一的空氣淨化器產品製造商，北美市場佔有40%的市場份額）提供產品主要零件；在日本，與東芝獨家合作；在歐洲，飛利浦則是其唯一合作夥伴。

那麼為什麼亞都可以取得這樣的成就呢？亞都董事長何魯敏是這樣解釋的：「我研究過世界很多企業中的常青樹，包括百年老店，其之所以長盛不衰，得益於兩個條件：一是所在的行業較偏，市場不大，非常專業；二是有獨到的技術，在行業裡形成壟斷，別人想進入這一行業，再投入得不償失。以生產剃鬍刀的吉列公司為例，它去年在全球的銷售收入是36億美元。應該說，吉列刀片價格並不便宜，但它沒有競爭對手，大家都買它的產品，它是輕輕鬆鬆賺大錢，原因是它的市場規模就這麼大，全球30多億美元的銷售額，大企業看不上。此外，吉列做了七八年了，它所累積的技術，其他企業很難一下掌握，要進入這一領域與它競爭是很困難的。」

加濕器也是屬於比較專業，市場不大的行業，亞都最崇尚的企業就是吉列公司。

希望亞都能達到吉列這樣的位置「在行業內是世界第一，說到這一行業，人們就會想到亞都，想不起其他品牌。「GE（通用電氣）我們做不了，亞都沒有那麼大的能耐，但我們可以做吉列這樣的企業，做一家百年老店。」

亞都既然把力量集中在一個很窄的行業裡來提高自己的穿透力，就會同時面臨另一個棘手的問題——企業會過分單一，為了解決這個問題，亞都就要逐漸發展企業的產品線，這個過程非常漫長，需要持之以恆。亞都有一個很重要的風險管理原則，叫做「縮短射程，提高精度」，在一步步實現目標的過程中，每個階段都要有相應的市場支持，來降低整個研發風險。實際上亞都也正是沿著這樣的軌跡在發展，亞都的定位就是賣空氣，濕潤的空氣、乾淨的空氣、沒有禽流感的空氣，但是這個過程需要逐步的實踐、分解，所以通過加濕器、淨化加濕器、空氣淨化器、新風機、空氣服務器的研發過程，一步一步演進，最終比預定時間提早兩年完成。亞都的原創技術水平是很高的，目前世界幾大淨化器知名品牌的核心部件都來自亞都。

亞都在國內已經有近千項發明專利，在國際上也有幾十種重要的發明專利；其次，亞都有強大的市場改動和推廣能力。亞都多年來一直堅持把年銷售額的5%投入研發，10%投入市場推廣。再者，多年培養起來的主要服務能力，也是許多企業很難做到的。

（資料來源：《中國隱形冠軍陽謀奧運》，載《第一財經日報》2006-08-08。）

【例3-3】假定生產函數為 $Q = 10K + 8L - 0.2KL$，如果 $K = 10$，$L = 20$。試問：該生產函數在投入量範圍內，規模收益屬於何種類型。

解：已知生產函數 $Q = 10K + 8L - 0.2KL$

將 $K = 10$，$L = 20$ 帶入，得

$Q = 10 \times 10 + 8 \times 20 - 0.2 \times 10 \times 20 = 220$

如果投入量加倍，即 $K = 20$，$L = 40$，可求得

$Q' = 10 \times 20 + 8 \times 40 - 0.2 \times 20 \times 40 = 360$

由於 $Q'/Q = 1.64$，產量增加了64%，而投入卻增加了1倍（100%），說明投入量的增加大於產量的增加，說明該函數在投入量範圍內，規模收益遞減。

【案例分析2】

上規模、降成本

四川長虹在其發展過程中實施過的規模化經營戰略有其在成本上的計算。長虹通過集中精力、全力以赴地養大養好彩電這個「獨生子」，當規模上去了，產品成本也就下來了。如長虹某個分廠為企業配套生產遙控板，當過去年產100萬臺彩電時，外購價格要在140元左右。現在長虹產量上去了，達到450萬臺，自己生產的遙控板成本才30元一件。彩電使用的輸出變壓器過去靠外購，大約200多元一臺，而現在自己生產，成本才約70元左右。據公司財務部門的測算，年產450萬臺彩電時，彩電單機成本平均比1992年年產彩電100萬臺時減少了近1/4，這也是後來長虹能主動挑起價格戰的強大基礎。

類似的成功例子還有不少。廣東「萬家樂」熱水器成功的主要經驗就是在市場競爭中把熱水器這個產品做大、做強，結果成本不斷降低，從而搶占了行業40%的市場，拿到了市場競爭的主動權。

格力在發展過程中也是如此，格力只做家用空調，對其他空調如工業空調、汽車空調等一概不做。如此掌握了家用空調的先進技術，規模做到了250萬臺的生產能力，達到世界第一，具備了巨大的成本競爭優勢。

不過相反的例子也是不少的。中國國產轎車成本比西方發達國家轎車的成本高出許多，其根本原因就在於企業規模過小，最大的年產也只有15萬~20萬輛，而美國通用汽車年產轎車在400萬~600萬輛。規模的巨大差距造成了產品成本的巨大差距。

（資料來源：陳立，等. 西方經濟學. 北京：中國電力出版社，2006.）

[本章小結]

生產是指企業把其可以支配的資源轉變為物質產品或服務的過程，即投入要素后轉化為產出的過程。而生產函數是個技術上的概念，它表示的是投入一定量的資本和勞動力后，最大可能生產多少產量。把投入要素的價格和由生產函數提供的信息結合起來，才能進行最優投入量和高效率投入要素組合的決策。

等產量曲線來源於生產函數，表示某一固定數量的產品可以用所需要的各種生產要素的不同數量的組合生產出來，等產量曲線離原點越遠，表明產量越大。企業當然希望等產量曲線離原點越遠越好，但要受到生產要素價格和自身貨幣投入量的制約，即等成本線的制約。如果投入要素的價格發生變化，等成本曲線的斜率就會發生變化。當把等產量線與等成本線結合起來考慮，則可以找到限制條件下的生產要素的最佳組合。

規模經濟的概念是指所有生產要素同時變動時對產量的影響。一般地在長期生產過程中，當企業改變生產規模時，規模收益會隨著生產規模的由小到大，依次經過規模收益遞增、規模收益不變和規模收益遞減三個階段。

[思考與練習]

一、判斷題

1. 邊際產量可由總產量曲線上的任一點的切線的斜率來表示。　　　　（　　）
2. 產出增加時，總成本亦上升，即為規模不經濟。　　　　　　　　　（　　）
3. 利用兩條等產量線的相交點所表示的生產要素組合，可以生產出數量不同的產品。　　　　　　　　　　　　　　　　　　　　　　　　　　　　（　　）
4. 可變投入是指其價格和數量都發生變化的投入。　　　　　　　　　（　　）
5. 只有當邊際產品下降時，總產量才會下降。　　　　　　　　　　　（　　）
6. 生產階段Ⅱ開始於邊際產品遞減點。　　　　　　　　　　　　　　（　　）

7. 等成本線平行向外移動說明可用於生產的成本預算增加了。（   ）

8. 等產量線與等成本線既不相交，又不相切，那麼要達到等產量線的產出水平就必須提高投入的價格。（   ）

9. 由於邊際收益遞減規律的作用，邊際產品總是會小於平均產品。（   ）

10. 在同一條等產量線上的任何一點的投入的組合只能生產一種產出水平。
（   ）

二、選擇題

1. 如果連續地增加某種生產要素，在總產量達到最大值的時候，邊際產量曲線與（   ）相交。

   A. 平均產量曲線　　　　　　B. 縱軸
   C. 橫軸　　　　　　　　　　D. 總產量曲線

2. 邊際收益遞減規律發生作用的前提條件是（   ）。

   A. 連續地投入某種生產要素而保持其他生產要素不變
   B. 生產技術既定不變
   C. 按比例同時增加各種生產要素
   D. A 和 B

3. 在邊際收益遞減規律作用下，邊際產量會發生遞減，在這種情況下，如果要增加相同數量的產出，應該（   ）。

   A. 停止增加可變生產要素　　B. 減少可變生產要素的投入量
   C. 增加可變生產要素的投入量　D. 減少固定生產要素

4. 生產的第Ⅱ階段（   ）始於 AP 開始下降處。

   A. 總是　　　　　　　　　　B. 絕不是
   C. 經常是　　　　　　　　　D. 有時是

5. 若廠商增加使用一個單位的勞動，減少兩個單位的資本，仍能生產相同的產出，則 $MRTS_{LK}$ 是（   ）。

   A. 1/2　　　　　　　　　　B. 2
   C. 1　　　　　　　　　　　D. 4

6. 等成本線向外平行移動表明（   ）。

   A. 產量提高了
   B. 成本增加
   C. 生產要素價格按相同比例上升了
   D. 以上任何一個都是

7. 以橫軸表示生產要素 X，縱軸標示生產要素 Y 的坐標系中，等成本曲線的斜率等於 2 表明（   ）。

   A. $P_X/P_Y = 2$　　　　　　B. $Q_X/Q_Y = 2$
   C. $P_Y/P_X = 2$　　　　　　D. 上述任一項

8. 一條等成本曲線與等產量曲線既不相交也不相切，此時，要達到等產量曲線所表示的產出水平，應該（   ）。

A. 增加投入 　　　　　　　　B. 保持原投入不變

C. 減少投入 　　　　　　　　D. 或 A 或 B

9. 規模收益遞減是在下述情況下發生的（　　）。

A. 連續地投入某種生產要素而保持其他生產要素不變

B. 按比例連續增加各種生產要素

C. 不按比例連續增加各種生產要素

D. 上述都正確

10. 反應生產要素投入量和產出水平之間的關係，稱作（　　）。

A. 總成本曲線 　　　　　　　B. 生產函數

C. 生產可能性曲線 　　　　　D. 成本函數

11. 當勞動的總產量下降時（　　）。

A. 平均產量是遞減的 　　　　B. 平均產量為零

C. 邊際產量為零 　　　　　　D. 邊際產量為負

12. 如果連續地增加某種生產要素，在總產量達到最大時，邊際產量曲線（　　）。

A. 與縱軸相交 　　　　　　　B. 經過原點

C. 與橫軸相交 　　　　　　　D. 與平均產量曲線相交

13. 下列說法中錯誤的一種是（　　）。

A. 只要總產量減少，邊際產量一定是負數

B. 只要邊際產量減少，總產量一定也減少

C. 邊際產量曲線一定在平均產量曲線的最高點與之相交

D. 隨著某種生產要素投入量的增加，邊際產量和平均產量增加到一定程度將趨於下降，其中邊際產量的下降一定先於平均產量

14. 等產量曲線是指在這條曲線上的各點代表（　　）。

A. 為生產同等產量投入要素的各種組合比例是不能變化的

B. 投入要素的各種組合所能生產的產量都是相等的

C. 為生產同等產量投入要素的價格是不變的

D. 不管投入各種要素量如何，產量總是相等的

15. 邊際技術替代率是指（　　）。

A. 兩種要素投入的比率

B. 一種要素投入替代另一種要素投入的比率

C. 一種要素投入的邊際產品替代另一種要素投入的邊際產品的比率

D. 在保持原有產出不變的條件下用一種要素投入替代另一種要素投入的比率

16. 產量為 4 時，總收益為 100；當產量為 5 時，總收益為 120，此時邊際收益為（　　）。

A. 20 　　　　　　　　　　　B. 100

C. 120 　　　　　　　　　　 D. 25

三、問答題

1. 經濟學中短期和長期的劃分標準是什麼？
2. 用圖形說明總產量、平均產量和邊際產量三者之間的關係？
3. 生產的三個階段是如何劃分的，為什麼廠商只會在第二階段生產？
4. 什麼是邊際報酬遞減規律？這一規律發生作用的條件是什麼？
5. 生產要素的最佳組合條件是什麼？
6. 規模報酬的變動有哪些類型？原因是什麼？
7. 說明等產量曲線與無差異曲線在性質上有何異同？

四、計算題

1. 假定某廠商只有一種可變要素勞動 L，產出一種產品 Q，固定成本既定，短期總生產函數 $TP = -0.1L^3 + 6L^2 + 12L$，試求：

   （1）勞動的平均產量 AP_L 為最大時雇用的勞動人數；

   （2）勞動的邊際產量 MP_L 為最大時雇用的勞動人數；

   （3）平均可變成本 AVC 最小（平均產量 AP_L 最大）時的產量。

   （答案：勞動的平均產量 AP_L 最大時雇傭的勞動人數為 30；勞動的邊際產量 MP_L 最大時雇傭的勞動人數為 20；平均變動成本 AVC 最小時的產量為 3060）

2. 已知生產函數 $Q = LK$，當 $Q = 10$ 時，$P_L = 4$，$P_K = 1$。

   求：（1）廠商最佳生產要素組合時資本和勞動的數量是多少？

   （2）最小成本是多少？

   （答案：$L = 1.6$，$K = 6.4$；最小成本為 12.8）

3. 已知可變要素勞動的短期生產函數的產量表如下：

勞動量（L）	總產量（TQ）	平均產量（AQ）	邊際產量（MQ）
0	0	—	—
1		5	
2			7
3	18		
4		5.5	
5	25		
6			2
7	28		
8			0
9	27		
10		2.5	

   （1）計算並填表中空格；

   （2）在坐標圖上做出勞動的總產量、平均產量和邊際產量曲線；

   （3）該生產函數是否符合邊際報酬遞減規律？

答案：(2) 如圖所示：

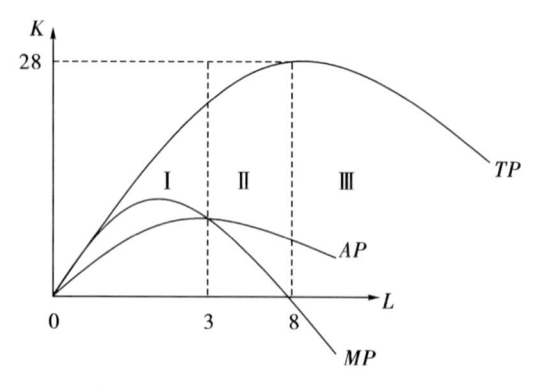

```
      K
      │
   28 ┤- - - - - - - - ╱‾‾‾╲
      │           ╱         ╲ TP
      │        ╱              ╲
      │     ╱   Ⅰ │ Ⅱ │ Ⅲ     ╲
      │   ╱    ╱‾╲│    │        ╲
      │  ╱   ╱    │╲   │         
      │ ╱  ╱      │  ╲ │       AP
      │╱ ╱        │    ╲╲        
      └─────────────────────────→ L
      0       3      8         
                         MP
```

(3) 符合邊際報酬遞減規律。

4. 假定某廠商只有一種可變要素勞動 L，產出一種產品 Q，固定成本為既定，短期生產函數 $Q = -0.1L^3 + 6L^2 + 12L$，求：

(1) 勞動的平均產量 AP 為最大值時的勞動人數；

(2) 勞動的邊際產量 MP 為最大值時的勞動人數；

(3) 平均可變成本極小值時的產量。

(答案：平均產量為最大值時的勞動人數為 30 人；邊際產量 MP 為最大值時的勞動人數為 20 人；平均可變成本極小值時的產量為 3060)

4　成本決策理論

[本章結構圖]

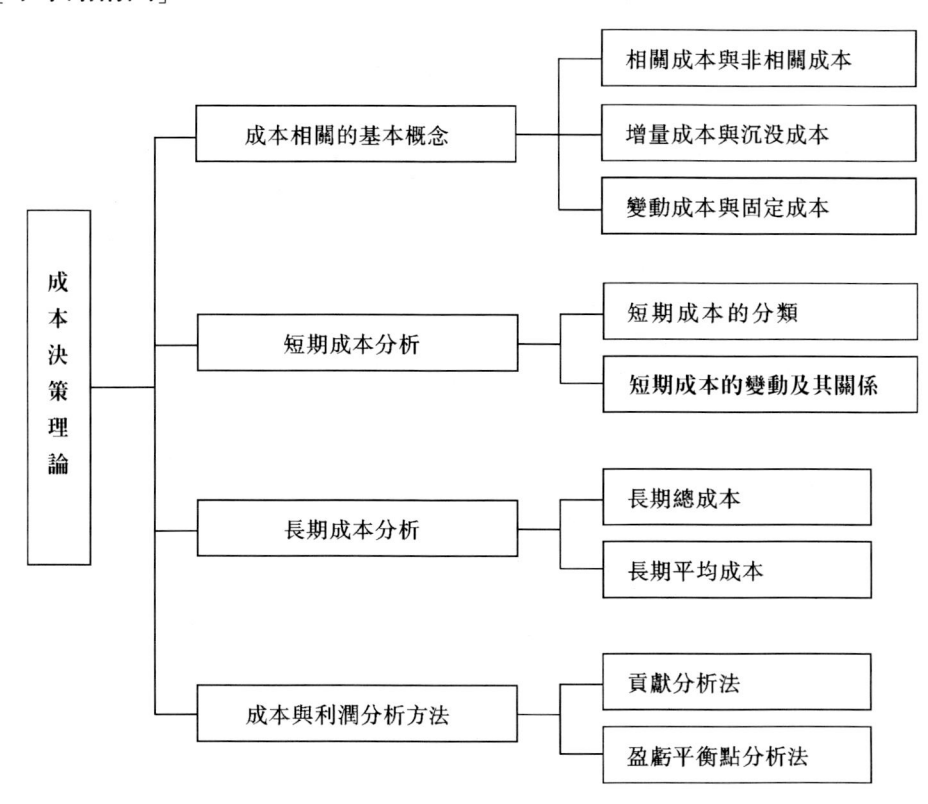

```
                            ┌─ 相關成本與非相關成本
              ┌─ 成本相關的基本概念 ─┼─ 增量成本與沉沒成本
              │                 └─ 變動成本與固定成本
              │
              │                 ┌─ 短期成本的分類
成本決策理論 ─┼─ 短期成本分析 ──┤
              │                 └─ 短期成本的變動及其關係
              │
              │                 ┌─ 長期總成本
              ├─ 長期成本分析 ──┤
              │                 └─ 長期平均成本
              │
              │                      ┌─ 貢獻分析法
              └─ 成本與利潤分析方法 ─┤
                                     └─ 盈虧平衡點分析法
```

[本章學習目標]

通過本章的學習，你可以瞭解：
- 成本和成本相關的基本概念。
- 各類短期成本的變動規律及其相互關係。
- 短期產量與短期成本之間的關係。
- 各類長期成本的變動規律及其相互關係。
- 短期成本與長期成本之間的關係。
- 成本與利潤常用分析方法。

生產者為了實現利潤最大化，不僅要考慮物質技術關係，而且還要考慮成本與收益之間的經濟關係，實現經濟效率。所以，就必須分析成本與收益問題。

4.1 成本相關的基本概念

成本（cost）又稱生產費用，是指廠商或企業在生產商品或勞務中所使用的生產要素的價格，更普遍一點說，成本是企業為獲得所需資源而付出的代價。

成本和產量之間的關係通常用成本函數來表示：

$$C = f(Q)$$

在管理決策中，正確理解和區別成本相關的基本概念是十分重要的。

4.1.1 相關成本與非相關成本

相關成本是指對企業經營管理有影響或在經營管理決策分析時必須加以考慮的各種形式的成本。相關成本是管理經濟學和管理會計學都常用的概念。

非相關成本是指與制訂決策方案無影響的成本，因而在決策時可不予考慮。相關成本與非相關成本的關係如下表4－1所示。

表4－1　　　　　　　　相關成本與非相關成本

相關成本	非相關成本
機會成本	會計成本
增量成本	沉沒成本
變動成本	固定成本

4.1.2 增量成本與沉沒成本

增量成本和沉沒成本也是管理經濟學的重要概念。

增量成本是指一項經營管理決策所引起的總成本的增加量。例如，某企業決定增設一條DVD生產線以擴大產量，由此需引進設備、增雇工人、增加購買原材料等，所有這些經濟活動都會增加企業的總成本，其增加量就是增量成本。

沉沒成本是指已經投入並無法收回的成本。表現為過去已經支付費用或根據過去的決策將來必須支付的費用。由此可見，沉沒成本通常是顯性成本，但不成為后來決策及分析的組成部分。

【閱讀4－1】

沉沒成本的妙用

寬帶通信供應商奎斯特通訊公司通過48條每秒1萬兆（10Gbps）的光纖電纜建立了它的超容量網絡。這位電信供應商激活了20 Gbps的光纖，卻使另外的460 Gbps成

為了「黑暗纖維」。生產能力過剩2300%在其他行業是極不尋常的。一所醫院不大可能在當前僅僅為20人服務時，建設為480名病人使用的設施。類似的，一家汽車製造廠商不會在一年只生產2萬輛車的時候，去建造一座擁有年產48萬輛車能力的工廠。

寬帶通信和其他企業之間的一個關鍵差別是，建設寬帶網的兩項主要成本是固定的：獲得通路使用權和挖溝的成本不會隨著網絡能力的不同而變化。無論建設1條或48條電纜，這些成本都是一樣的。多建的網絡能力的可變成本是多建的電纜的價格、安裝它們增多的成本（安裝第1條電纜以外的）和連接電纜的網絡設備的成本。

奎斯特通訊公司故意安裝46條多余的「黑暗纖維」電纜可能有兩個原因：一個是在寬帶網建設的規模經濟太大了，為了預期的未來需求，建設多余的能力是值得的。另一個原因是生產能力過剩的成本一旦發生后，就是沉沒的，大筆的沉沒投資可能會有效地阻擋潛在的競爭者。

（資料來源：方博亮. 管理經濟學：現代觀點. 張初愚，等，譯. 北京：中國人民大學出版社，2005：224.）

4.1.3 變動成本與固定成本

在短期中，廠商不能根據它們所要達到的產量去調整其全部生產要素，其中不能在短期內調整的生產要素的費用，屬於固定成本（Fixed Cost，簡稱FC）。如廠房和設備的折舊、管理人員的工資等。固定成本不隨產量的變動而變動。在短期內可以調整的生產要素的費用，如原料、燃料的支出和工人工資，屬於可變成本（Variable Cost，簡稱VC）。可變成本隨產量的變動而變動。

在長期中，廠商可以根據它們所要達到的產量來調整其全部生產要素，因此一切成本都是可變的，不存在固定成本和可變成本的區別。

變動成本與固定成本兩者劃分的依據是看該成本是否隨產量的變動而變動。把成本劃分為變動成本與固定成本，是為了分析產量變化之間的關係，便於研究相關成本，以進行決策分析。

【閱讀4-2】
通用汽車公司的固定成本與生產能力

1988年，通用汽車公司宣布它將減少汽車生產能力以便與當時的銷量匹配，精簡工作在五年內完成。這是該公司在20世紀80年代的歷史上首次大規模地削減其生產能力。作為這項縮減規模決策的一部分，通用汽車公司計劃到1990年從它的固定成本基礎中削減125億~130億美元（與1986年水平相比）。作為這削減成本規劃的一部分，通用汽車公司還計劃關閉它的五條汽車裝配線，1991年通用汽車公司決定關閉其他的裝配線工廠，使總數降到10條。

通用汽車公司過去曾在以下兩種選擇之間調整：一是生產它所能生產的汽車，然后使用成本高昂的差價銷售來吸引買主（例如，1988年用於刺激買主的支出為33億美元）；二是減少產量，使開工的工廠產量低於生產能力，方法是減慢裝配線速度，或者

取消整個一班的生產。新的戰略要求公司在 1992 年 100% 地使美國的汽車生產能力——這意味著所有的工廠都要每週開工五天，每天開兩班。當汽車需求超過這個生產能力時，將採用加班、三班營運和新的生產效率來增加生產。這是福特汽車公司在一定時期內一直遵循的戰略。福特公司並不是在經濟高漲時保持有效的生產能力以滿足需求、在需求低迷時解雇工人，而是按照經濟處於低谷時的水平調整生產能力，在銷售旺盛時再加緊生產滿足需求。

事實上，通用和福特都是在以下兩者之間進行權衡：在整個商業週期中降低固定成本和在經濟高漲期不得不支出較高的變動成本（比如，採用成本更高的加班和三班營運等方法）。

（資料來源：麥圭根，莫耶，哈里斯. 管理經濟學：應用的、戰略與策略. 李國津，等，譯. 北京：機械工業出版社，2004：349.）

4.2 短期成本分析

4.2.1 短期成本的分類

短期成本包括短期總成本、短期平均成本和短期邊際成本。

（1）短期總成本

短期總成本（Short-run Total Cost，簡稱 STC）是指短期內生產一定量產品所需要的成本總和。短期總成本由兩個要素組成：總可變成本和總固定成本。如果以 STC 代表短期總成本，$STFC$ 代表短期總固定成本，$STVC$ 代表短期總可變成本。則有：

$$STC = STFC + STVC$$

（2）短期平均成本

短期平均成本（Short-run Average Cost，簡稱 SAC）是指短期內生產每一單位產品平均所需要的成本。它等於短期總成本 STC 除以產量所得之商，即 $SAC = STC/Q$。短期平均成本也由兩個要素構成：短期平均可變成本和短期平均固定成本。短期平均可變成本是可變成本除以產量的商。短期平均固定成本是固定成本除以產量的商。

如果以 SAC 代表短期平均成本，$SAFC$ 代表短期平均固定成本，$SAVC$ 代表短期平均可變成本，則有：

$$SAFC = STVC/Q$$
$$SAVC = STFC/Q$$
$$SAC = SAFC + SAVC$$

（3）短期邊際成本

短期邊際成本（Short-run Marginal Cost，簡稱 SMC）是指廠商每增加一單位產量所增加的總成本量，如果以 SMC 代表短期邊際成本，ΔSTC 代表短期總成本的增量，ΔQ 代表增加的產量，則短期邊際成本可表達為：

$$SMC = \Delta STC/\Delta Q$$

短期邊際成本告訴我們企業要增加多少成本才能增加一單位的產出。

短期總成本、短期平均成本、短期邊際成本是互相聯繫、密切相關的，而其中短期邊際成本的變動又是短期總成本和短期平均成本決定性因素。

4.2.2 短期成本的變動及其關係

各類短期成本隨產量增加而變動的規律及其關係，可以通過表4－2所列數字表示出來（數據為舉例）。

表4－2　　　　　　　　短期成本變動情況表

產量 $Q(1)$	固定成本 $SFC(2)$	可變成本 $SVC(3)$	總成本 $STC(4)=$ $(2)+(3)$	邊際成本 $SMC(5)$	平均固定成本 AFC $(6)=(2)$ $/(1)$	平均可變成本 AVC $(7)=(3)$ $/(1)$	平均成本 $SAC(8)$ $=(6)+$ (7)
0	64	0	64	—	—	—	—
1	64	20	84	20	64	20	84
2	64	36	100	16	32	18	50
3	64	51	115	15	21.3	17	38.3
4	64	64	128	13	16	16	32
5	64	80	144	16	12.8	16	28.2
6	64	111	175	31	10.7	18.5	29.2
7	64	168	232	57	9.1	24	33.1
8	64	320	384	152	8	40	48

在表4－2的基礎上，我們可以繪製出各類成本的曲線圖。

（1）短期固定成本、可變成本和總成本曲線及其相互的關係

短期固定成本曲線$STFC$是一條平行於X軸的水平線，表明固定成本是一個既定的數量，它不隨產量的增減而改變。短期可變成本$STVC$是產量的函數，是一條向右上方傾斜的曲線。其變動規律是從原點出發，成本隨著產量的增加而相應增加。短期可變成本曲線最初比較陡峭，表示這時可變成本的增加率大於產量的增加率；然后較為平坦，表示可變成本的增加率小於產量的增加率；后又比較陡峭，表示可變成本的增加率又大於產量增加率。

短期總成本STC線是由固定成本線與可變成本線相加而成。其形狀與短期可變成本曲線一樣，但在總變動成本的正上方，可以看作是可變成本曲線向上平行移動一段相當於$STFC$大小的距離，即總成本曲線與可變成本曲線在任一產量上的垂直距離等於固定成本$STFC$，但$STFC$不影響總成本曲線的斜率。因此，短期固定成本的大小與短期總成本曲線的形狀無關，而只與短期總成本曲線的位置有關。短期總成本曲線也是產量的函數，其形狀也取決於邊際收益遞減規律。短期總成本的變動趨勢與短期可變

成本的變動趨勢是一致的。三種成本的形狀如下圖 4-1 所示。

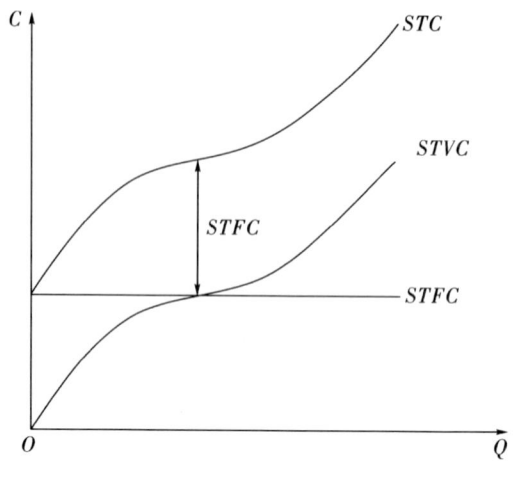

圖 4-1　*STFC*、*STVC* 和 *STC* 曲線

（2）短期平均固定成本、平均可變成本和平均成本曲線及其相互的關係

短期平均固定成本曲線 *SAFC* 是一條向右下方傾斜的曲線，開始比較陡峭，以後逐漸平緩，這表示隨著產量的增加，平均固定成本一直在下降，但開始下降的幅度大，以後下降的幅度越來越小。

短期平均可變成本曲線 *SAVC* 和短期總平均成本曲線 *SAC* 兩者均是 U 型曲線，表明隨著產量的增加呈先下降而後上升的變動規律。平均成本曲線在平均可變成本曲線的上方，開始時平均成本曲線比平均可變成本曲線下降的幅度大，以後的形狀與平均可變成本曲線基本相同，兩者的變動規律相似，但逐漸接近。如圖 4-2 所示。

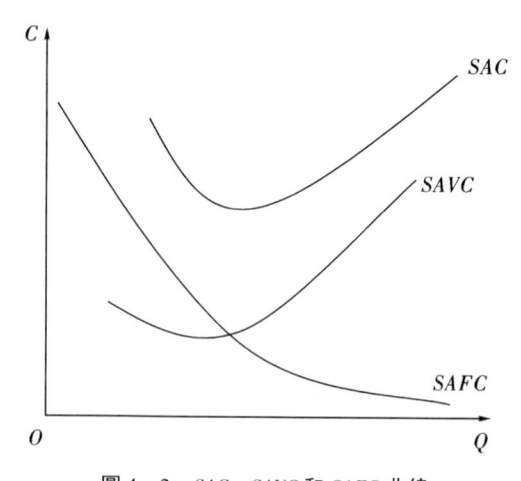

圖 4-2　*SAC*、*SAVC* 和 *SAFC* 曲線

（3）短期邊際成本、短期平均成本和短期平均可變成本曲線及其相互的關係

短期邊際成本 *SMC* 曲線也是一條先下降而後上升的 U 型曲線，開始時，邊際成本

隨產量的增加而減少，當產量增加到一定程度時，就隨產量的增加而增加。如圖4-3所示。

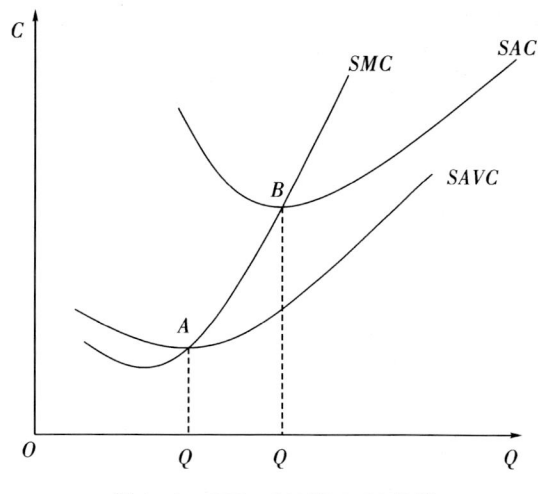

图 4-3 SMC、SAC 和 SAVC 曲線

①短期邊際成本 SMC 和短期平均可變成本 SAVC 曲線間的關係。造成短期邊際成本曲線 SMC 和短期平均可變成本曲線 SAVC 呈 U 型特徵的原因是由於投入要素的邊際成本的遞減或遞增：邊際產量的遞增階段對應於邊際成本的遞減階段，而邊際產量的遞減階段對應的是邊際成本的遞增階段，與邊際產量最大值相對應的是邊際成本的最小值。

但短期邊際成本和短期平均可變成本的經濟涵義和幾何涵義不同，SMC 曲線反應的是 STVC 曲線上一點的斜率，而 SAVC 曲線則是 STVC 曲線上任一點與原點連線的斜率。SMC 曲線與 SAVC 曲線相交於 SAVC 曲線的最低點 A。由於邊際成本對產量變化的反應是要比平均可變成本靈敏得多，因此，不管是下降還是上升，SMC 曲線的變動都快於 SAVC 曲線，SMC 曲線比 SAVC 曲線更早到達最低點。在 A 點上，SMC = SAVC，即邊際成本等於平均可變成本。在 A 點左邊，SAVC 在 SMC 之上，SAVC 一直遞減，SAVC > SMC，即邊際成本低於平均可變成本。在 A 點右邊，SAVC 在 SMC 之下，SAVC 一直遞增，SAVC < SMC，即邊際成本高於平均可變成本（如圖4-3所示）。A 點被稱為停止營業點，即在這一點上，價格只能彌補平均可變成本，這時的損失是不生產也要支付平均固定成本（或者說損失全部固定成本）。如果低於 A 點，不能彌補可變成本，則生產者不能開工。

②短期邊際成本 SMC 和短期平均成本 SAC 的關係。短期邊際成本 SMC 和短期平均成本 SAC 的關係和短期平均可變成本 SAVC 的關係一樣。SMC 曲線與 SAC 曲線的最低點 B 相交。在 B 點上，SMC = SAC，即邊際成本等於平均成本。在 B 點左邊，SAC 在 SMC 之上，SAC 一直遞減，SAC > SMC，即平均成本高於邊際成本。在 B 點右邊，SAC 在 SMC 之下，SAC 一直遞增，SAC < SMC，即平均成本低於邊際成本（如圖4-3所

示）。B 點被稱為收支相抵點，這時的價格為平均成本，平均成本等於邊際成本，生產者的成本（包括正常利潤在內）與收益相等。

【例 4－1】已知某企業成本函數為：$TC = 5Q^2 + 20Q + 1000$，產品的需求函數為：$Q = 140 - P$，求：（1）利潤最大化時的產量、價格和利潤。

（2）廠商是否從事生產？

解：（1）利潤最大化的原則是：$MR = MC$

因為　　　$TR = P \times Q = (140 - Q) \times Q = 140Q - Q^2$

所以　　　$MR = dTR/dQ = 140 - 2Q$

　　　　　$MC = 10Q + 20$

所以　　　$140 - 2Q = 10Q + 20$

　　　　　$Q = 10$

　　　　　$P = 130$

（2）最大利潤 $= TR - TC = -400$

（3）因為經濟利潤 -400，出現了虧損，是否生產要看價格與平均變動成本的關係。平均變動成本 $AVC = TVC/Q = (5Q^2 + 20Q)/Q = 5Q + 20 = 70$，而價格是 130 大於平均變動成本，所以儘管出現虧損，但廠商依然從事生產，此時生產比不生產虧損要少。

4.3　長期成本分析

4.3.1　長期總成本

長期總成本（Long－run Total Cost，簡稱 LTC）是長期生產一定量產品所需要的成本總和。長期總成本隨產量的變動而變動。沒有產量時就沒有長期總成本。如圖 4－4 所示，*LTC* 曲線是一條由原點出發向右上方傾斜的曲線，即隨著產量的增加，長期成本在增加。在開始生產時，要投入大量生產要素，而產量少時，這些生產要素無法得到充分利用，因此，成本增加的比率大於產量增加的比率。當產量增加到一定程度後，生產要素開始得到充分利用，這時成本增加的比率小於產量增加的比率，這也是規模經濟的效益。最後，由於規模收益遞減，成本的增加比率又大於產量增加的比率。長期總成本曲線 *LTC* 與可變成本 *SVC* 的形狀一致。不同的是 *SVC* 曲線形狀是由於可變投入要素的邊際收益率先遞增後遞減決定的，而在長期，由於所有投入要素是可變的，因此，這裡面對應的不是要素邊際收益問題，而是要素的規模報酬問題，*LTC* 曲線是由規模報酬先遞增後遞減決定的。

图 4-4　LTC 曲线

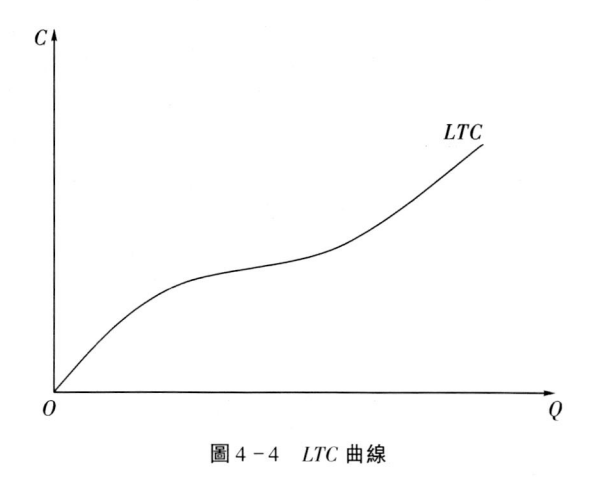

4.3.2　長期平均成本

（1）長期平均成本

長期平均成本（Long-run Average Cost，簡稱 LAC）是長期生產中平均每一單位產品的成本。它等於長期總成本 LTC 與產量 Q 之商，即 $LAC = LTC/Q$。

（2）長期平均成本曲線的特徵

長期平均成本曲線反應產量與平均成本之間的關係。長期平均成本曲線是一條先下降后緩慢上升的 U 型曲線：隨著產量的增加，在開始時呈遞減趨勢，達到最低點后轉而遞增。長期平均成本曲線之所以呈 U 型，是由規模收益遞增—不變—遞減的規律決定的。在規模收益遞增階段，平均成本呈下降趨勢；在規模收益不變階段，平均成本曲線呈水平狀；在規模收益遞減階段，平均成本呈上升趨勢。

（3）長期邊際成本

長期邊際成本（Long-run Marginal Cost，簡稱 LMC）是長期生產中增加每一單位產品所增加的成本。如果以 LMC 代表長期邊際成本，ΔLTC 代表長期總成本的增量，ΔQ 代表增加的產量，則有：$LMC = \Delta LTC/\Delta Q$。

長期邊際成本也是隨產量的增加先減少后增加的，因此，長期邊際成本曲線也是一條先下降而后上升的 U 型曲線，但它比短期邊際成本曲線要平坦，與長期平均成本曲線 LAC 相交於 LAC 的最低點（如圖 4-5 所示）。

長期邊際成本與長期平均成本的關係和短期邊際成本與短期平均成本的關係一樣，在長期平均成本下降時，長期邊際成本小於長期平均成本（$LMC < LAC$）；在長期平均成本上升時，長期邊際成本大於長期平均成本（$LMC > LAC$）；在長期平均成本的最低點，長期邊際成本等於長期平均成本。

圖 4-5　LMC 曲線

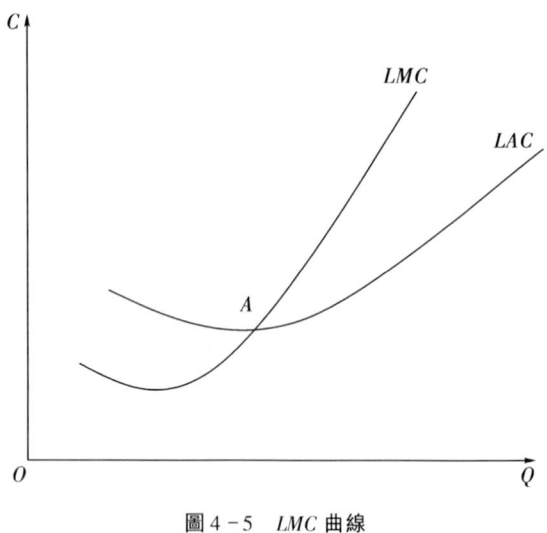

4.4　成本與利潤分析方法

　　以上三節討論了經濟學的成本理論，現轉入成本與利潤分析的實踐：貢獻分析法和盈虧平衡點分析法。需要指出的是，由於這兩種方法主要用於現有企業的經營決策，因此主要使用短期成本。為了簡化分析過程，假定單位變動成本是一個常數，不隨產量變化而變化。

4.4.1　貢獻分析法

　　貢獻分析法是增量分析法在成本利潤分析中的應用。貢獻是指一個方案能夠為企業增加多少利潤。通過貢獻的計算和比較來判斷一個方案是否可以接受的方法，稱為貢獻分析法。如果貢獻大於零，說明這一決策可以使利潤增加，因而是可以接受的。如果有兩個以上的方案，它們的貢獻都是正值，則貢獻大的方案就是較優的方案。

　　貢獻（利潤增量）＝增量收入－增量成本

　　在產量決策中，常使用單位產品貢獻這個概念，即增加一個單位產量能給企業增加多少利潤。如果產品的價格不變，增加單位產量的增量收入就等於價格，增加單位產量的增量成本就等於單位變動成本，所以，單位產品貢獻就等於價格減去單位變動成本，則有：

　　單位產品貢獻＝價格－單位變動成本

　　由於價格是由變動成本、固定成本和利潤三部分組成的，所以，貢獻也等於固定成本加貢獻。也即是說，企業得到的貢獻，首先要用來補償固定成本的支出，剩下部分就是企業的利潤。當企業不盈不虧時（利潤為零），貢獻與固定成本的值相等。

貢獻分析法主要用於短期決策，即是在一個已經建立起來並正在營運的企業中所實施的經營決策。在這裡，廠房、設備、管理人員工資等都是固定成本，即使企業不生產，也仍然要支出，所以屬於沉沒成本，在決策時不予考慮。正因為這樣，在短期決策中，決策的準則應是貢獻（利潤增量），而不是利潤。貢獻分析法被廣泛運用於是否接受訂貨，選擇自製還是外購、發展何種新產品、虧損產品要不要停產或轉產、有限資源怎樣最優使用以及最低可接受的價格等方面的決策。

【例4-2】某企業單位產品的變動成本為2元，總的固定成本為10,000元，原價為3元，現有人願按2.5元價格訂貨5,000件。如不接受這筆訂貨，企業就無活可干。企業是否應承接此訂貨？

解：如果接受訂貨，則接受訂貨后的利潤為：

利潤 = 銷售收入 −（總變動成本 + 總固定成本）
　　 = 2.5 × 5,000 −（2 × 5,000 + 10,000）
　　 = −7,500（元）

接受訂貨后的貢獻將為：

貢獻 = 單位產品貢獻 × 產量
　　 =（2.5 − 2）× 5,000
　　 = 2,500（元）

如果根據有無利潤來作決策，那麼企業接受訂貨后要虧損7,500元，所以，就不應該接受訂貨。但這是錯誤的，因為在計算中，把固定成本考慮進去了，而固定成本在這裡是沉沒成本。應當用有無貢獻來作決策，貢獻不是利潤，而是指利潤的變化。如果不接受訂貨，企業仍然要支出固定成本，即企業利潤為 −10,000元；接受訂貨后，企業利潤為 −7,500元。兩者比較，企業若接受訂貨可以減少虧損2,500元，這就是利潤的變化量，即貢獻，有貢獻就應接受訂貨。

貢獻是短期決策的根據，但這並不等於說利潤就不重要了，利潤是長期決策的根據。如果問要不要在這家企業投資，要不要新建一家企業，就屬於長期決策。在虧損的情況下，接受訂貨即使有貢獻，也只能是暫時的。企業如果長期虧損得不到扭轉，則就難以維持經營，最終是要破產的。

4.4.2　盈虧平衡點分析法

盈虧平衡點分析法又稱量（產量）—本（成本）—利（利潤）分析法，也是一種在企業裡得到廣泛應用的決策分析方法。盈虧平衡點分析法是根據決策方案中的產量、成本、利潤三者之間相互關係來評價選擇方案、進行決策的分析方法（參見圖4-6）。

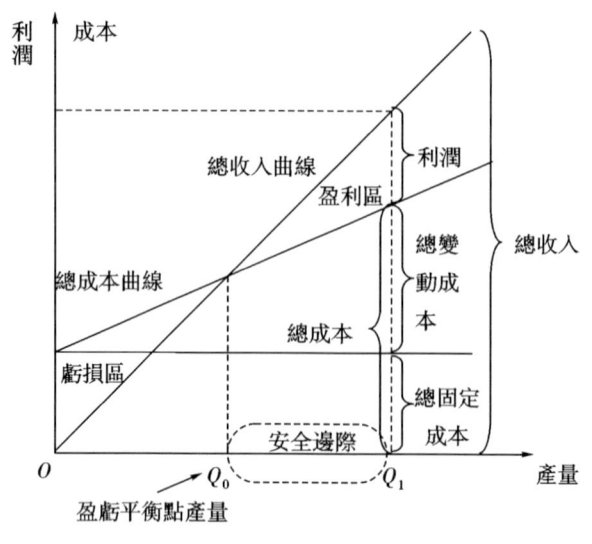

圖 4-6　盈虧平衡點分析法

盈虧平衡點分析法主要具有以下功能：

4.4.2.1　研究產量、成本變化與利潤變化之間的關係

這是盈虧平衡點分析法的基本功能，其他的功能都是從這一功能中派生的。利潤等於銷售額減成本。利潤、銷售額、成本這三者之間存在著內在的聯繫，因此，企業的任何決策都有可能引起產量（銷售量）、成本、價格等諸因素的變化。利用盈虧平衡點分析法這一工具，就能方便地分析諸因素的變化對利潤所產生的影響，從而為決策提供依據。

4.4.2.2　確定盈虧平衡點產量

盈虧平衡點產量是指企業不盈不虧時的產量（保本產量，這時企業的總收入等於總成本）。企業家從事企業經營的目的就是為了獲得利潤，影響利潤的因素很多，但最不確定的因素是銷售量。所以，管理者總是希望拋開銷售量的因素，先找出本企業的盈虧平衡點產量是多少，然後看某個方案所帶來的銷量是多少。如果一個方案的銷售量大於盈虧平衡點產量，說明該方案有利可圖，是可取的；否則就會虧本，是不可取的。

盈虧平衡分析的目的就是要找出盈虧平衡點，判斷投資方案對不確定因素變化的承受能力，為決策提供依據。

因為盈虧平衡點分析是分析產量、成本與利潤的關係，因此盈虧平衡點越低，說明項目盈利的可能性越大，虧損的可能性越小，因而項目有較大的抗經營風險能力。

4.4.2.3　確定企業的安全邊際

在確定盈虧平衡點產量的基礎上，就可以進一步確定企業的安全邊際。安全邊際是指企業預期（或實際）銷售量與盈虧平衡點銷售量之間的差額。這個差額越大，說

明企業越能經得起市場需求的波動，經營比較安全，風險較小。

假定 P 為單位產品價格，Q 為銷售量（產量），F 為總固定成本，V 為單位產品變動成本，π 為總利潤，C 為單位產品貢獻，則可得：

(1) 求盈虧平衡點產量的公式。當不盈不虧時（利潤為零），
$$P \times Q_0 = F + VQ_0$$
所以
$$Q_0 = F / (P - V) = F / C$$
這裡，Q_0 為盈虧平衡點產量。

(2) 求保目標利潤的產量的公式：
由於
$$P \times Q_1 = F + VQ_1 + \pi$$
所以
$$Q_1 = (F + \pi) / (P - V) = (F + \pi) / C$$
這裡，Q_1 為保目標利潤 π 的產量。

(3) 求利潤公式：
$$\pi = P \times Q - (F + V \times Q)$$

(4) 求因素變動後的盈虧平衡點產量的公式。由於採用一個新的方案，往往會引起成本利潤分析中諸變量的變化。假定固定成本、價格、單位變動成本的變化分別為 ΔF、ΔP、ΔV，則這些因素變化的盈虧平衡產量應為：
$$Q = \frac{F \pm \Delta F}{(P \pm \Delta P) - (V \pm \Delta V)}$$

(5) 求保稅後利潤的產量的公式。如果企業要繳所得稅，稅率為 t，又假定稅前利潤為 π，稅後利潤為 π'，
所以
$$\pi' = \pi - \pi t = (1 - t) \pi$$
$$\pi = \pi' / (1 - t)$$
由於保稅前利潤的產量為：
$$Q = (F + \pi) / (P - V)$$
所以，保稅後利潤的產量應為：
$$Q = \frac{F + \pi' / (1 - t)}{P - V}$$

(6) 求安全邊際和安全邊際率的公式。

安全邊際 = 實際（或預期）銷售量 - 盈虧平衡點銷售量

安全邊際率 = 安全邊際/實際或預期銷售量

安全邊際和安全邊際率較大，說明當市場需求大幅度下降時，企業仍有可能免於虧損，故它的經營較為安全。一般地講，企業的經營安全狀況可用表 4-3 來衡量。

表 4-3　　　　　　　　企業經營安全狀況

安全邊際率	30% 以上	25% ~ 30%	15% ~ 25%	10% ~ 15%	10% 以下
經營安全狀況	安全	較安全	不太好	要警惕	危險

盈虧平衡點分析法的運用範圍很廣，可以用於確定保本和保利潤銷售量；確定最佳的價格水平和質量水平；確定選用什麼樣的技術來生產某種產品；分析各種因素變動對利潤的影響；判斷企業經營安全狀況等諸方面。

【例4-3】假定某汽車公司開展風景點 A 地的旅遊業務，往返10天，由汽車公司為旅客提供交通、住宿和伙食等服務。往返一次所需成本數據如表4-4所示。

表4-4   單位：元

固定成本	
折舊	1,200
職工工資（包括司機）	2,400
其他	400
往返一次全部固定成本	4,000
變動成本	
每個旅客的住宿伙食費	475
每個旅客的其他變動費用	25
每個旅客的全部變動成本	500

問：（1）如果向每個旅客收費600元，至少有多少旅客才能保本？如果收費700元，至少有多少旅客才能保本？

（2）如果收費600元，預期旅客數量為50人；如果收費700元，預期旅客數量為40人。收費600元和收費700元的安全邊際率各為多少？

（3）如果公司往返一次的目標利潤為1,000元，定價600元，那麼，至少要有多少旅客才能實現這個利潤？如定價700元，至少要有多少旅客？

（4）如果收費600元/人，汽車往返一次的利潤是多少？如果收費為700元/人，汽車往返一次的利潤是多少？

解：（1）如果定價為600元，則：

$Q_0 = F/(P-V) = 4,000/(600-500) = 40$（人）

即保本的旅客數為40人。

如定價為700元，則保本的旅客數為：

$Q_0 = F/(P-V) = 4,000/(700-500) = 20$（人）

（2）如定價為600元，則：

安全邊際 = 預期銷售量 - 保本銷售量
　　　　 = 50 - 40 = 10（人）

安全邊際率 = 安全邊際/預期銷售量 =（10/50）×100% = 20%

如定價為700元，則：

安全邊際 = 40 - 20 = 20（人）

安全邊際率 =（20/40）×100% = 50%

定價700元時的安全邊際率大於定價600元時的安全邊際率，說明在企業經營中，

定價 700 元比定價 600 元更為安全。

(3) 如定價為 600 元，則：
$Q = (F+\pi)/(P-V) = (4,000+1,000)/(600-500) = 50$（人）
即保目標利潤的旅客人數應為 50 人。
如定價為 700 元，則保目標利潤的旅客人數為：
$Q = (4,000+1,000)/(700-500) = 25$（人）

(4) 如定價為 600 元，則：
$\pi = 600 \times 50 - 500 \times 50 - 4,000 = 1,000$（元）
如定價為 700 元，則：
$\pi = 700 \times 40 - 500 \times 40 - 4,000 = 4,000$（元）

【閱讀 4-3】
多產品時盈虧平衡

以上分析只是對單一產品進行的，但實際上，幾乎沒有一個企業的機器設備只生產一種產品，而是生產多種產品。當由於訂貨或計劃使得企業必須生產 Q_A 單位的 A 產品時，為了達到盈虧平衡，企業應該至少生產多少單位的 B 產品呢？這是企業管理者十分關心的問題。此時，可用凸組合公式。

首先按單一產品的盈虧平衡點分析求出 A 和 B 各自有多大產量時能單獨達到盈虧平衡。假定 F 為企業總的固定成本，即可算出：
$Q_{A0} = F/(P_A - V_A)$ 和 $Q_{B0} = F/(P_B - V_B)$
然后寫出凸組合公式：

$$\begin{cases} \alpha Q_{A0} + \beta Q_{B0} \\ \alpha + \beta = 1 \qquad \alpha, \beta \geq 0 \end{cases}$$

式中的 α、β 是待定的系數。當 A 產品必須生產 Q_A 單位時，可以計算出 $\alpha = Q_A/Q_B$，於是 $\beta = 1-\alpha$，而 βQ_{B0} 就是要生產的 B 產品的數量，此時盈虧達到平衡。

凸組合公式也能推廣到 3 個以上產品的場合。如果企業用現有的固定成本 F 可生產共 n 種產品，每種產品的價格分別為 P，單位產品的盈虧平衡點分別為 Q_{X_1}，Q_{X_n}，則：

$$\begin{cases} \alpha_1 Q_{X_1} + \alpha_2 Q_{X_2} + \alpha_3 Q_{X_3} + \cdots + \alpha_n Q_{X_n} \\ \alpha_1 + \alpha_2 + \alpha_2 + \cdots + \alpha_n = 1 \\ \alpha_i \geq 0 \qquad i = 1, 2, \cdots, n \end{cases}$$

以上為多產品時滿足平衡點的凸組合公式。

【例 4-4】某工業項目年設計生產能力為生產某種產品 3 萬件，單位產品售價 3000 元，總成本費用為 7800 萬元，其中固定成本 3000 萬元，總變動成本與產品產量成正比例關係。求以產量、生產能力利用率、銷售價格、單位產品變動成本表示的盈

虧平衡點。

　　解：首先計算單位產品變動成本：$AVC = (7800 - 3000) \times 10^4 / 30,000 = 1600$（元/件）

　　盈虧平衡產量：$Q^* = 3000 \times 10^4 / 3000 - 1600 = 21,400$（件）

　　盈虧平衡生產能力利用率：$E^* = Q^*/Q \times 100\% = 21,400/30,000 \times 100\% = 71.43\%$

　　盈虧平衡銷售價格：$P^* = AVC + TFC/Q = 1600 + 3000 \times 10^4 / 30,000 = 2600$（元/件）

　　盈虧平衡單位產品變動成本：$AVC^* = P - TFC/Q = 3000 - 3000 \times 10^4 / 30,000 = 2000$（元/件）

　　通過計算盈虧平衡點，結合市場預測，可以對投資方案發生虧損的可能性作出大致判斷。在例4-4中，如果未來的產品銷售價格及生產成本與預期值相同，項目不發生虧損的條件是年銷售量不低於21,400件，生產能力利用率不低於71.43%。如果按設計能力進行生產並能全部銷售，生產成本與預期值相同，項目不發生虧損的條件是產品價格不低於2600元/件；如果銷售量、產品價格與預期值相同，項目不發生虧損的條件是單位產品變動成本不高於2000元/件。

【閱讀4-4】

範圍經濟與學習曲線

　　一般來說，企業生產和銷售產品的成本既取決於生產規模（即使用資本和勞動的數量），也取決於生產範圍（即生產不同種類的物品）。平均成本與這兩個因素之間的關係就稱為規模經濟和範圍經濟。另外，生產成本還會隨著累計產量的增加而下降，這稱為學習曲線效應。

1. 規模經濟

　　在第三章中介紹了規模收益規律，它表明了產量與規模變化之間的關係。現在，將規模與平均成本聯繫起來，討論兩者之間的關係，討論規模能提供什麼樣的經濟信息。

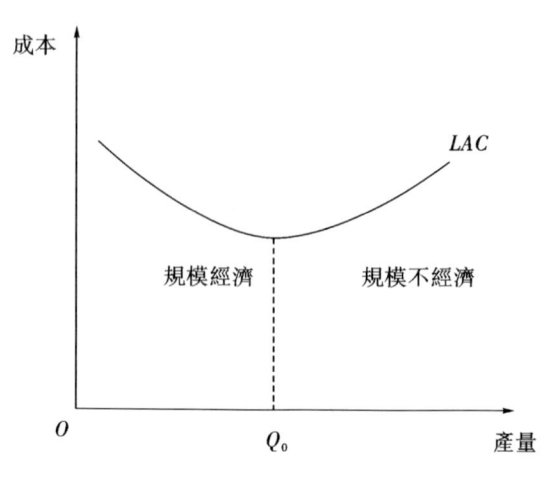

圖 4-7 規模經濟

如圖 4-7 所示，長期平均成本曲線 LAC 的形狀提供了關於這種關係的信息。隨著產量的增加，當長期平均成本減少時，可以說存在規模經濟（economics of scale），當期限平均成本增加時，可以說存在規模不經濟（diseconomics of scale）。對於圖 4-7 中的生產過程，可以認為，在產量小於 Q_0 時存在規模經濟；而在產量大於 Q_0 時，存在規模不經濟。

2. 範圍經濟

範圍經濟（economies of scope）是指生產多產品企業，多種產品在一起生產的總成本低於各種產品分開生產的總成本之和。

假設某企業有產品 X 和 Y。$C(X)$ 為單獨生產 X 時的成本函數，$C(Y)$ 為單獨生產 Y 時的成本函數，$C(X, Y)$ 為一起生產 X 和 Y 的成本函數，如果有：

$$C(X, Y) < C(X) + C(Y)$$

則存在範圍經濟。

範圍經濟的大小（S）可以計算如：

$$S = \frac{C(X) + C(Y) - C(X, Y)}{C(X, Y)}$$

即由於一起生產而不是單獨生產 X 和 Y 而產生範圍經濟，總成本可以降低 S。範圍經濟越大，S 的值越大。

導致範圍經濟的原因有多種。範圍經濟通常產生於投入要素的用途性。這是因為當生產和經營兩種以上產品時，諸如共同生產設施、聯合進行市場營銷、共用相同的資源和共同管理等都有能帶來相應的經濟收益。特別是有時候企業在生產過程中能得到副產品，這種副產品能進一步加工為另外的產品。例如，煉鐵廠利用礦渣生產建築材料。有時候企業生產的是關聯產品，即在生產一種產品的同時，只需增加少量成本（甚至不需要增加成本）就能得到另外一種產品。如屠宰場生產牛肉和牛皮，煉油廠生產汽油、柴油和瀝青等。

3. 學習曲線

學習曲線（learning curve）是指隨著累計產量的增加，平均成本下降的產量與成本之間的一種關係。

一般來說，隨著累計產量的上升和生產經驗的獲得，企業生產的長期平均成本將會下降。例如，累計產量越高，人們更可能獲得產品和生產過程的相關知識以降低成本，同時，他們也會變得更加熟練。學習曲線就是用來描述平均成本與累計產量之間的這種關係而引入的概念。累計產量是指企業在之前的所有生產階段所生產產品的總數量。圖 4-8 展示了一條典型的學習曲線。在生產的早期階段，學習曲線非常陡峭，這意味著平均成本明顯下降，學習曲線效應非常顯著。然而，隨著累計產量的增加，學習曲線越來越平坦，學習曲線效應最終變得非常微弱。

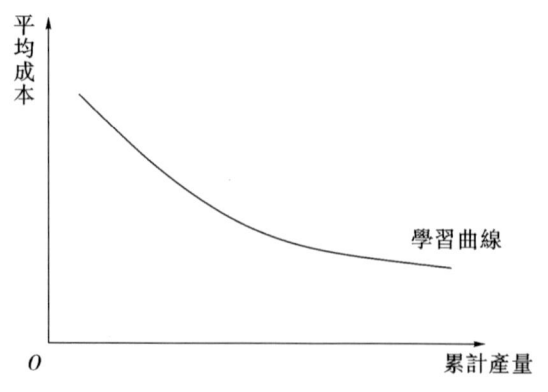

圖4-8 學習曲線

人們常常把規模經濟性與學習曲線效應相混淆。實際上，前者指長期平均成本隨著單位時間內的產量增加而下降，而后者指平均成本隨著累計的以往所有產量的總和的增加而下降。規模經濟使得當經濟處於一個比較大的規模時，能夠以較低的單位成本來進行生產；學習曲線效應是指由於經濟累計而導致的單位成本的減少。如果保持企業以往的累計產量一定，企業現期（一定時間內）的產量越高則平均成本越低的話，則這種成本的下降來自於規模經濟。如果保持企業每期（相同時間段）的產量一定，企業的累計產量越高則平均成本越低的話，則這種成本的下降來自於學習曲線的作用。因此，在圖4-8中，橫軸的產量是存量，是在某時點上累計的以往所有產量的總和。而長期平均成本曲線橫軸的產量是流量，即單位時間內的產量。

學習曲線效應能為企業提供競爭對手的競爭優勢，在管理者的決策過程中發揮著重要作用。在學習曲線十分陡峭的行業，例如IT業，企業可以使自己產品的定價比市場平均價格低，以便佔有市場，擴大產量，提高累計產量，充分利用學習曲線的作用。這樣，企業的平均成本將會很快下降，其所定的低價也能夠使企業盈利。而且，企業還可能有足夠的空間不斷壓低價格，迫使競爭對手退出市場，從而企業可以進一步擴大生產，降低成本，獲得更大的利潤。

【閱讀4-5】

學習曲線

規模經濟是指在特定的時點上，大批量地生產所獲得的成本優勢。學習曲線（learning curve）是指由於經驗和專有技術的累積所帶來的成本優勢。

這可能是因為以下幾點原因：①工人在起初幾次完成一定的任務時，需要較多的時間。當他們變得越來越熟練時，他們的速度會加快。②經營者在經營的過程中學會了如何將生產過程安排得更加有效率。③從事產品設計的工程師掌握了能夠使設計更完善和成本更低方面的經驗，更好的和更專業化的工具以及工廠組織也能降低成本。④材料供應者可能學會如何處理企業所需的原料，並且可能將此優勢以較低的材料成本供應給企業。

學習曲線的存在表明公司希望在短期內通過降低價格來增加產量，並在長期中減少成本。我們用以下的例子來對此進行說明。假設芯片的製造商累積產出為 1 萬塊芯片。在此基礎上，每增加一單位產出的成本為 25 元。根據以往的經驗，廠商相信一旦它生產 2 萬塊芯片，則每塊芯片的成本為 20 元，此后不再會有學習效應了。當廠商突然收到一份立即生產 1 萬塊芯片的請求時，該芯片製造商在這之前已有了一份生產 20 萬塊芯片的訂單，那麼廠商將願意以何種報價接受這個請求呢？如果不考慮學習效應，那麼顯然這個廠商應該收取不低於 25 元的價格。但是如果考慮學習效應，那麼接受 20 元以上的價格是可以接受的。

我們通常用進步比率（Progress rate）表示學習的效果。某一生產過程的進步比率可以通過計算平均成本隨著累積產出增加而下降的程度而得到。我們用累計產出來代替在給定時段內的產出。在圖 4-9 中，假設累積產出為 Q_x，平均生產成本為 AC_1；那麼進一步假設廠商的累計產出增加到原來的 2 倍，為 $2Q_x$，這時的平均成本為 AC_2，那麼進步的比率為 AC_2/AC_1。如果進步的比率小於 1，則學習效應就會發生了。

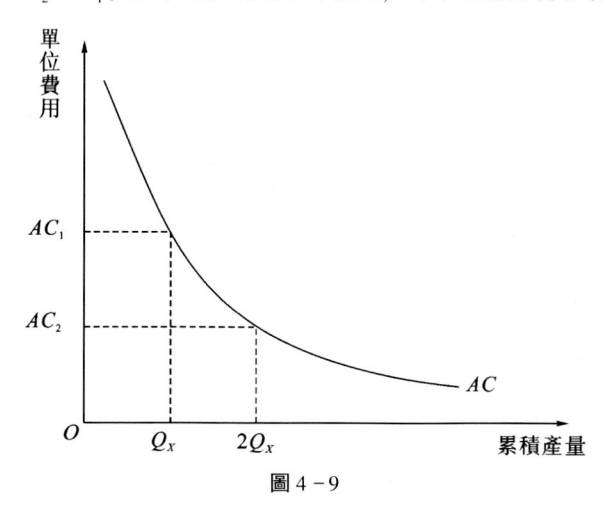

圖 4-9

人們已經在數千種產品中估計了進步比率，即平均的進步比率為 0.80。這意味著，如果公司把它的產品增加一倍，單位成本將下降 20%。不同公司和不同行業之間，進步比率是不一樣的。但是，如果人們分析說明一個行業的進步比率是 0.75，那麼並不意味著產出的持續雙倍增加，將肯定導致成本的下降。估計的進步比率通常代表在一定範圍的平均水平，這並不意味著企業可以充分利用學習效應。

進步比率在不同的廠商和不同的產品之間的變化說明了這樣一個觀點，也就是，在不同的組織和不同的生產過程中，它們的學習效果是不同的。很少有人對學習的決定因素進行系統性研究，因此在確認學習效果在哪種情況下是更重要的時候，經理人員並不十分清楚。一般來講，任務的複雜性提供了更多的學習機會。但是如果任務過於複雜，那麼個人所獲得的學習經驗就很難在整個公司內進行交流。在有些行業中，個人所擁有的關於特定的顧客與市場的專門、詳細的知識和在職能領域中的技能，能

使個人獲得在該領域裡的優勢，但是這些知識很難再傳授給外人。另外，為了擴大學習效應，企業應該鼓勵員工之間的互相學習，這包括鼓勵信息的共享，建立包括新理念和減少離職在內的工作規則，以利於組織內的學習。

雖然進步比率主要被運用於衡量成本，但它同樣可以很好地被應用於質量的研究。研究表明，經驗豐富的醫生在做一些常見的外科手術時的失敗率要低得多，如果這一結論成立，那麼中國應該建立專業的醫院來進行專門的外科手術，以替代手術量少但是失敗率較高的小醫院的手術服務。

區分學習曲線所產生的成本節約和由於規模而產生的成本節約是很重要的。規模經濟使得當經濟處於一個比較大的規模時，能夠以較低的單位成本來進行生產；學習效應是指由於累計經驗而導致的單位成本的減少。即使是在學習效應很小的情況下，規模經濟也可能是很大的，這通常存在於資本密集型的生產中。同樣的，在規模經濟很小時，學習曲線也可能是很大的，這通常存在於計算機軟件開發等勞動密集型的產業中。

如果經理人員不能正確區分規模經濟和學習曲線，那麼經理對於市場的規模也就不能做出正確的推論。舉例來說，如果某一大公司存在規模經濟會帶來低成本，則生產減少將增加平均成本。如果低成本的結果是學習所引起的，則廠商可以在不增加平均成本的情況下減少產量。另外的一個例子是，如果廠商是由於資本密集型而產生規模經濟，從而產生成本優勢，那麼它將比由於勞動密集型生產而帶來的低成本優勢的廠商，更少地考慮勞動力離職問題。

【案例】
實際中的學習曲線

假定你作為剛剛進入化學處理行業的企業經理，你會面臨下列問題：你該不該生產相對較低的水平的產出（並以高價出售），或者是否應該將產品價格定得較低，從而擴大銷售量？如果該產業中存在學習曲線，那麼第二種選擇是特別吸引人的。然後，不斷增加的產量會使平均生產成本降低從而增加企業的盈利能力。

要決定如何做，你可以考察一下能將學習曲線因素（通過勞動和工程技術改進來學習新的工序）和規模報酬遞增區分開來的能夠獲得的統計資料。一項關於37種化工產品的調查表明，化工行業成本的下降與累積的行業產出、對改良了的資本設備的投資相關，而與規模經濟的相關程度較低。實際上，整個化工產品來說，平均成本每年以5.5%的速度下降。這項研究表明企業規模每增長1倍，平均成本下降11%。然而，累積產出增長1倍，平均生產成本則下降27%。這項證據清楚地表明在化工行業中，學習曲線比規模經濟更加重要。

在半導體行業中，學習曲線也是非常重要的。對於1974—1992年共七代動態隨機存貯品（DRAM）半導體的研究發現，學習速度約為每年20%（也就是說，累積的生產每增長10%，成本就下降2%）。研究還對日本企業與美國企業的學習曲線進行了比較，並且發現兩國企業的學習並沒有大的差別。

學習曲線效應對於確定長期成本曲線的形狀具有重要意義，因此能幫助指導經營者。經營者可以用學習曲線知識來確定生產經營是否有利可圖。假如如此，就應該在導致現金流入之前計劃好企業營運規模是多大以及累積產出量該是多少。

[本章小結]

1. 成本是企業為獲得所需資源而付出的代價。相關成本是指與決策有關的成本；非相關成本是指與決策無關的成本。

增量成本是指一項經營管理決策所引起的總成本的增加量；沉沒成本是指不因決策而變化的成本；固定成本是指不隨產量增減而變動的成本；變動成本則隨產量增減而變動。

2. 短期成本包括短期總成本、短期平均成本和短期邊際成本。短期總成本是指短期內生產一定量產品所需要的成本總和。總成本包括總可變成本和總固定成本。

短期平均成本是指短期內生產每一單位產品平均所需要的成本。短期平均成本包括短期平均可變成本和短期平均固定成本。

短期邊際成本是指廠商每增加一單位產量所增加的總成本量。

短期成本曲線都呈現遞減而後遞增的 U 型，歸根到底，受邊際收益遞減規律的制約。並且，邊際成本分別經過短期平均成本、平均可變成本的最低點。

3. 長期成本是長期中生產一定量產品所需要的成本總和。可分為總成本、平均成本和邊際成本。長期平均成本曲線與長期邊際成本曲線都是一條先下降而後上升的 U 型曲線，變化關係和短期邊際成本與短期平均成本的關係一樣。

4. 貢獻就是增量利潤，它等於增量收入減增量成本。有貢獻的方案是可以接受的方案。貢獻分析法主要用於短期決策。

5. 盈虧平衡點分析法主要用來研究產量、成本和利潤之間的關係，而把重點放在尋找盈虧分界點產量上。

[思考與練習]

一、名詞解釋
成本　　　　　　　　相關成本　　　　　　　　非相關成本
增量成本　　　　　　變動成本　　　　　　　　固定成本
貢獻分析法

二、選擇題
1. 經濟學分析中所說的短期是指（　　　）。

　　A. 1 年內

　　B. 10 年內

　　C. 全部生產要素都隨產量而調整的時期

D. 只能根據產量調整可變成本的時期

2. 當邊際成本位於平均成本之下時（　　）。
   A. 平均成本是上升的
   B. 平均成本是下降的
   C. 邊際成本是下降的
   D. 邊際成本是不變的

3. 長期平均成本曲線與長期邊際成本曲線一定相交於（　　）。
   A. 長期平均成本曲線的最高點
   B. 長期平均成本曲線的最低點
   C. 長期邊際成本曲線的最高點
   D. 長期邊際成本曲線的最低點

4. 當某廠商以既定的成本生產出最大產量時，他（　　）。
   A. 一定獲得了最大利潤
   B. 一定沒有獲得最大利潤
   C. 是否獲得了最大利潤，還無法確定
   D. 經濟利潤為零

5. 當 AC 達到最低點時，下列哪一條是正確的？（　　）。
   A. $VC = FC$
   B. $MC = AC$
   C. $P = AVC$
   D. $P = MC$

6. 通過不同產出水平的可變成本和固定成本，可以決定（　　）。
   A. C
   B. AFC
   C. AC
   D. 以上都不是

7. 如果生產 10 單位產品的總成本是 100 元，第 11 單位的邊際成本是 21 元，那麼（　　）。
   A. 第 11 單位產品的 TVC 是 21 元
   B. 第 10 單位的邊際成本大於 21 元
   C. 第 11 單位的平均成本是 11 元
   D. 第 12 單位的平均成本是 12 元

8. 下列因素中不屬固定成本的是（　　）。
   A. 土地的租金
   B. 折舊
   C. 財產稅
   D. 營業稅

9. 當何種情況時，廠商如果要使成本最低，應停止營業（　　）。
   A. $AC < AR$
   B. $P < AFC$
   C. $AR < AVC$
   D. $MR < MC$

10. 假定兩個人一天可以生產 60 單位產品，4 個人一天可以生產 100 單位產品，那麼（　　）。
    A. AVC 是下降的
    B. AVC 是上升的
    C. $MPL > APL$
    D. MPL 是 40 單位

11. 假如總產量從 100 單位增加到 102 單位，總成本從 300 增加到 330，那麼邊際成本等於（　　）。
    A. 30
    B. 330

C. 300　　　　　　　　　　D. 15

12. 當邊際收益遞減規律發生作用時，總成本曲線開始（　　）。
    A. 以遞增的速率下降　　　B. 以遞增的速率上升
    C. 以遞減的速率下降　　　D. 以遞減的速率上升

13. 當產量達到下列哪一點時，利潤最大？（　　）。
    A. $P = MC$　　　　　　　B. $P = AVC$
    C. $AVC = MC$　　　　　D. $ATC = MC$

14. 一個企業在以下哪種情況下應該關門（　　）。
    A. AVC 的最低點大於價格時　　B. AC 的最低點大於價格時
    C. 發生虧損時　　　　　　　　D. $MC > MR$ 時

15. 隨著產量的增加，固定成本（　　）。
    A. 增加　　　　　　　　　B. 不變
    C. 減少　　　　　　　　　D. 先增後減

16. 隨著產量的增加，平均固定成本（　　）。
    A. 在開始時減少，然后趨於增加　　B. 一直趨於減少
    C. 一直趨於增加　　　　　　　　　D. 在開始時增加，然后趨於減少

17. 已知產量為 500 時，平均成本為 2 元，當產量增加到 550 時，平均成本等於 2.5 元。在這一產量變化範圍內，邊際成本（　　）。
    A. 隨著產量的增加而增加，並小於平均成本
    B. 隨著產量的增加而減少，並大於平均成本
    C. 隨著產量的增加而減少，並小於平均成本
    D. 隨著產量的增加而增加，並大於平均成本

18. 不隨產量變動而變動的成本稱為（　　）。
    A. 平均成本　　　　　　　B. 固定成本
    C. 長期成本　　　　　　　D. 總成本

19. 假定某企業全部成本函數為 $TC = 30,000 + 5Q - Q2$，Q 為產出數量，那麼 TFC 為（　　）。
    A. 30,000　　　　　　　　B. $5Q - Q2$
    C. $5 - Q$　　　　　　　D. $30,000/Q$

20. 假定某企業全部成本函數為 $TC = 30,000 + 5Q - Q2$，Q 為產出數量，那麼 AVC 為（　　）。
    A. 30,000　　　　　　　　B. $5Q - Q2$
    C. $5 - Q$　　　　　　　D. $30,000/Q$

21. 等成本曲線平等向外移動表明（　　）。
    A. 產量提高了
    B. 成本增加了
    C. 生產要素的價格按不同比例提高了

D. 生產要素的價格按相同比例提高了

22. 等成本曲線圍繞著它與縱軸的交點逆時針移動表明（　　）。
    A. 生產要素 X 的價格下降了　　B. 生產要素 Y 的價格下降了
    C. 生產要素 X 的價格上升了　　D. 生產要素 Y 的價格上升了

23. 無數條等產量曲線與等成本曲線的切點連接起來的曲線是（　　）。
    A. 無差異曲線　　　　　　　　B. 消費可能線
    C. 收入消費曲線　　　　　　　D. 生產擴展路線

24. 邊際成本曲線與平均成本曲線的相交點是（　　）。
    A. 邊際成本曲線的最低點
    B. 平均成本曲線的最低點
    C. 平均成本曲線下降階段的任何一點
    D. 邊際成本曲線的最高點

25. 在長期平均成本曲線的遞增階段，長期平均成本曲線切於短期平均成本曲線的（　　）。
    A. 右端　　　　　　　　　　　B. 左端
    C. 最低點　　　　　　　　　　D. 無法確定

26. 只有在長期平均成本曲線的最低點，長期平均成本曲線切於某一條短期平均成本曲線的（　　）。
    A. 最低點　　　　　　　　　　B. 左端
    C. 右端　　　　　　　　　　　D. 無法確定

27. 一般來說，長期平均成本曲線是（　　）。
    A. 先減后增　　　　　　　　　B. 先增后減
    C. 按一固定比率增加　　　　　D. 按一固定比例減少

28. 假定某企業全部成本函數為：$TC = 30,000 + 5Q - Q^2$，Q 為產出數量。那麼 TVC 為（　　）。
    A. $30,000$　　　　　　　　　B. $5Q - Q^2$
    C. $5 - Q$　　　　　　　　　　D. $30,000/Q$

29. 假定某企業全部成本函數為：$TC = 30,000 + 5Q - Q^2$，Q 為產出數量。那麼 AFC 為（　　）。
    A. $30,000$　　　　　　　　　B. $5Q - Q^2$
    C. $5 - Q$　　　　　　　　　　D. $30,000/Q$

三、問答題

1. 試用圖說明短期成本曲線相互之間的關係。
2. 「企業的產量越多，利潤越多，越能實現利潤最大化。」這句話對嗎？為什麼？
3. 短期邊際成本曲線和短期平均成本曲線、短期平均可變成本曲線是什麼關係？為什麼？
4. 長期成本曲線包括哪些？簡述各種長期成本曲線的形狀特點。

5. 短期總成本曲線和長期總成本曲線是什麼關係？為什麼？

6. 短期平均成本曲線和長期平均成本曲線是什麼關係？為什麼？

四、計算題

1. 假設某產品生產的總成本函數是 $TC = 3Q^2 - 8Q + 60$，求：$TFC(Q)$、$TVC(Q)$、$AC(Q)$、$MC(Q)$。

（答案：略）

2. 假設某廠商邊際成本函數是 $MC = 3Q^2 - 30Q + 100$，且生產 10 單位產量時的總成本為 1000。

求：（1）固定成本的值。

（2）總成本函數、總可變成本函數，以及平均成本函數、平均可變成本函數。

（答案：略）

3. 企業總固定成本為 10,000 元，平均成本為 500 元，平均可變成本為 100 元，求企業現在的產量。

（答案：略）

4. 某公司製造各種電子設備所使用的晶體管。公司管理層在考慮為某家顧客生產特種晶體管的可能性。因為只是一家需要新的晶體管，公司可以很好地估計價格和需求之間的關係。設已估計出價格 3 元能銷售 30,000 個（±3,000 個）；每個的變動成本是 2 元，新產品生產將使固定成本增加 25,000 元。問：

（1）新晶體管的盈虧平衡點在哪裡？

（2）在估計的需求水平上，經營利潤是多少？

（3）在估計的需求水平上，安全邊際率是多少？

（4）如果銷售量在估計範圍內的較低點而不是 30,000 單位，利潤變動的百分數是多少？

（5）根據（1）~（4）的信息，你認為公司應當開始新產品的生產嗎？

（答案：略）

5. $Q = 6750 - 50P$，總成本函數為 $TC = 12,000 + 0.025Q^2$。

求（1）利潤最大的產量和價格？

（2）最大利潤是多少？

（答案：利潤最大的產量為 1500，價格為 105；最大利潤為 89,250）

6. 設某廠商的短期成本函數是 $STC = 20 + 240Q - 20Q^2 + Q^3$，若該產品的市場價格是 315 元，試問：

（1）該廠商利潤最大時的產量和利潤；

（2）該廠商的不變成本和可變成本曲線；

（3）該廠商停止營業點；

（4）該廠商的短期供給曲線。

（答案：該廠商利潤最大時的產量為 15，利潤為 2495；只要價格小於 140，廠商停止營業；該廠商的供給曲線應該是產量大於 10 以上的邊際成本曲線）

5　市場競爭與企業經營決策

[本章結構圖]

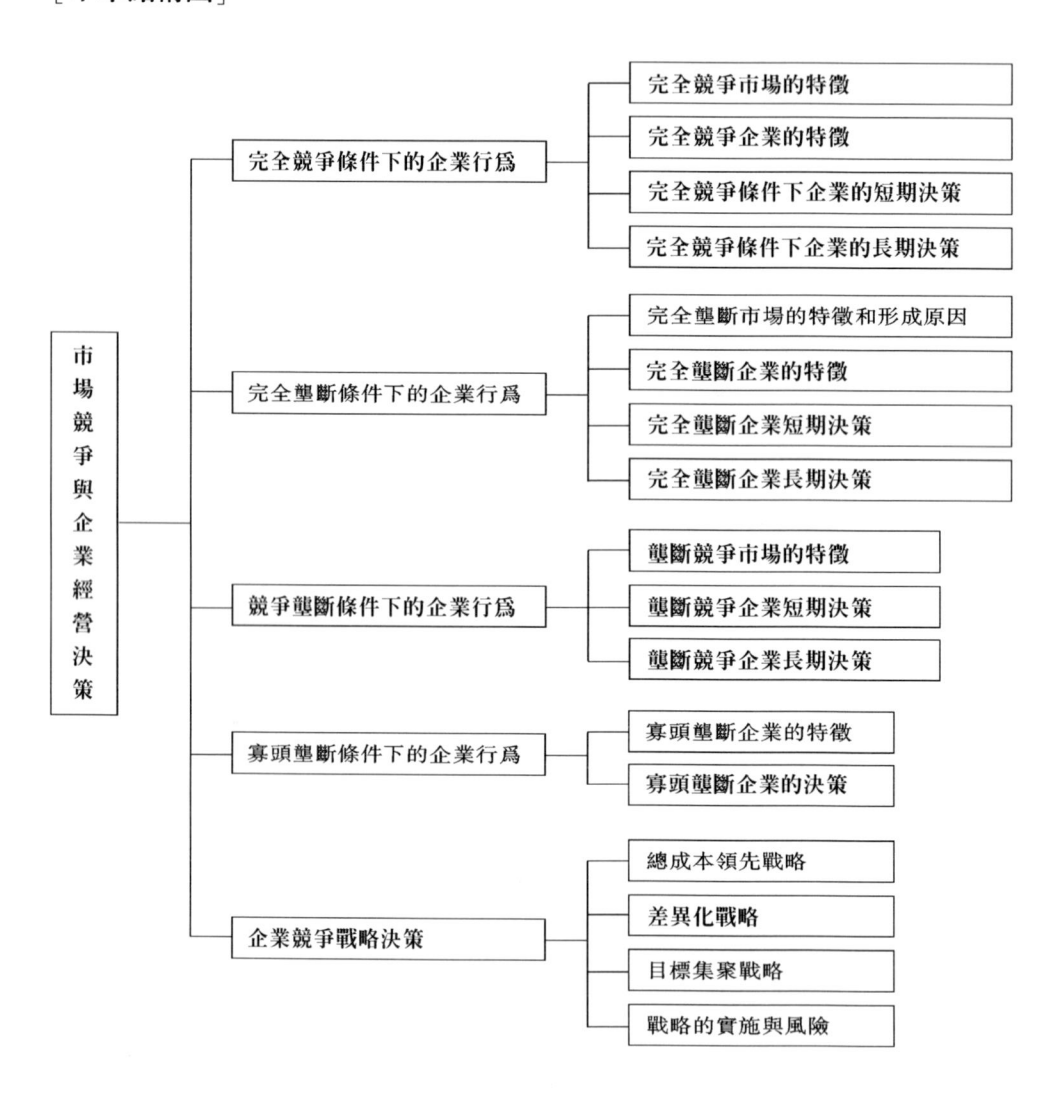

市場競爭與企業經營決策
- 完全競爭條件下的企業行為
  - 完全競爭市場的特徵
  - 完全競爭企業的特徵
  - 完全競爭條件下企業的短期決策
  - 完全競爭條件下企業的長期決策
- 完全壟斷條件下的企業行為
  - 完全壟斷市場的特徵和形成原因
  - 完全壟斷企業的特徵
  - 完全壟斷企業短期決策
  - 完全壟斷企業長期決策
- 競爭壟斷條件下的企業行為
  - 壟斷競爭市場的特徵
  - 壟斷競爭企業短期決策
  - 壟斷競爭企業長期決策
- 寡頭壟斷條件下的企業行為
  - 寡頭壟斷企業的特徵
  - 寡頭壟斷企業的決策
- 企業競爭戰略決策
  - 總成本領先戰略
  - 差異化戰略
  - 目標集聚戰略
  - 戰略的實施與風險

[**本章學習目標**]

通過本章的學習，你可以瞭解：
❏ 熟練掌握各種市場結構的特徵。
❏ 理解完全競爭與完全壟斷企業的特徵。
❏ 理解企業在不同的市場結構條件下，為達到利潤最大化而進行的產量和價格決策。
❏ 瞭解企業競爭戰略決策。

現代意義的市場由買者、賣者和雙方力量對比（競爭）而形成的市場價格三大要素組成，可以是有形的，也可以是無形的。每一個企業在面對市場時，都要進行兩種決策：生產多少和以何種價格在市場上銷售。企業決策受到技術約束（由生產函數表示）、經濟約束（由成本函數表示）和市場約束（由需求函數表示）的影響。原則上在技術條件與資源狀況許可的情況下，企業可以生產它所願意生產的數量，並對其生產的產品制定它所期望的價格，但企業以利潤最大化為目標的前提下，市場結構決定了企業決策的內容、方式以及自主性。

市場結構是指某種商品或勞務在市場上的競爭程度，一般按市場上企業數目、產品的差別性、企業進出一個行業的難易程度、企業對市場價格控製程度等，將市場分成四種不同的結構類型：完全競爭市場、完全壟斷市場、壟斷競爭市場和寡頭壟斷市場。

在四種類型的市場結構中，完全競爭市場和完全壟斷市場是兩個極端的、高度抽象的市場結構，而壟斷競爭市場和寡頭壟斷市場介於其中，是現實經濟生活中常見的市場結構。

5.1 完全競爭條件下的企業行為

完全競爭（perfect competition）市場是一種不存在任何壟斷因素的、不受任何阻礙和干擾的市場結構。

5.1.1 完全競爭市場的特徵

完全競爭市場必須滿足以下條件：

第一，市場內有大量的買者和賣者，單一的買者或賣者都無法影響價格，他們都是價格的接受者（price taker），接受由市場供求決定了的價格。

第二，企業所生產的產品是高標準化的、同質的（homogeneous）無任何差別的產品。完全競爭市場結構下的企業生產的產品具有完全的替代性。

第三，企業可以完全自由地進入與退出這個市場，不存在任何行業壁壘。

第四，買者和賣者具有完全信息。信息是完全公開的，每個經濟活動的參與者對有關產品的一切信息了如指掌。

上述四個條件必須同時存在；否則，只能稱之為不完全競爭市場。顯然，在現實中這樣條件苛刻的市場是罕見的，它只是一種高度抽象的市場模式。但完全競爭市場能幫助我們判斷資源配置的效率，瞭解市場機制運行的規律，同時也成為理解其他類型市場的基礎。在一般情況下，經濟學把農產品市場看成是近似的完全競爭市場。

5.1.2 完全競爭企業的特徵

(1) 完全競爭市場與企業的供求

在完全競爭市場的條件下，對整個行業來說，需求曲線是一條向右下方傾斜的曲線，供給曲線是一條向右上方傾斜的曲線。整個行業產品價格就由這種需求與供給決定，曲線如圖5－1（a）所示。但對單個企業來說情況就不一樣了，單個企業的產量只占市場產量的極小部分，所有企業的產品是同質的。當市場價格確定之後，對單個企業而言，這一價格就是既定的，無論它怎樣增加或減少產量都不能影響市場價格。所以對單個企業產品的需求曲線就表現為一條與橫軸平行的水平線，這時的需求曲線如圖5－1（b）所示，它與水平軸的距離即為市場價格P^*。

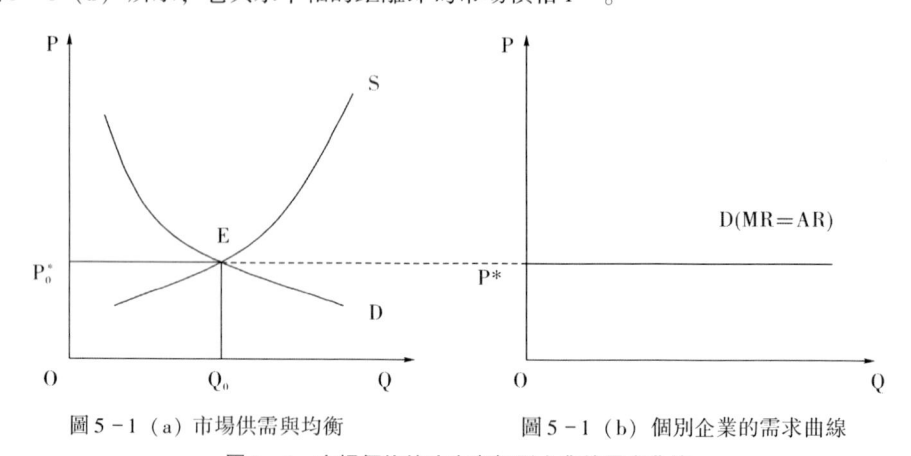

圖5－1（a）市場供需與均衡　　圖5－1（b）個別企業的需求曲線

圖5－1　市場價格的決定與個別企業的需求曲線

從圖5－1中可以看出，對單個企業產品的需求曲線的需求價格彈性系數為無限大，即在市場價格為既定時，對個別企業產品的需求是無限的。在完全競爭市場上，企業需求曲線D與平均收益曲線AR和邊際收益曲線MR三條線重合在一起。

(2) 完全競爭市場的收益

在各種類型的市場上，平均收益與價格都是相等的，即$AR=P$。因為每單位產品的銷售價就是其平均收益。但只有在完全競爭市場上，對個別企業來說，平均收益、邊際收益與價格才相等，即$AR=P=MR$，因為只有在這種情況下，個別企業銷售量的增加才不影響價格。在完全競爭市場上，企業每增加一單位產品的銷售，市場的價格

保持不變，從而每增加一單位產品銷售的邊際收益 MR 也不會有所改變，邊際收益也即等於價格。

5.1.3 完全競爭條件下企業的短期決策

當一個企業獲得最大利潤時，它既不增加生產也不減少生產，所以，這時這個企業處於均衡狀態。前面已經證明，邊際收益等於邊際成本，即 MR = MC，是利潤最大化的條件。短期均衡是指企業不能根據市場行情調整其生產規模，也不能變換某一行業時的均衡。根據在完全競爭條件下，MR = AR = P，所以，完全競爭企業短期均衡即取得最大利潤的必要條件是 MC = MR = AR = P。

完全競爭企業的短期均衡隨著均衡價格的變化，大致可能發生以下四種情況：

（1）供不應求狀況下的短期均衡——企業獲得超額利潤（P > SAC 最低點）

對個別企業來說，需求曲線 D 是從行業市場價格 P_0^* 引出來的一條平行線，該曲線同時也是平均收益曲線 AR 和邊際收益曲線 MR。SMC 為短期邊際成本曲線，SAC 為短期平均成本曲線。

在供不應求的情況下，由於行業市場價格 P^* 在短期平均成本最低點的上方，即市場價格大於個別企業的平均成本，從而 AR > AC，該企業存在利潤。

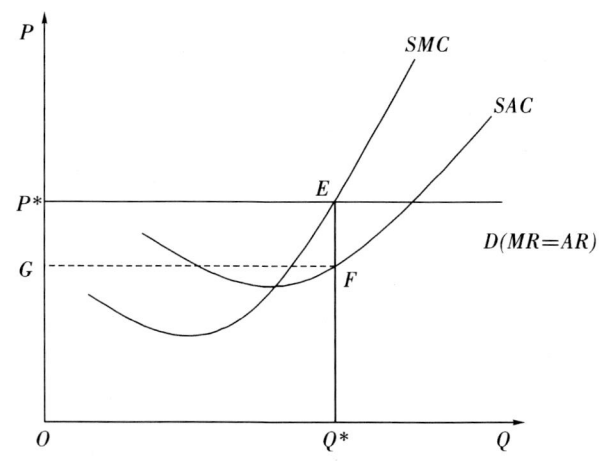

圖 5-2　完全競爭企業的短期均衡：超額利潤

企業為了實現利潤最大化，就必須滿足這樣一個條件：邊際收益 = 邊際成本，即 MR = MC。由邊際收益曲線 MR 與邊際成本曲線 MC 的交點 E 就決定了企業利潤最大化時的產量為 OQ^*。這時該企業的總收益 TR = 平均收益 AR × 產量 OQ^*，即圖 5-2 中的 OP^*EQ^* 面積；總成本 TC = 平均成本 AC × 產量 OQ^*；即圖 5-2 中的 OQ^*FG 面積。由於 TR > TC，這時，該企業可獲得超額利潤為面積 $GFEP^*$（TR − TC = $GFEP^*$）。

由於超額利潤的存在，就會吸引更多企業的進入，其結果將使整個行業的投資增加，生產規模擴大，產出增加。而一旦整個行業出現了供過於求的狀況時，將使得市場價格下降，導致部分企業出現虧損。

（2）供求平衡的狀況下的短期均衡——企業獲得正常利潤（$P = SAC$ 最低點）

供求平衡的情況下，由於行業市場價格 OP^* 通過短期平均成本與短期邊際成本的交點，即市場價格等於個別企業的平均成本，$MR = MC = AR = AC$，這時，企業的總收益 $TR =$ 平均收益 $AR \times$ 產量 OQ^*，總成本 $TC =$ 平均成本 $AC \times$ 產量 OQ^*。所以，總收益 $TR =$ 總成本 TC。在這種情況下，企業沒有超額利潤，可以獲得正常利潤，因為正常利潤是總成本的一部分。

供求平衡時將會導致現有企業不願意離開這個行業，也沒有新的企業願意加入這個行業。如圖 5-3 所示。

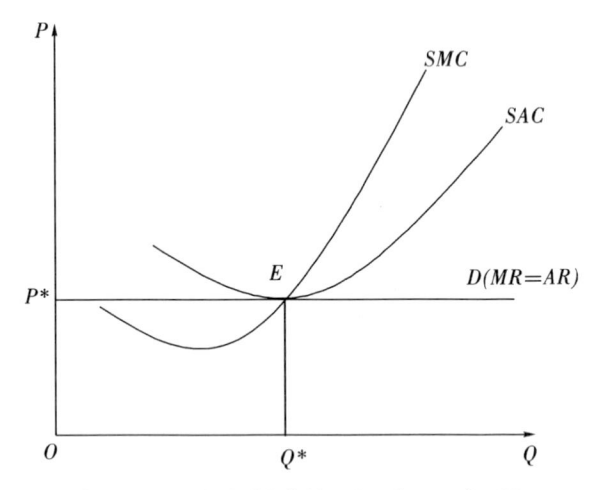

圖 5-3　完全競爭企業的短期均衡：正常利潤

（3）供過於求狀況下的短期均衡——企業遭受虧損（$SAVC < P < SAC$）

在供過於求的情況下，由於行業市場價格 OP^* 在短期平均成本最低點的下方，即市場價格小於個別企業的平均成本，從而 $AR < AC$，該企業面臨虧損。企業為了最大限度地減少虧損，必須滿足於邊際收益＝邊際成本（$MR = MC$）。由邊際收益曲線與邊際成本曲線的交點 E 決定了企業虧損最小化時的產量為 OQ^*。這時該企業的總收益 $TR =$ 平均收益 $AR \times OQ^*$，即圖 5-4 中的 OQ^*EP^* 面積；總成本 $TC =$ 平均成本 $AC \times$ 產量 OQ^*；即圖 5-4 中的 OQ^*FG 面積。由於 $TR < TC$，這時，該企業的虧損額為面積 $GFEP^*$（$TR - TC = GFEP^*$）。但是，市場價格 OP^* 高於平均可變成本 P_1，因此企業的收益不僅能彌補全部可變成本，還可以彌補一部分固定成本，企業應該選擇繼續生產。如果選擇停產，企業的虧損額會更大，為 P_1CFG 的面積。

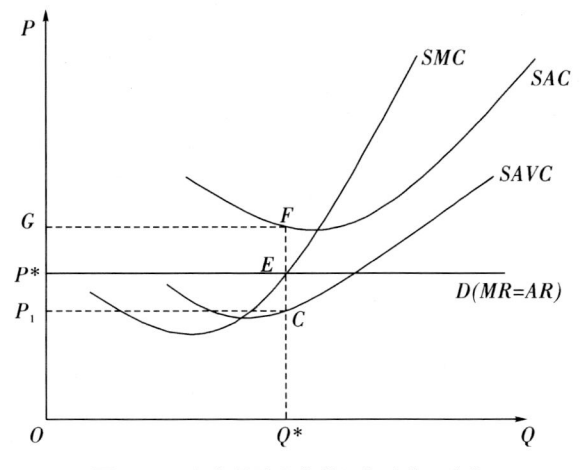

图 5-4 完全競爭企業的短期均衡：虧損

由於虧損的存在，就使得部分虧損企業退出該行業，其結果將使整個行業的投資減少，生產規模縮小，產出下降。而一旦整個行業出現了供求平衡以至於供不應求的狀況時，將使市場價格上升，結果出現了行業盈利的狀況。不斷循環往復，最終會趨於市場的長期均衡。

(4) 停止營業點（$P < SAVC$）

如果行業市場價格低於個別企業的平均變動成本（$SAVC$）時，那麼該企業不僅損失了全部固定成本，企業所得的收益連可變成本也不能補償，企業停止生產營業是理性的選擇。因此，價格等於最低的平均可變成本這一點（圖 5-5 中的 E 點）就叫做停止營業點。

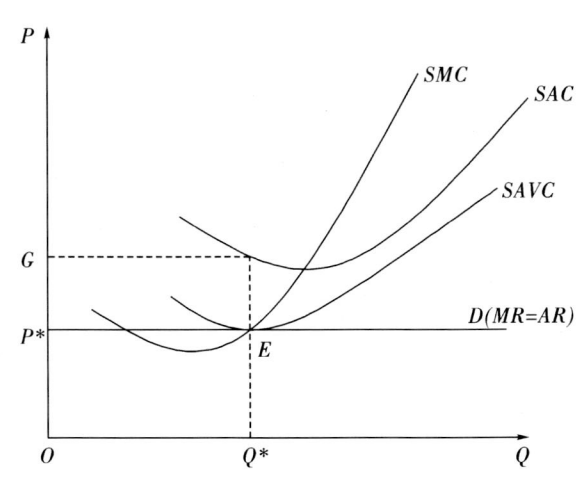

圖 5-5 完全競爭企業的短期均衡：停止營業點

【閱讀 5-1】
作者與出版社在圖書定價問題上的矛盾

作者與出版社在圖書定價問題上存在矛盾。作者的報酬實行版稅制,即以銷售收入的一定百分比計酬,銷售收入越多,報酬就越多。作者為使自己的報酬最大,就會把銷售收入最大化作為自己的定價目標。他的定價原則是使邊際收入為零。但出版社追求的是利潤的最大化。為了使利潤最大,它的定價規則是使邊際收入等於邊際成本。在圖中,出版社按利潤最大化規則($MR = MC$)定價,最優價格應該為 P_1,此時的銷售量為 Q_1,但作者則希望把價格降低到 P_2(此時 $MR = 0$,銷售量為 Q_2,銷售收入為最大),因為降價就能增加銷售量,只要邊際收入為正值,銷售量的增加就會導致銷售收入的增加,從而導致報酬的增加。當然作者也不願意把價格定得低於 P_2,因為那時邊際收入為負值,增加銷售量反而會使銷售收入減少。

作者與出版社之間在圖書定價問題上的這種矛盾,同樣也會在諸如以佣金為計酬基礎的其他行業中存在。

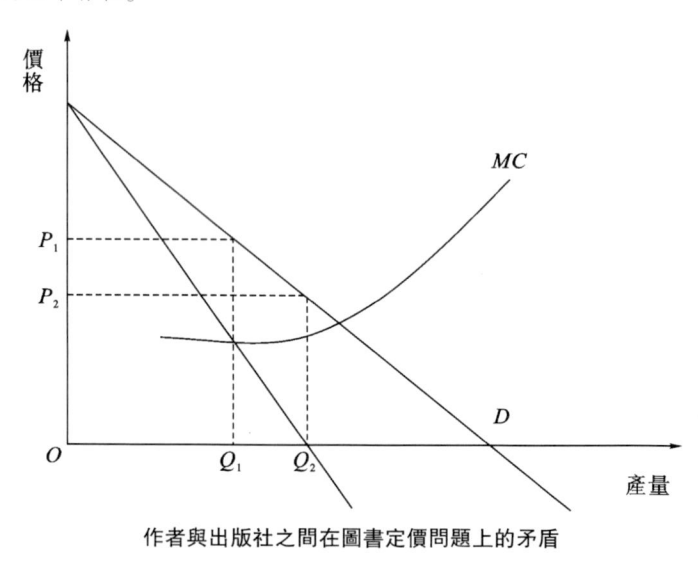

作者與出版社之間在圖書定價問題上的矛盾

5.1.4 完全競爭條件下企業的長期決策

在長期,企業有足夠的時間調整所有要素投入的數量,使得生產規模達到最優。由於完全競爭市場不存在任何阻礙,所有資源都能自由進出,因此在長期,如果完全競爭企業有超額利潤,其他企業就會進入該行業分享超額利潤,在其他條件不變的前提下,隨著供給的增加,產品價格下降,直至平均成本的最低點。反之,長期如果完全競爭企業虧損,那麼長期平均成本的最低點高於市場價格,某些企業會由於虧損而退出市場,在其他條件不變的前提下,供給的減少導致產品價格的上升,直至平均成本的最低點。因此,完全競爭企業長期均衡的條件為:$MR = LMC = LAC$。

圖 5-6 顯示了完全競爭企業的長期均衡。當市場價格為 P_1 時，企業有超額利潤；反之，當市場價格為 P_2 時，企業虧損。隨著新企業的進入或該行業企業的退出，價格最終由於供給量的增減而達到 P_0。此時，企業既沒有超額利潤也沒有虧損，只獲得正常利潤。

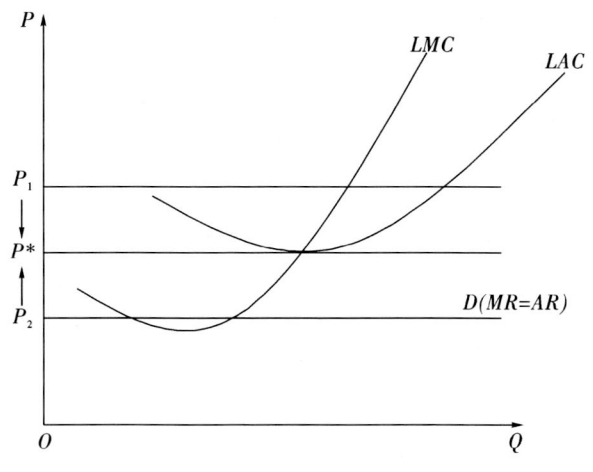

圖 5-6 完全競爭企業的長期均衡

【閱讀 5-2】
對完全競爭市場的評價

西方經濟學家認為，完全競爭是一種理想的市場結構類型，在完全競爭條件下價格可以充分發揮其「看不見的手」的作用，可以調節整個經濟的運行。通過這種調節實現以下幾點：

(1) 社會的供給與需求相等，生產者的生產不會有不足或過剩，消費者的需求也得到了滿足，資源得到了最優配置。

(2) 在長期均衡條件下，使平均成本達到最低點，這說明可以通過完全競爭與資源的自由流動，使生產要素的效率得到了最有效的發揮。

(3) 平均成本最低決定了產品的價格也是最低的，這對消費者是有利的。

但是，完全競爭市場也是有其缺點的，這主要表現在以下幾點：

(1) 各企業的平均成本最低並不一定是社會成本最低。

(2) 產品無差別，將使消費者的多種需求無法得到滿足。

(3) 完全競爭市場上生產者的規模都很小，這樣，就容易使生產者沒有能力去實現重大的科學技術突破，從而不利於技術發展。

【閱讀 5-3】
股票市場和完全競爭

應該說，規範運作的股票市場是一個接近完全競爭的市場。在這裡，每種特定股票的價格都是由供需雙方的市場力量所決定的。每個買者和賣者都無法對價格施加足夠大的影響（也就是說，他們都是價格的接受者）。同一個公司所有的股票，都是同質的。股票經常被買進和賣出，頻率很高，說明在這個市場裡，資源在行業和地區間的流動和轉移是很容易的。特別在目前信息技術很發達的時代，有關股票價格和公司信息的傳遞和獲得是很方便的。因而，在這樣的市場裡，股票價格就能比較充分地反應企業的價值，它能夠對人們在國民經濟中有效地分配投資，起到一定的引導作用。也許正是如此，所以我們常說金融是現代經濟的核心，所謂知識經濟時代就是資產證券化的時代。

不過，在現實生活中，在股票市場裡，大戶的存在和不同程度的欺騙和操縱行為，損害了股票市場的正當競爭，干擾了市場在配置資本資源方面應起的作用也是時有發生的事。

5.2 完全壟斷條件下的企業行為

在完全競爭市場上，企業數量眾多而且規模很小，它們對市場價格沒有任何控製力，這是市場結構的一種極端情況。在本節中我們將討論與此相反的另一個極端情況：完全壟斷。

完全壟斷（monopoly）是指行業中只存在一個生產供應企業，市場中不存在絲毫競爭因素的市場結構。

5.2.1 完全壟斷市場的特徵和形成原因

5.2.1.1 壟斷市場的特徵

（1）在壟斷條件下，一個企業占據了整個行業，企業就是行業，兩者合而為一。企業是整個行業唯一的賣者。

（2）企業生產和銷售的產品沒有任何替代品，不存在競爭的威脅。

（3）企業是價格制定者，具有一定的價格決定權，它可以通過價格差別來獲得超額利潤。

（4）壟斷市場存在巨大的行業壁壘，其他新企業進入該行業都極為困難或不可能，也不存在與其他競爭對手的相互依賴關係。

總之，壟斷企業是一種商品的唯一賣者。而面對壟斷企業的買者，除了考慮買或不買以外，沒有任何其他的選擇。現實中，如此嚴格意義的完全壟斷幾乎不存在。但理論分析需要嚴格的假定。

5.2.1.2 壟斷形成的原因

一個壟斷企業的顯著特徵是它能夠對經營產品的供給進行控製。這種控製產品供給的力量即是壟斷權力的基礎。壟斷的形成主要有兩大原因：一是成本優勢，二是進入壁壘。

(1) 成本優勢。大規模生產會導致成本的下降，所以企業要取得成本優勢，必須走規模經濟的道路。最終達到規模經濟的企業在市場上逐漸排擠掉規模較小的企業，形成行業的壟斷。另一種成本優勢的情形為自然壟斷。所謂自然壟斷（natural monopoly）是指某些行業的產品具有十分顯著的規模經濟性，一旦企業達到規模經濟以後，一家企業的產量足以滿足整個市場的需求，哪怕多一個企業都會使所有企業虧損。因為高昂的固定成本只有在大規模生產時才能使成本下降，如果多家企業爭奪一個市場必將導致各自的固定投入使用不足，成本自然降不下來。公共事業被視為自然壟斷的典型。

(2) 進入壁壘。壟斷市場存在著巨大的進入壁壘，壁壘的存在既是壟斷市場的特徵，也是形成壟斷的重要原因。主要的進入壁壘包括法律保護和控製重要的生產資源。

依靠專利法的保護，在有效期內限制了市場上的競爭者，用制度形成了一種嚴格的行業壁壘。所以，專利權被認為是一種合法壟斷的權利。除此之外，壟斷的產生還與政府給予某個企業排他性地出售某種物品的權利等有關。

生產資源對於企業的重要意義不言自明，如果某種重要的生產資源被一個企業所控製的話，當然可以阻止競爭者的進入。

5.2.2 完全壟斷企業的特徵

(1) 需求曲線

在完全壟斷情況下，只有一家企業供應全部市場所需產品，獨此一家，因此完全壟斷企業的需求曲線就是整個行業的需求曲線。作為壟斷企業，面對的不再是一條需求量無限大的水平需求曲線。這時的需求曲線是一條表明需求量與價格呈反方向變動的向右下方傾斜的曲線。作為唯一的供給者，壟斷企業可以指定任何其想要的價格，但向右下方傾斜的需求曲線又決定了企業如果提高價格，其銷售量必然會相應下降（如圖 5-7 所示）。公式表示為：$P = a - bQ$。

(2) 收益曲線

在完全壟斷市場上，每一單位產品的售價就是它的平均收益，也就是它的價格，即 $AR = P$。因此，平均收益曲線 AR 仍然與需求曲線 D 重合。公式表示為：

$$TR = PQ = (a - bQ)Q = aQ - bQ^2$$

$$AR = TR/Q = a - bQ = P$$

如圖 5-7 所示，在完全壟斷市場中，當銷售量增加時，會導致產品的價格下降，從而邊際收益減少，這時邊際收益曲線 MR 就不再與需求曲線重合了，而是位於需求曲線下方，而且隨著產量的增加，邊際收益曲線與需求曲線的距離會越來越大，表示邊際收益比價格下降得更快。

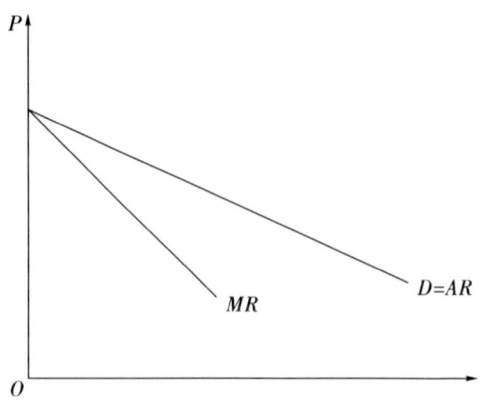

圖 5-7　壟斷市場需求和收益曲線

5.2.3　完全壟斷企業短期決策

　　與完全競爭企業一樣，壟斷企業生產的目的也是利潤最大化。但居於壟斷地位的企業也並不能為所欲為，同樣受到市場需求的限制。如果定價過高，消費者就會減少需求或尋求替代品，另外，在短期內，企業產量的調整，也要受到固定生產要素的限制。因而，壟斷企業雖然也是依據利潤最大化原則來決定產出數量和價格，但也要考慮短期市場需求狀況。也就是說，壟斷企業也會面臨供過於求或供不應求的情況：當出現供過於求的情況時，就會出現虧損；當供不應求，就會獲得超額利潤；當供求相等時，就會獲得正常利潤。在這裡，對壟斷企業短期均衡的分析與完全競爭的短期分析是基本一樣的，壟斷企業不僅通過調整產量而且通過調整價格來實現利潤最大化。

　　壟斷企業雖然可以通過控製產量和價格實現利潤最大化，但在短期內產量的調整要受固定生產要素無法調整的限制。和完全競爭企業一樣，壟斷企業在短期內可能出現以下三種情況：

5.2.3.1　供不應求狀況下的短期均衡——企業獲得超額利潤

　　在供不應求的情況下，邊際收益曲線 MR 與邊際成本曲線 MC 的交點 E 決定了企業的產量 OQ^*，從 Q^* 點向上的垂線與需求曲線 D 相交於 H 點，從而決定了價格水平為 OP^*。這時該企業的總收益 TR = 平均收益 AR × 產量 OQ^*，即如圖 5-8 中的 OQ^*HP^* 所示面積；總成本 TC = 平均成本 AC × 產量 OQ^*，即圖 5-9 中的 OQ^*FG 面積。由於 $TR > TC$，這時，該企業可獲得超額利潤為面積 $GFHP^*$（$TR - TC = GFHP^*$）。

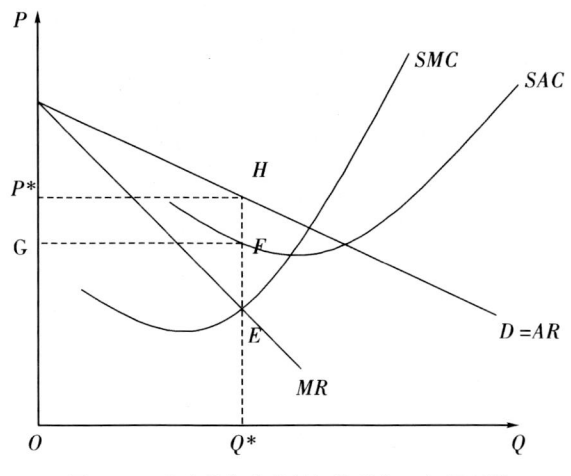

圖 5-8　完全壟斷企業的短期均衡：超額利潤

5.2.3.2　供求平衡狀況下的短期均衡——企業獲得正常利潤

在供求平衡狀況下，總收益等於總成本，均為 OQ^*FP^*，所以此時收支相抵，只有正常利潤。如圖 5-9 所示。

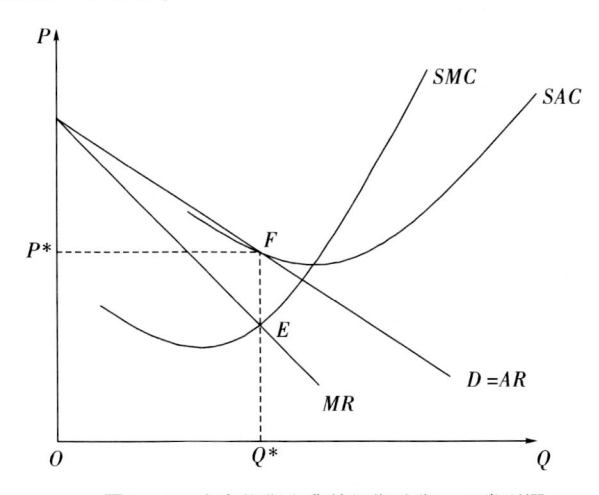

圖 5-9　完全壟斷企業的短期均衡：正常利潤

5.2.3.3　供過於求狀況下的短期均衡——企業遭受虧損

在供過於求的情況下，企業的總收益 TR 為 OQ^*HP^*，總成本 TC 為 OQ^*FG。由於 $TR<TC$，這時，該企業的虧損額為 $GFHP^*$。由於平均可變成本曲線 AVC 與 H 點相切，可以維持產量 OQ^*。H 點為停止營業點，如果價格再低，就無法生產了。如圖 5-10 所示。

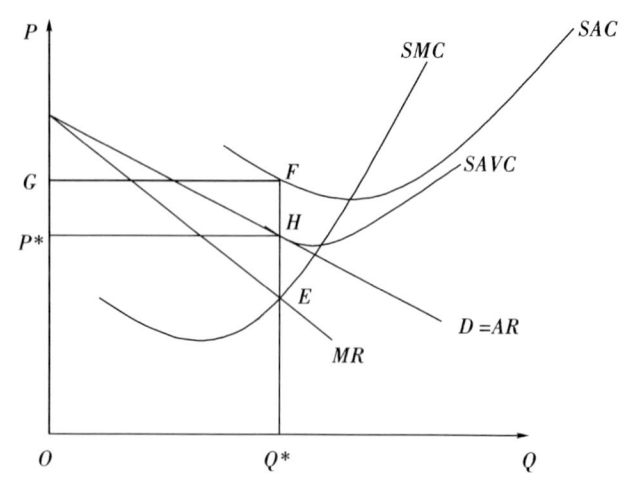

图 5-10　完全壟斷企業的短期均衡：停止營業

5.2.4　完全壟斷企業長期決策

人們常以為壟斷企業一定能夠盈利，但從短期來看其實未必。壟斷企業有無利潤和利潤大小不僅與企業的成本有關，也與市場需求有關。不過，在長期條件下，由於壟斷市場上只有一家企業，沒有對手，壟斷企業有能力也有條件改變生產規模以降低生產成本，因此壟斷企業可以根據市場需求的變化，不斷調整生產規模，盡可能用最低成本的要素組合來進行生產，從而實現利潤最大化。

完全壟斷企業長期決策規則為：$MR = LMC = SMC$

【閱讀 5-4】

對完全壟斷市場的評價

一般認為，完全壟斷對經濟是有害的，這主要是由於以下幾方面原因。

（1）在完全壟斷下，壟斷企業可以通過高價少銷來獲得超額利潤，這樣就會使資源無法得到充分利用，造成資源浪費。

（2）壟斷企業控制了市場，也就控製了價格，他所決定的價格往往高於完全競爭時的價格，這就引起消費者剩餘的減少和社會經濟福利的損失。

（3）壟斷利潤的存在是壟斷企業對整個社會的剝削，這就會引起收入分配的不平等。

（4）壟斷的存在有可能阻礙技術進步。

但是，有的經濟學家認為，對完全壟斷市場也要作具體分析。

（1）自然壟斷的大規模生產優勢，能使一個單位的企業就能以較低的價格生產整個行業的產量，如果把它分散成許多小型企業來生產，生產成本必然會提高。

（2）由於受到壟斷的保護，企業才能得到進行技術革新等降低成本的好處，有利於壟斷者大量投資於科研開發工作，從而能更有力地促進技術進步。從近年來的事實

看，這種觀點似乎更有道理。

完全競爭與完全壟斷是經濟中少見的情況。經濟中更普遍的是壟斷與競爭的不同程度組合。這就是包括壟斷競爭與寡頭壟斷的不完全競爭。

5.3 壟斷競爭條件下的企業行為

壟斷競爭（monopolistic competition）是指許多企業生產和銷售有差別的同類產品。壟斷競爭是一種既有競爭又有壟斷因素存在的市場結構，但又區別於完全競爭和完全壟斷。

5.3.1 壟斷競爭市場的特徵

壟斷競爭主要包括以下幾方面的特徵：

（1）行業中企業的數目比較多。單個企業對市場的影響力有限，同時企業之間彼此獨立，互不依賴，每個企業在決策時不必考慮自己的行為會引起競爭對手的反應和注意。

（2）企業進出行業比較自由。與完全競爭相比，壟斷競爭存在一定的行業壁壘，但作用較弱。

（3）壟斷競爭行業的企業生產同種但又有差別的產品。同種產品意味著具有一定的替代性，企業之間的競爭比較激烈，而產品差別使企業又具有一定的控製產品價格的能力，可謂差別越大壟斷能力越強。因此，這一特徵最能顯示壟斷競爭市場的特徵。

在以上三個特徵中，第一、第二是屬於競爭性的，第三個特徵是屬於壟斷性的，壟斷競爭就是這兩類特徵的結合。

概括地講，從壟斷競爭市場中的企業能在一定程度上控製價格來看，類似於壟斷；但從其需求曲線仍然受差別產品的影響來看，又像完全競爭。企業自由掛酌定價的幅度很小，進行價格競爭的利益不太大，因此，企業之間更偏重於從事產品質量競爭、服務競爭和廣告競爭等非價格競爭。

5.3.2 壟斷競爭企業短期決策

與其他市場相同，壟斷競爭企業短期決策規則為：MR = MC，其圖形和決策結果與完全壟斷企業基本類似。只是與完全壟斷企業的需求曲線相比，壟斷競爭企業的需求曲線要平坦一些，因為壟斷競爭企業生產的是同種產品，其產品具有較大的替代性。

5.3.3 壟斷競爭企業長期決策

在長期，企業可以任意變動一切生產投入要素。如果某一行業出現超額利潤或虧損，會通過新企業進入或原有企業退出，最終使超額利潤消失或虧損，從而在達到長期均衡時整個行業的超額利潤為零。因此，壟斷競爭與壟斷不同（壟斷在長期擁有超額利潤），而是與完全競爭一樣，在長期由於總收益等於總成本，只能獲得正常利潤。

如圖 5-11 所示：

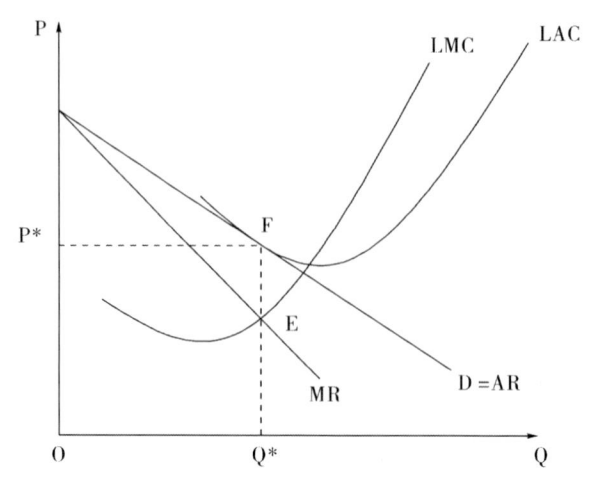

圖 5-11 壟斷競爭企業的短期均衡：正常利潤

在圖 5-11 中，長期內壟斷競爭企業仍然會維持在 $MR = MC$ 條件下生產，即圖 5-11 中的 E 點。E 點所決定的產量為 OQ^*，價格為 OP^*。在長期均衡時，平均收益等於平均成本，因此，利潤為零。此時不會有新的企業加入，也不會有舊的企業退出，市場達到長期均衡。因此，壟斷競爭企業長期決策規則：①$P = SAC = LAC$；②$MR = SMC = LMC$。

【閱讀 5-5】

對壟斷競爭市場的評價

對壟斷競爭市場的評價，可以與完全競爭和完全壟斷市場相比較。

首先，從產量來看，壟斷競爭的產量一般要低於完全競爭，但高於完全壟斷。這說明壟斷競爭下資源的利用程度不如完全競爭但優於完全壟斷。

其次，從價格來看，壟斷競爭的價格高於完全競爭，但低於完全壟斷。雖然消費者付出了較高的價格，但得到的是豐富多彩各具特色的產品，可以滿足消費者多樣化的要求。

再次，從平均成本來看，壟斷競爭市場上平均成本比完全競爭時高，比完全壟斷時低。說明由於有壟斷因素的存在，生產要素的效率不如完全競爭時高。由於競爭因素的存在，生產要素的效率又比完全壟斷時高。

最後，從技術創新來看，壟斷競爭最能促進技術創新。短期超額利潤的存在是激發企業進行創新的內在動力。通過生產出與眾不同的產品可以在短期內獲得壟斷地位及超額利潤。而長期中的競爭又使這種創新的動力持久不衰。

【閱讀 5－6】
三種市場類型企業均衡的概略比較

	完全競爭	完全壟斷	壟斷競爭
條件	產品質量相同、買者賣者極多	獨家經營、別無他號	企業較多、產品存在差別
主要部門行業	農業	城市電話、自來水、電等公用事業	一般日用品
需求曲線	平行於 X 軸	向右下方傾斜	同左（斜率較小）兩條需求曲線 D 和 D'
AR 和 LAC 關係	AR 和 LAC 最低點相切	AR 和 LAC 相割	AR 和 LAC 最低點左方某點相切
MR 和 AR 關係	重疊	MR 在 AR 左下方	同左
均衡條件 短期	MR = SMC	MR = SMC	MR = SMC, $D = D'$
均衡條件 長期	AR = AC MR = LMC = LAC = SMC = SAC	MR = LMC = SMC	MR = LMC = SMC AR = LAC = SAC $D = D'$
產量①（以短期為例）	MR 和 SMC 交點 Q_0	MR 和 SMC 交點 Q_1，但 $Q_1 < Q_0$	MR 和 SMC 交點 Q_2，但 $Q_1 < Q_2 < Q_0$
價格②	MR 和 SMC 交點 E 對應的 P_0	MR 和 SMC 交點上延和 AR 交點 P_1，$P_1 > P_0$	同左 $P_1 > P_2 > P_0$
進出自由度	不受限制	嚴格限制	受到一些限制

①三種市場類型圖中均衡產量均為 Q_0，為了分析方便這裡令完全壟斷均衡產量為 Q_1，壟斷競爭均衡產量為 Q_2。

②三種市場類型圖中均衡時價格均為 P_0，為了分析方便這裡令完全壟斷均衡產量為 P_1，壟斷競爭均衡產量為 P_2。

5.4　寡頭壟斷條件下的企業行為

寡頭壟斷（oligopoly）是指少數幾個企業控製整個市場的生產和銷售的市場結構。它是介於完全壟斷和完全競爭之間的但更接近於完全壟斷的市場結構。

5.4.1　寡頭壟斷企業的特徵

（1）行業中企業的數目很少，少數幾家企業控製了大部分的市場份額。在經濟學中常用市場集中率的指標來衡量少數幾家企業對市場的控製力，如 C4 為四企業集中率、C5 為五企業集中率。C8 為八企業集中率等。

（2）寡頭企業之間的關係緊密。這是寡頭市場與其他市場結構相比最大的特徵。

因為企業數量較少，單個企業的決策對整個市場必將產生重要的影響，所以單個企業會非常慎重地作出某項決策。也正由於這一特性，使得寡頭市場中企業的行為變得十分複雜，加大了理論分析的難度。

（3）寡頭企業生產的產品可以是同質的，也可以是有差別的，所以有相同寡頭和差別寡頭之分。

（4）行業壁壘較大，企業進出市場比較困難。

5.4.2 寡頭壟斷企業決策

如前所述，寡頭壟斷的市場比其他市場結構都要複雜，經濟學上尚無法用一個簡單的標準模型對其均衡決策問題作出明確的結論。為此，經濟學家對寡頭壟斷市場提出了許多決策模型和理論，有些分析利用了經濟學的傳統工具，有些則運用了現代的數學工具。下面選擇一些重要的理論和模型進行介紹。

5.4.2.1 古諾模型

古諾模型是法國經濟學家古諾（Augustin Cournot）在1838年提出的一個雙頭壟斷模型。此模型以礦泉水的生產為例，假定只有兩個企業 A 和 B 銷售礦泉水，礦泉水的生產成本為零，雙方沒有勾結行為，每個企業不僅瞭解對方的產出水平還能據此確定自己的最優產出量。古諾模型的均衡過程用圖 5-12 來說明。

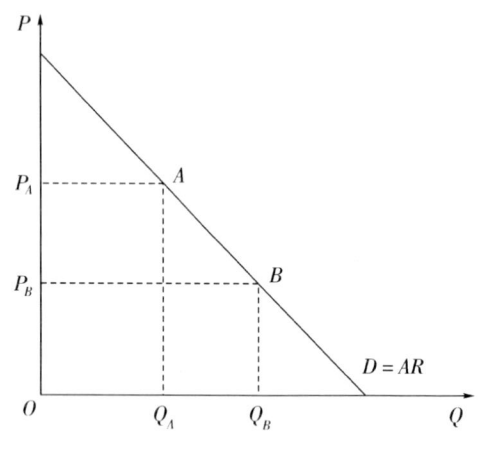

圖 5-12　古諾模型

需求曲線 D 是兩個企業面對的礦泉水市場需求曲線，假如企業 A 先進入市場，其最優產量為市場總量 Q_n 的 $1/2$，即 Q_A，因為此時吻合利潤最大化原則 $MR=MC$，對應的價格為 P_A，企業獲得的超額利潤為 $P_A A Q_A O$ 的面積。B 企業在的得知企業 A 生產的情況下也進入了市場，他最優的產量是企業 A 剩下的市場份額的一半即 $Q_A Q_B$，價格下降到 P_B，由此企業 A 的利潤也下降。企業 A 又會根據企業 B 的生產重新調整和確定自己的最優產出量，生產企業 B 所剩下的市場份額的一半，這個過程會一直持續下去，最后達到一個均衡點。在均衡點上，每個企業的產量為市場總量的 $1/3$。

由此可以推斷，如果市場有 n 個寡頭，則每個寡頭企業的均衡產量為市場最大產量的 $1/n+1$，市場總產量為市場最大產量的 $n/n+1$。

5.4.2.2　斯威齊模型

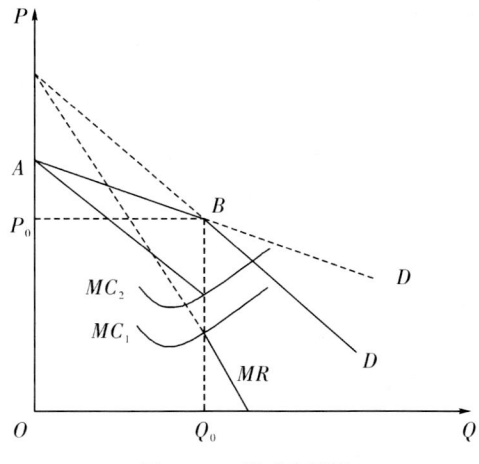

圖 5-13　斯威齊模型

斯威齊模型是美國經濟學家斯威齊（Panl Sweezy）在 1939 年提出的一種理論模型，這一模型又被稱為彎折的需求曲線（Kinked Demand curve）。模型的假設條件為：寡頭市場中某企業降價，其他企業也降價；如果某個企業提價，其他企業並不隨之提價。如圖 5-13 所示。

寡頭企業面臨著兩條需求曲線，較平坦的需求曲線 D' 為企業改變價格，行業中的其他企業不跟著改變價格的需求曲線。而另一條需求曲線 D 則為市場上改變價格，行業中的其他企業也同時改變價格的情形。現在假設寡頭企業的初始點在 B 點，如果本企業提高價格，別的企業卻隨之降價或維持既定價。因此，當價格高於 P_o，寡頭企業面對的是需求曲線 D'，當價格低於 P_o，面對的則是需求曲線 D，最終形成一條彎折的需求曲線 ABD。

彎折的需求曲線導致了一條獨特的邊際收益曲線。因為兩條需求曲線有各自對應的邊際收益曲線，所以與彎折的需求曲線相對的必然是一條不連續的「斷開」了的邊際收益曲線。如果產量小於 Q_o，邊際收益線是與需求曲線 D' 相對應得那一段（AB），如果產量大於 Q_o，邊際收益線則是與需求曲線 D 相對應的那段（BD）。

毫無疑問，寡頭企業的均衡條件還是 $MR=MC$。只要邊際成本曲線與間斷的邊際收益線相交，利潤最大化的產量便是 Q_o，價格 P_o，因此，當成本在一定範圍內變動時，企業的產量和價格都是相對穩定的。

由以上分析可知，在一定條件下，寡頭壟斷企業變動價格往往有弊無利，因此，在寡頭壟斷市場上，產品的價格一旦確定，在短期內一般就不會再輕易變動。

斯威齊模型解釋了寡頭市場上普遍存在的價格比較穩定（也稱為價格剛性）的現象。

5.4.2.3 卡特爾模型

只要條件允許，寡頭企業就會正式或非正式地選擇合作或共謀，從而減少因行業結構造成的相互影響以及帶來的潛在風險。卡特爾就是這樣的一種公開的合謀。

卡特爾（cartel）指的是生產同類產品的壟斷企業就產品的市場價格、產量分配和市場份額而達成的一種公開協議，其目的是限制產量、提高價格、控製市場。在圖 5-14 中，曲線 MC、AR、MR 均為行業的曲線。只是卡特爾可以被看成一個由幾家企業合併在一起的大企業。顯然，Q_0 是行業利潤最大化的產量，市場價格為 P_0。在確定了全部的產量和價格後，寡頭企業之間需要瓜分市場的份額。理論而言，要使卡特爾獲得最大的利潤，如果企業的邊際成本不等，則企業之間可以通過調整產量提高總利潤。但現實情況要複雜得多，現實中不同的卡特爾有不同的分配原則。可以按經濟實力瓜分，也可以按地理位置進行，還可以根據企業過去的銷售能力進行瓜分等。

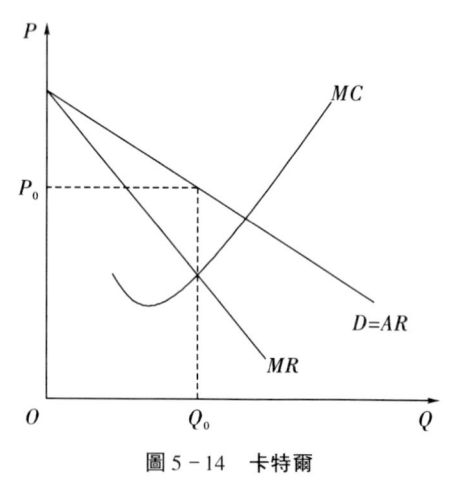

圖 5-14　卡特爾

現實中，卡特爾並不都是成功的。為什麼一些卡特爾能夠成功而其他的卻以失敗而告終，究竟是什麼左右了一個卡特爾的成敗？卡特爾雖然形成了操縱市場，分享利潤的協議，但是這一協議並沒有法律約束力（在美國和許多國家，公開合謀組成卡特爾被認為是違法行為），各卡特爾成員企業出於各自的利益，往往違背協議，使得協議的執行非常困難。因為，這些卡特爾成員企業生產的產品品質不同，每個企業所擁有的產品資源不同，各企業生產成本不同，企業對市場前景的預期不同，就導致了每個企業對市場產量和價格的看法不一，為了追求自己的最大利潤，他們就會突破產量限額，或暗地裡增加回扣以降低實際價格，或者提高產品品質以爭取更多的購買者。在其他企業都遵守卡特爾協議的情況下，一個企業這樣做的結果是大大增加了自己的利潤，這又會導致其他企業也不執行卡特爾的協議。當大家都這樣做的時候，卡特爾組織也就解體了，各企業又回到了成立卡特爾以前的狀態，沒有壟斷利潤可以分享。於是出於各自利益，這些寡頭們又會形成新的卡特爾。

由此可見，貪欲促使寡頭企業組成卡特爾，貪欲又促使他們破壞卡特爾，因此，大多數卡特爾往往是不穩定的，難以長期存在。一般認為，在下列條件下，卡特爾比

較容易成立：企業數量少，組織成本低；產品單一，非價格競爭手段效果不明顯；購買者的規模較小。

【閱讀 5-7】
糧食禁運為何失敗

　　國際糧食市場特點之一是出口由美、澳、加、歐共體、阿根廷等國家占絕大部分，美國常占到一半左右，具有寡頭壟斷特點。20世紀70年代末期到80年代，蘇聯、日本、中國是最大糧食進口國，由於美國在出口國中居於龍頭老大地位，並且主要出口國大都是美國盟國，因而美國長期有一種「糧食武器」理論，相信如果主要出口國在美國領導下聯合起來對某國的糧食商業進口實施禁運，能夠達到特定政治或外交目的。這種禁運雖然與一般市場條件下的寡頭目標存在差別，但它同樣是通過寡頭之間協調串謀來影響交易數量和價格，因而與卡特爾勾結具有可比性。

　　1979年年底，卡特政府決定通過對商業性糧食出口實行禁運來打擊它的爭霸對手蘇聯，起因是蘇聯入侵阿富汗。美國認為這是對它戰略利益的挑戰，但又不宜軍事介入，於是拿起了糧食禁運的武器。

　　當美國政府1980年1月4日公布禁運政策時，蘇聯向美國定購了2500萬噸糧食，占蘇聯1980年計劃進口總量70%。1980年1月20日，主要出口國加、澳、歐盟同意參與；禁運開始在美國獲得了國內廣泛支持，似乎很有希望成功。美國意圖是對蘇聯飼料供給和肉類消費造成破壞性影響，從而對蘇聯造成國內政治壓力。然而，結果事與願違，1980年蘇聯進口糧食3120萬噸，與計劃進口量僅差10%，禁運僅使飼料供給下降2%，肉類消費影響微乎其微。1980年是大選年，里根以此攻擊卡特政策無能，並在入主白宮幾個月內解除禁運。

　　為什麼起初看好的禁運失敗呢？

　　第一，出口國達成共識困難。寡頭市場使勾結有可能實現，但糧食類產品的買方市場特點，寡頭競爭關係，又使共謀有困難，開始的一道裂縫就是阿根廷拒絕參加，阿根廷在禁運期間對蘇聯出口大增，並且因為價格短期上升而獲超額利潤。

　　第二，難以控製糧食轉運。政府雖可能要求本國糧商出口申報時把禁運目標國排除在外，但無法保證糧食到達目的地后被轉運到禁運國。一般大型糧船到達荷蘭鹿特丹后，通常分小批量向東運輸，禁運發起國也難以追蹤，可能轉運途徑一是通過東歐盟國，實際上，禁運進口一個月內，東歐進口飼料計劃增加了幾百萬噸。二是私商，它們在國外有子公司，可能私下違規銷售糧食。

　　第三，禁運國犯規行為。加、澳、歐盟並未承諾禁止出口而僅僅是限制在「正常水平」，但「正常水平」很難界定，結果實際出口比前幾年平均數高出幾倍。美國行為亦不是清白無辜，期間大大增加了對中國的出口，這被加、澳看作是趁機蠶食其傳統市場，意味深長的是，美國在禁運時期出口量反而上升了。

　　第四，其他國家乘機進入。進口價格上升，泰國、西班牙、匈牙利、瑞典這些以

前不向蘇聯出口國，現在大量出口了幾百萬噸。

第五，國內政治因素。開始時國內有共識，農業集團亦不得不勉強同意，但後來形勢發展證明政策效果不好，農業集團就發難，提出這個政策犧牲了它們收益，要求補償，反對派借口攻擊，結果禁運成為卡特政府無能的一個把柄。里根上臺首先就要拿它開刀。

對美國人來說，這是一次失敗教訓，美國學者總結：「使用糧食武器更可能危害而不是實現美國的利益。糧食武器是已被試過而無成效的武器。」這個案例說明了卡特爾勾結的可能性，同時也顯示了其成功的困難。

（資料來源：盧鋒. 中國糧食貿易政策調整與糧食禁運風險評價［J］. 中國社會科學，1998（2）.）

5.4.2.4 博弈論

博弈論是20世紀50年代由John von Neumanm和Oscar Morgenstern首先提出來的帶有方法論性質的理論，它被廣泛應用於經濟學、人工智能、生物學、火箭工程技術、軍事及政治科學等，但它在經濟學中的應用最為成功，因此成為了經濟學分析的基本工具之一。

博弈論（game theory）是研究決策主體之間的行為發生直接相互作用時的決策，以及這種決策的均衡問題。換言之，博弈論是研究當一個主體的選擇受其他主體選擇的影響，而且反過來影響其他主體選擇時的決策問題和均衡問題。

博弈的分類到目前為止沒有一個統一的標準。從參與者之間可否合作的維度可將博弈論劃分為合作博弈（cooperative game）和非合作博弈（non-cooperative game）。合作博弈與非合作博弈之間的區別主要在於人們的行為相互作用時，博弈參與各方能否達成一個具有約束力的協議。如果存在這種協議，則稱合作博弈；反之，則稱非合作博弈。

合作博弈較強調團體理性，強調效率、公正和公平，而非合作博弈更強調個體理性、個體的最優決策，其結果可能是最有效率的，也可能是無效率的。通常，我們談到博弈時，主要是指非合作博弈。

博弈論有一些基本概念，主要包括：參與人、行動、信息、策略、支付函數、結果、均衡。參與人（player）指的是博弈中選擇行動以最大化自己效用（收益）的決策主體，參與人有時也稱局中人，可以是個人，也可以是企業、國家等團體；策略（strategy）指的是參與人選擇行動的規則，如「以牙還牙」是一種策略；信息（information）是指參與人在博弈中的知識、尤其是有關其他參與人的特徵和行動的知識；支付函數是參與人從博弈中獲得的效用水平，它是所有參與人策略或行動的函數，是每個參與人很關心的東西；結果（outcome）是指博弈分析者感興趣的要素的集合，常用支持矩陣或收益矩陣來表示；均衡（equilibrium）是所有參與人的最優策略或行動的組合。

根據參與人行動的先后順序，博弈又可以分為靜態博弈（static game）和動態博弈

(dynamic game)。靜態博弈指參與人同時選擇行動或雖非同時但後行動者並不知道先行者採取什麼樣的行動；動態博弈指參與人的行動有先後順序，且行動者能夠觀察得到先行動者所選擇的行動。根據參與人對有關其他參與人的特徵、策略空間和支付函數的知識，可以把博弈劃分為完全信息博弈和不完全信息博弈。完全信息博弈指每一個參與人對所有其他參與人的特徵、策略空間和支付函數都有準確的知識；否則，就是不完全信息博弈。綜合考慮這兩個分類方法，可以得到四類博弈：完全信息靜態博弈、完全信息動態博弈、不完全信息靜態博弈、不完全信息動態博弈。與之相對應的四個均衡概念分別稱為：納什均衡（nash equilibrium）、子博弈精煉納什均衡（subgame perfect nash equilibrium）、貝葉斯納什均衡（Bayesian nash equilibrium）、精練貝葉斯納什均衡（perfect Bayesian nash equilibrium）。

博弈論是一個有趣但卻比較複雜理論，下邊我們僅選擇納什均衡、重複博弈、序列博弈作介紹。

（1）納什均衡。假設有兩個或兩個以上的參與人參與博弈，在給定其他參與人策略的條件下，每個參與人可選擇自己的最優策略。這種個人最優策略可能依賴於也可能不依賴於其他參與人的策略，所有參與人選擇的策略共同構成一個策略組合。納什均衡是指這樣一種策略組合，這種策略組合由所有參與人的最優策略組成，即給定別人策略的情況下，沒有任何單個參與人有積極性選擇其他策略，從而沒有任何參與人有積極性打破這種均衡。納什均衡可以用下面的表達來理解：我所做的是給定你所做的我所能做得最好的；你所做的是給定我所做的你所做得最好的。納什均衡還可以從這樣一個角度理解：假設博弈中的所有參與人事先達成一項協議，規定了每個人的行動規則，而各參與人會自覺遵守這個協議，即這個協議可以自動實施（self - enforcing），這個協議就相當於構成了一個納什均衡，即每個參與者的策略選擇都是對其他參與者策略的最佳反應。

下面用幾個經典模型來解釋納什均衡。

模型1：囚徒困境（prisoner's dilemma）

囚徒困境是博弈論裡最著名的例子之一，幾乎所有的博弈論著作中都要討論這個例子。這個例子是這樣的：兩個囚徒被指控是一宗罪的同案犯，他們被分別關在不同的牢房無法互通信息。各囚徒都被要求坦白罪行。如果兩個囚徒都坦白，各將被判入獄5年；如果兩人都不坦白，則很難對他們提起刑事訴訟，因而兩個囚徒可以期望被從輕發落入獄2年；另一方面，如果一個囚徒坦白而另一囚徒不坦白，坦白的這個囚徒就只需入獄1年，而不坦白的囚徒將被判入獄10年。表5-1給出了囚徒困境的策略式表述（稱博弈矩陣）。這裡，每個囚徒都有兩種策略：坦白或不坦白。表中的數字分別代表囚徒甲和囚徒乙的得益（注意，這裡的得益是負值）。

表 5-1　　　　　　　　　　　囚徒困境

		囚徒乙	
		坦白	不坦白
囚徒甲	坦白	-5，-5	-1，-10
	不坦白	-10，-1	-2，-2

在囚徒困境這個模型中，納什均衡就是雙方都坦白，給定甲坦白的情況下，乙的最優策略是坦白；給定乙坦白的情況下，甲的最優策略也是坦白。這裡雙方都坦白不僅是納什均衡，而且是一個上策（dominant strategy）均衡，即不論對方如何選擇，個人的最優選擇是坦白，因為如果乙不坦白，甲坦白的話，甲就被判 1 年，而甲不坦白的話，就被判 2 年，甲坦白比不坦白要好；如果乙坦白的話，甲就被判 5 年，而甲不坦白的話，就重判 10 年，所以，甲坦白仍然比不坦白要好。這樣，坦白就是甲的上策，當然也是乙的上策，其結果是雙方都坦白。囚徒困境反應了個人理性與集體理性的矛盾。在上述一次性博弈中，理性的個人顯然作出了有利於自身的最佳選擇，但結果卻並不圓滿，因為如果兩個囚徒都不坦白，他們各判 2 年，比都坦白各判 5 年的情況要好。

寡頭壟斷企業經常發現他們自己處於一種囚徒困境。當寡頭企業選擇產量時，如果寡頭企業們聯合起來形成卡特爾，選擇壟斷利潤最大化產量，每個企業都可以得到更多利潤。但卡特爾協定不是一個納什均衡，因為給定雙方遵守協議的情況下，每個企業都想增加產量，結果是每個企業都只得到納什均衡產量的利潤，它遠小於卡特爾產量下的利潤。

模型 2：智豬博弈（boxed pigs）

智豬博弈的例子講的是：豬圈裡有一只大豬和一只小豬，豬圈的一頭有一個豬食槽，另一頭安裝一個按鈕，控製著豬食的供應。豬每按一下按鈕會有 10 個單位的豬食進槽，但誰按鈕誰就要付 2 個單位的成本並且晚於豬食槽。若大豬先到豬食槽，大豬吃到 9 個單位，小豬只能吃到 1 個單位；若小豬先到豬食槽，大豬吃到 6 個單位，小豬吃 4 個單位；若同時到，大豬吃到 7 個單位，小豬只能吃到 3 個單位。表 5-2 列出了對應於不同策略組合的利益水平。例如，表中第一格表示大豬小豬同時按按鈕，從而同時走到食槽，大豬吃 7 個，小豬吃 3 個，除去 2 個單位成本，得益分別為 5 和 1。

表 5-2　　　　　　　　　　　智豬博弈

		小豬	
		按	不按
大豬	按	5，1	4，4
	不按	9，-1	0，0

從表 5-2 可以看到，對於小豬來說，如果大豬按，它則不按更好；如果大豬不

按，它不按也更好。所以，不論大豬按還是不按，它的最優策略都是不按。給定小豬不按，大豬的最優選擇只能是按。所以，納什均衡就是大豬按，小豬不按，各得 4 個單位豬食。

【閱讀 5-8】

商業中心區的形成

在城市街道上，我們常見到一些地段上的商店十分擁擠，構成一個繁榮的商業中心區，但另一些地段十分冷僻，沒什麼商店。對於這種現象，我們可以運用納什均衡的概念來加以解釋。

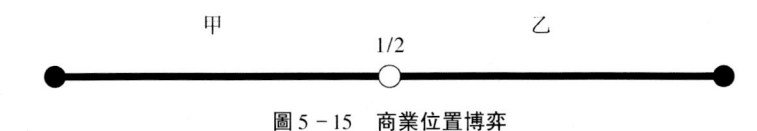

```
       甲                      乙
                  1/2
       ●━━━━━━━━━○━━━━━━━━━●
```

圖 5-15　商業位置博弈

如圖 5-15 所示，有一個長度為 1 單位的街道，在街道兩邊均勻地分佈著居民。現有兩家商店決定在街道上確定經營位置。如果甲在街道中間位置 1/2 處設點，則乙的最好選擇是緊靠甲的左邊或右邊設點。

當乙在甲的右邊緊靠甲設店時，其右邊街道上的顧客都是乙的顧客；如果乙不是緊靠甲而是遠離甲設店，則其顧客只是其右邊街道的居民，不如它緊靠甲設店時多，因而在遠離甲的位置設店是劣戰略。所以給定甲在 1/2 處設店，乙在緊靠甲的左邊或右邊設店是最優的。反過來，給定乙在接近 1/2 處設店，甲的最優選擇也是在 1/2 處設店。這樣，甲和乙都擠在 1/2 處設店就是納什均衡，這就是商業中心區形成原理。

【閱讀 5-9】

智豬博弈與股票市場

對於股票市場來講，大豬相當於機構投資者和大戶，而小豬相當於中小投資者。「按」按鈕策略指投資者通過分析宏觀經濟運行的基本情況及行業的發展狀況，結合對公司基本面的分析，合理地評價上市公司的內在價值，從而做出買入和賣出的決定；「等待」策略類似於守株待兔，即僅僅根據一些朦朧的、粗糙的信息，根據股票價格運行的技術分析資料判斷股票價格未來的態勢而作出買入和賣出決策。由於智豬博弈中，小豬的最優策略是「等待」，因此，在股票投資中，中小投資者的最優選擇就是「等待」，即跟蹤大投資者或莊家，所以在中小投資者很多的市場上，「羊群效應」的存在就不足為奇了。

進一步分析，對於上述模型，納什均衡所對應的大豬的策略是「按」，即機構投資者和大戶只能通過努力去發現有價值的股票進行投資。顯然，這樣做的成本是很大的，由於有大量的在「等待」中小投資者的存在，機構投資者和大戶完全可以通過另外的辦法來達到自己取得利收益的目的。和中小投資者相比，機構投資者對於上市公司具有某種壟斷性，因而他們可以通過和上市公司合作，進行包裝，發布虛假信息，在技

術上製造各種假象,從而為中小投資製造一個美麗的騙局,達到低買高賣、賺取巨額利潤的目的。由於這種方法成本小、見效快,因此成為很多機構投資者和大戶真正的「按」按鈕策略。這就造成了中國證券市場投機氣氛較濃、風險較大的局面。

(資料來源:王文舉,等. 博弈論應用與經濟學發展 [M]. 北京:首都經濟貿易大學出版社,2004:255-256.)

【閱讀5-10】
歐佩克中的「大豬」

用智豬博弈模型解釋經濟問題,最成功的例子之一是歐佩克的分配方案,歐佩克的成功可能相當程度上歸屬於它的最大成員國——沙特阿拉伯的願望。沙特阿拉伯所有的成員國都能節制石油產量以便油價保持在較高的水平之上。當某些小石油國「偷偷」增加自己的產量時,沙特阿拉伯「大度地」削減自己的產量以保持總產量的穩定。在這裡沙特阿拉伯扮演了「大豬」的角色。因為沙特阿拉伯與那些小石油輸出國都明白此時除非沙特阿拉伯限制自己的產量,否則歐佩克可能面臨崩潰;小成員國依賴於沙特阿拉伯對歐佩克的努力而從中漁利。事實上,沙特阿拉伯為了自己贏得高價利潤,理性地願意忍受維持歐佩克的勻稱攤派。

(資料來源:施錫銓. 博弈論. 上海:上海財經大學出版社,2000:30.)

市場中的大企業與小企業之間的關係類似智豬博弈。大企業進行研究與開發,為新產品做廣告,而對小企業來說這些工作可能得不償失。所以,小企業可能把精力花在模仿上,或等待大企業用廣告打開市場後再出售廉價產品,也許正是基於這個理由,有人提出企業的創新等於模仿加上改進,不能不說有一定道理。

(2)重複博弈。上面我們介紹了囚徒困境的例子。在寡頭壟斷市場上,企業在產量或定價決策時常常會發現處於囚徒困境中。但事實上,不是所有的寡頭都選擇低價策略,而且在有些情況下寡頭的公開或不公開的協調和合作能夠獲得成功。為什麼?

其中的一個原因是上述的囚徒困境是靜態的,即囚徒的坦白或不坦白的機會是有限的,而大多數的寡頭企業的定價或定產卻是不斷重複的。這就意味著,寡頭企業進行的是重複博弈(repeated game)。

重複博弈是一種特殊的完全信息動態博弈。在重複博弈中,參與人每次面對的博弈結構是相同的,即同樣結構的博弈重複許多次。它不同於前面分析的一次性的靜態博弈,因為一次性靜態博弈中,每個參與者只參加一次策略選擇,整個博弈結局就已確定。在一次性靜態博弈中任何欺騙和違約行為都不會遭到報復,所以囚徒困境中的不合作是難以避免的。

在重複博弈中,情況就會改變。在無限次重複博弈中,對任何一個參與者的欺騙和違約行為,其他參與者總會有機會給予報復。比如,在卡特爾組織中,如果開始所有成員都合作,對每個成員來講,只要其他成員是合作的,則他就應該把合作繼續下去。但只要有一個成員背棄合作協議一次,其他成員就從此再也不會與其合作。這樣

違約或欺騙一方就可能永遠喪失與其他成員合作的機會，從而遭到長期慘重的損失，這就是報復。無限期重複博弈的這個特點，決定了每一個參與者都不會採取違約和欺騙行為。

但在有限重複博弈中，不能得出上述結論。假定博弈只重複六次，由於第六期是最末一期，以後不會再有重複博弈，這就決定了第六期的某一成員的欺騙和違約行為不會受到報復。因此，第六次博弈和一次性靜態博弈相同，於是一些參與人會採取欺騙行為和違約行為。逆推到第五期，每個參與者都知道第六期不會合作，所以，他們在第五期也不會合作，而且他們知道這種不合作的策略在第六期不會遭到報復。如此可類推到第一期，在博弈開始第一期，每個參與者就會採取欺騙或違約的不合作策略。

從上述分析可得一般結論：在無限期重複博弈中，每一次參與者都會採取合作策略，而在有限期重複博弈中，每個參與者都會採取不合作策略。但現實生活中參與者之間的博弈總是有限期的，這是否意味著寡頭之間的長期合作總是不可能的呢？答案是否定的。根本原因在於在有限期重複博弈中，每個參與者都不知道哪一期是末期。因為，在有限期重複博弈中，如果任何一個參與者都不知道哪一期是最末一期，所以，每個參與者在每一期合作時，都認為下一期還要繼續合作，這就和無限期重複博弈相同。為了不被其他參與者報復而繼續採取不違約不欺騙的合作策略。

（3）序列博弈。在序列博弈或序貫博弈（sequential game）中，博弈各方依次行動。經濟學中的斯塔克爾伯格模型就是典型的序列博弈的例子。

下面用經濟學中著名的「性別戰」來介紹這類博弈。

「性別戰」（battle of the sexes）的例子講的是一對戀人安排業餘生活，他們有兩種選擇，或去看足球比賽，或去看芭蕾演出。男方偏好足球，女方偏好芭蕾，但他們寧願在一起，不願分開。表5-3給出了這個博弈矩陣。在這個博弈中，如果雙方同時決定，則有兩個納什均衡，即都去看足球比賽和都去看芭蕾演出。但是最后他們是去看足球比賽還是去看芭蕾演出，並不能從中獲得結論。如果假設這是個序列博弈。例如，當女方先作出選擇看芭蕾演出時，男方只能選擇看芭蕾演出；當女方先選擇看足球比賽時，男方只能選擇看足球；反之，當男方先作出選擇看足球比賽時，女方只能選擇看足球比賽；當男方先選擇看芭蕾演出時，女方只能選擇看芭蕾演出。

表5-3　　　　　　　　　性別戰

		女	
		足球	芭蕾
男	足球	2, 1	0, 0
	芭蕾	0, 0	1, 2

還可以用博弈的展開式來表示這一博弈。圖5-16是性別戰的展開式表述（女方先作行動），表示女方可能的選擇（芭蕾或足球），然後，男方分別可能的反應及其相應的結果。例如，當女方選擇芭蕾演出后，男方也選擇芭蕾演出，使男女雙方各得益1和2。為了找出展開式的解，從最後一層向上推導，對於女方來說最好的結果是好得益

2 而男方得益 1 的行動，因而，她可以推導出他應該選擇芭蕾演出，因為這時男女方的最佳反應就是一起去看芭蕾演出。

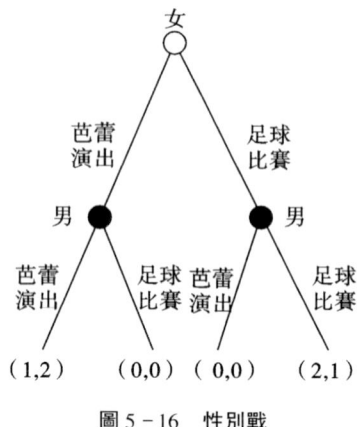

```
                    女
                   ○
              ╱         ╲
         芭蕾              足球
         演出              比賽
           ╱                ╲
       男 ●                  ● 男
        ╱ ╲                ╱ ╲
     芭蕾 足球            芭蕾 足球
     演出 比賽            演出 比賽
     (1,2) (0,0)        (0,0) (2,1)
```

圖 5-16　性別戰

在這個博弈例子中，先行動者具有明顯的優勢，女方通過選擇觀看芭蕾演出造成一種既成事實，使得男方除了一起去看芭蕾演出之外別無選擇。這就是在斯塔克爾伯格模型中推出的先動優勢。在斯塔克爾伯格模型中，先行動的企業選擇一個很高的產量水平，從而使他的競爭對手除了選擇小的產量水平之外沒有多大的選擇餘地。

5.5　企業競爭戰略決策

分析市場結構的最終目的在於理解競爭中的企業如何選擇競爭戰略，即企業一系列行為選擇最終所要實現的總體目標是什麼。一般來說，從經濟學角度來說，所有的目標不論如何表達，其最終實現終歸體現在成本、產品質量、市場定位等方面。

戰略選擇的基本思想是，競爭優勢是一切戰略的核心。邁克爾·波特在其《競爭戰略》中，明確提出了三種通用競爭戰略，即總成本領先戰略、差異化戰略、目標集聚戰略。下邊分別介紹三種戰略的基本內容和優缺點。

5.5.1　總成本領先戰略

總成本領先戰略在三種戰略之中是最明確的，因為總成本戰略的主導思想是以低成本取得行業中的領先地位。

總成本領先戰略要求堅決地建立起高效的、有規模的生產設施，在經驗的基礎上全力以赴降低成本，抓緊成本與管理費用的控制，以及最大化限度地減少研究開發、服務、推銷、廣告等方面的成本費用。為了達到這些目標，就要在管理方面對成本給予高度的重視。儘管質量、服務以及其他方面也不容忽視，但貫穿於整個戰略之中的是使成本低於競爭對手。贏得總成本最低的有利地位通常要求具備較高的相對市場份額或其他優勢，諸如原材料供應方面的良好聯繫等。企業一旦贏得了這樣的地位，所

獲得的較高的邊際利潤又可以重新對新設備進行投資以維護成本上的領先地位，而這種再投資往往是保持低成本狀態的先決條件。

在成本領先戰略的指導下，企業決定成為所在產業中實行低成本生產的廠家。這樣成本優勢的來源往往表現為幾個方面：①規模經濟。存在規模經濟時，企業規模越大，其平均成本越低。這樣企業可以通過擴大生產能力、收購競爭對手等方式來不斷擴大自己的生產規模，從而充分利用規模經濟帶來的成本優勢。一般在重工業產業部門，如鋼鐵、石化、汽車等產業中，規模經濟比較顯著。②範圍經濟。企業生產多種產品時，這些產品之間可能共用某些生產設備、生產流程，因而共享了某些生產成本。這樣生產的產品種類越多，每種產品分擔的成本也就越低。例如，在石化行業中，範圍經濟非常顯著，苯作為一種中間產品可以用於多種石化產品的生產。③學習效應。在某些行業，如飛機制造，存在顯著的學習效應，使得單位產品的生產成本隨著累計產量的增加而遞減。存在學習效應時，企業的累計產量越多，生產經驗越豐富，其生產成本也就越低。④創新。企業也可以通過生產流程的創新來降低生產成本，這樣的創新往往以專有技術（know-how）的形式存在於企業的經營過程中，掌握了專有技術，就可以比競爭對手更有效地降低成本。⑤關鍵資源的控製。一些關鍵資源如重要的原材料是構成企業成本的主要部分，如果能夠以比較低的價格獲得這些關鍵資源，也可以有效地降低成本。沃爾瑪，規模經濟、範圍經濟和創新因素都對其成本領先策略的有效實施提供了強有力的保障。

一般來說，為實現產品成本領先的目的，企業內部需要具備下列條件：

（1）設計一系列便於製造和維護的相關產品，彼此分攤成本。同時，要使該產品成為能為所有主要的用戶集團服務，增加產品銷量，比如標準化。

（2）在現代化設備方面進行大量的領先投資，採取低價位的進攻性定價策略。這些措施短期內可能會造成初期的投產虧損，但長遠目標是提高市場佔有率，獲取更好的利潤。

（3）低成本給企業帶來高額邊際收益。企業為了保持低成本地位，可以將這種高額邊際收益再投到新裝備和現代化設施上。這種再投資方式是維持低成本地位的先決條件，以此形成低成本、高市場佔有率、高收益和更新裝備的良性循環。

（4）企業具有先進的生產工藝技術，降低製造成本。

（5）較低的研究與開發、產品服務、人員推銷、廣告促銷等方面的費用支出。當然，低投入並不意味著不投入，先進的生產技術需要資金的支持，應當投入的資金也必須要投入。

（6）建立起嚴格的、以數量目標為基礎的成本控製系統。控製報告和報表要做到詳細化和經常化。

（7）企業建立起具有結構化的、職責分明的組織機構，便於從上而下地實施最有效的控製。

成本領先的優勢有利於建立起行業壁壘，有利於企業採取靈活的定價策略將競爭對手排擠出市場。為了成功實施成本領先戰略，所選擇的市場必須對某類產品有穩定、持久、大量的需求，產品的設計要便於製造和生產，要廣泛地推行標準化、通用化和

系列化。這方面一個最典型的例子就是美國的麥當勞、肯德基快餐連鎖店。

如果一個企業能夠取得並保持全面的成本領先地位，那麼，它只要能使價格相等或接近於該產業的平均價格水平，它的低成本地位就會轉化為高收益。然而，一個在成本上占領先地位的企業不能忽視使產品差異化的基礎，一旦成本領先的企業的產品在客戶眼裡不被看做是與其他競爭企業的產品不相上下和可被接受時，它就要被迫削減價格，使之大大低於競爭企業的水平，以增加銷售額。這就可能抵銷了它有利的成本地位所帶來的好處。

因此，儘管一個成本領先的企業，也應在產品差異化的基礎上取得的價值相等或價值近似的有利地位。如此看來，創新，對於任何企業在任何時候怎麼強調都不過分。

成本領先地位的戰略一般必然要求一個企業就是成本領先者，而不只是爭奪這個位置的若干企業中的一員。許多企業未能認識到這一點，從而在戰略上鑄成大錯。當渴望成為成本領先者的企業不止一家時，他們之間的競爭通常是很激烈的，因為每一個百分點的市場佔有率都被認為是至關重要的。所以，除非重大的技術變革使一個企業得以徹底改變其成本地位；否則，低成本領先就是特別依賴於先發制人策略的一種戰略。

除如上所述外，成本領先戰略的成功還取決於企業日復一日地實施該戰略的技能，尤其需要管理人員更多的重視。

許多企業善於從戰略的角度充分理解它們的成本行為而不能利用改善其相對成本地位的機會。企業按照成本地位採取行動時會犯的一些最常見的錯誤包括：

（1）集中於生產活動的成本，別無他顧。提起「成本」大多數管理人員都會自然而然地想到生產。然而，總成本中即使不是絕大部分，也是相當大一部分產生於市場營銷、服務、技術開發和基礎設施等活動，而它們在成本分析中卻常常很少受到重視。審查一下整個價值鏈，常常會得出能大幅度降低成本的相對簡單的步驟。例如，近年來計算機及計算機輔助設計的進步對科研工作的成本有著令人矚目的影響。

（2）忽視採購。許多企業在降低勞動力成本上斤斤計較，而對外購投入卻幾乎全然不顧。它們往往把採購看成是一種次要的輔助職能，在管理方面幾乎不予重視；採購部門的分析也往往過於集中在關鍵原材料的買價上。企業常常讓那些對降低成本既無專門知識又無積極性的人去採購許多東西；外購投入和其他價值活動的成本之間的聯繫又不為人們所認識。對許多企業來說採購方法稍加改變便會產生成本上的重大效益。

（3）忽視間接的或規模小的活動。降低成本的規劃通常集中在規模大的成本活動和（或）直接的活動上，如元器件製作和裝配等，占總成本較小部分的活動難以得到足夠的審查。間接活動如維修和常規性費用常常不被人們重視。

（4）對成本驅動因素的錯誤認識。例如，全國市場佔有率最大的又是成本最低的企業，可能會錯誤地以為是全國市場佔有率推動了成本。然而，成本領先地位實際上可能來自企業所經營地區的較大的地區市場佔有率。企業不能理解其成本優勢來源則可能使它試圖以提高全國市場佔有率來降低成本。其結果是，它可能因削弱了地區上的集中一點而破壞了自己的成本地位。它也可能將其防禦戰略集中在全國性的競爭企

業上，而忽視了由強大的地區競爭企業所造成的更大的威脅。

（5）無法利用聯繫。企業很少能認識到影響成本的所有聯繫，尤其是和供應企業的聯繫以及各種活動之間的聯繫，如質量保證、檢查和服務等。利用聯繫的能力是許多日本企業成功的基礎。無法認識聯繫會導致犯這樣的錯誤，如要求每個部門都以同樣的比例降低成本，而不顧有些部門提高成本可能會降低總成本的客觀事實。

（6）成本降低中的相互矛盾。企業常試圖增加市場佔有率，從規模經濟中獲益，而又通過型號多樣化來抵銷規模經濟。它們將工廠設在靠近客戶的地方以節省運輸費用，但在新產品開發中又強調減輕重量。成本驅動因素有時是背道而馳的，企業必須認真對待它們之間的權衡取捨問題。

（7）無意之中的交叉補貼。當企業在不能認識到成本表現各有不同的部分市場的存在時，就常常不知不覺地捲入交叉補貼之中。傳統的會計制度很少計量上述產品、客戶、銷售渠道或地理區域之間所有的成本差異。因此，企業可能對一大類產品中的某些產品或對某些客戶定價過高，而對其他的產品或客戶卻給予了價格補貼。例如，白葡萄酒由於變陳的要求低，因此所需要的桶比紅葡萄酒的便宜。如果釀酒企業根據平均成本對紅、白葡萄酒制定同等的價格，那麼成本低的白葡萄酒的價格就補貼了紅葡萄酒的價格了。無意之中的交叉補貼又常常使那些懂得成本、利用成本來削價搶生意以改善自身市場地位的競爭企業有機可乘。交叉補貼也就把企業暴露在那些僅僅在定價過高的那部分市場上集中一點的競爭企業面前。

（8）損害差異化的形象。企業在降低成本中萬一抹殺了它對客戶的差異化的特徵，就可能損害其與眾不同的形象。雖然這樣做可能在戰略上是合乎需要的，但這應該是一個有意識選擇的結果。降低成本的努力不應該主要側重在對企業差異化沒有什麼好處的活動方面。此外，成本領先的企業只要在任何不花大錢就能創造差異化的形象的活動方面下功夫去做，也會提高效益。

5.5.2 差異化戰略

差異化戰略是將企業提供的產品或服務在行業中別具一格，樹立起一些全行業範圍中具有獨特性的東西。

可以有多種實現差異化戰略方式：如品牌形象的差異、技術上的獨特性、產品性能的差異、消費者服務、商業網絡及其他方面的獨特性等。最理想的情況是公司在幾個方面都有差異化的特點。如果差異化戰略成功實施了，它就成為在一個產業中贏得高水平收益的積極戰略。波特認為，推行差異化戰略有時會與爭取佔有更大的市場份額的活動相矛盾。推行差異化戰略往往要求公司對於這一戰略的排他性有思想準備。這一戰略與提高市場份額兩者不可兼顧。在建立公司的差異化戰略的活動中總是伴隨著很高的成本代價，有時即便全產業範圍的顧客都瞭解公司的獨特優點，也並不是所有顧客都將願意或有能力支付公司要求的高價格。

中國的電信市場的競爭充分體現了這種差異化戰略的實施。在移動通信領域，中國移動通信公司通過「中國移動」的主品牌強調公司的整體經營能力和服務質量，通過「精品網絡」來強調公司的營運網絡的規模和性能，通過「全球通」、「神州行」和

「動感地帶」等子品牌一方面抓住了不同類型的消費者，另一方面也通過跟競爭對手的競爭向消費者傳遞了服務性能的差異，通過原來的「1860」、現在的「10086」的服務品牌強調了消費者服務性能的差異。

在差異化的戰略指導下，一個企業在客戶廣泛重視的某些方面力求在本產業中獨樹一幟。它從其產業裡挑選出被許多客戶們所重視的一個或數個特徵，把自己置於別出心裁的地位上以滿足這些要求，從而得到溢價的報價。

一個能夠取得和保持其差異化形象的企業，如果其溢價超過了為做到差異化而發生的額外成本，就會成為其產業中高於平均水平的佼佼者。因此，差異化的企業不能忽視自己的成本地位，因為其溢價會被一定程度的成本劣勢地位所衝銷。所以，它必須著眼於取得相對於競爭企業而言的成本等價或近似價，在一切不影響樹立差異化形象的領域中降低成本。

5.5.2.1 差異化的來源

（1）原材料採購和其他投入能夠影響最終產品的性能並由此而影響差異化的戰略。例如，海內肯公司特別注意啤酒添加料的質量和純度，因而固定使用一種酵母。同樣，斯坦韋公司使用熟練技術人員選擇鋼琴用的最好材料，而米其林公司在選用其輪胎用的橡膠等級方面比它的競爭企業更嚴格。

（2）其他成功的差異化的企業通過其他基本性和輔助性活動創造獨特性。①技術開發活動；②促銷和銷售活動。

（3）價值鏈中的任何一種活動都能夠為公司實現差異化發揮作用。即使物質產品是商品，其他活動也常常可以導致重大差別。同樣，像維修或進度安排等非直接性活動也可以像裝配或訂單處理等直接性活動一樣對差異化發揮作用。例如，一座無塵無菸建築物就可以大大降低半導體製造進程中的廢品率。

然而，只占總成本一小部分的價值活動可能對差異化有重大影響。例如，檢驗花費可能只占總成本的1%，但是如果把有問題的藥品，哪怕是一包發給客戶，也會對醫藥公司差異化的形象產生很大的消極影響。因此，為了進行戰略成本分析而開發的價值鏈，不能把對差異化的所有重要活動隔離開。

一個公司也可以通過其活動或經營範圍的廣度而差異化。皇冠瓶蓋公司（Crown Cork and Seal）提供軟木塞（瓶子蓋）、裝提案機器和罐頭。這樣，皇冠瓶蓋公司就可向其客戶提供全套的包裝服務，而公司在包裝機械方面的專門技術又為其增加了信用並促進了罐頭的銷售。產生於更廣競爭範圍的其他幾個差異化的因素如下：

（1）在任何地點滿足客戶需要的能力。
（2）如果更多產品的零部件和設計原理通用，就能為客戶簡化維修。
（3）在客戶可能採購東西的地方設零售點。
（4）設客戶服務點。
（5）產品之間的良好互換性。

如果一個公司希望獲取所有這些優點，就要求各種活動之間具有一致性或協調性。差異化也可以來自下游。公司的銷售渠道可能是獨特性的一個重要來源，並且可增強

公司的聲譽、改善服務。例如，在軟飲料中，制瓶商對差異化尤為關注。可口可樂公司和百事可樂公司花費很大的精力和金錢改造制瓶廠，提高它們的效率。例如，可口公司（Coke）把低效的制瓶廠賣給更有能力的新主人。

很多公司總是把質量與差異化的概念混淆在一起。雖然差異化包含了質量，但差異化是一個更廣泛的概念。質量的典型特徵是與物質產品相關，差異化戰略則是通過價值鏈為客戶創造價值。

5.5.2.2 差異化的成本

差異化的代價一般很高。公司為了競爭，要在從事有價值的活動方面做得與眾不同，就一定會經常發生費用。例如，向用戶提供超級工程設計支持活動，就需要增加工程師，而一個訓練有素的推銷隊伍比經驗不足的推銷隊伍費用要多得多。如果某種產品的壽命要做到比競爭者的產品壽命長，當然需要更多和更昂貴的材料。洛克威爾公司（Rockwell）的水表比對手的耐用，因為它的產品使用的銅更多。

有些形式的差異化顯然比其他形式的昂貴一些。由於很好地協調相關的價值活動而做到的差異化不一定要增加成本，一個由自動化加工中心生產的產品由於加工精確、誤差小、產品性能好，也不一定會增加成本。在柴油機車方面，自動化加工的發動機，公差小，成本不需要很多，就可以提高燃料效率。同樣，從多種產品特性中造成的差異化要比按需要的特性形成的差異化貴得多。

差異化的成本反應了作為獨特性基礎的價值活動的費用驅動因素。獨特性與成本控製因素之間的關係以兩種形式反應出來：

（1）造成活動獨特的因素（獨特性驅動因素）可以影響成本驅動因素。

（2）成本驅動因素可以影響形成獨特性的成本。

在追求差異化的過程中，一個公司經常是僅向作用於某個活動的成本驅動因素有意地增加成本。把一種活動移到靠近買主的地方，由於位置成本驅動因素的作用，就可能增加成本。史密斯國際公司（Smith International）在現場保持了大量存貨，雖然增加了成本，公司卻在打井轉頭方面做到了與眾不同。

當獨特性在通過影響成本驅動因素而提高成本的同時，成本驅動因素決定形成差異化的成本。一個公司成本驅動因素的狀況，將決定其餘競爭者有關的差異化戰略會怎樣的昂貴。例如，公司要組織覆蓋面積大的推銷隊伍，決定於推銷工作是否具有經濟規模。如果具有經濟規模，增加覆蓋面積的成本就會降低，而且在當地市場擁有高佔有率的公司進行這種活動就不需要花費太大。

規模、相互關係、學習和時間在影響差異化的成本方面是很重要的成本驅動因素。規模可以決定決策選擇的成本，如大力做廣告或迅速開發新產品的成本。分攤也可以降低差異化的成本。例如，國際商用機器公司受過高級訓練而有經驗的推銷隊伍，通過把成本分攤到各種產品上，從而不需要很多的費用。在形成差異化的活動中，學得快的公司也會取得成本方面的優勢，提早動作的公司在形成差異化的時候會降低廣告費，因為廣告的作用是無形資產累積的結果。

有時候使一種活動具有獨特性也同樣可降低成本。例如，如果一體化是成本驅動

因素，那麼它就既可使一種活動具有獨特性而又降低成本。公司若要同時做到與眾不同和降低成本，那麼就說明：①一個公司並未為降低成本充分挖掘其潛力；②先前對在一個活動上實現差異化估計不足；③當重大革新出現的時候，競爭對手還不能適應。

如果一個公司迫切想降低成本，那麼試圖做到與眾不同通常會提高成本。同樣，一旦你的競爭對手模仿你的主要革新成果，你只要增加成本就可以維持與眾不同的地位。分析形成差異化的情況，公司必須把使一種活動具有獨特性的成本與競爭者同等的成本加以比較。

5.5.2.3 不當差異化

（1）無意義的獨特性。一個公司在某些方面具有獨特性並不意味著獨特的東西就是差異化的。一般的獨特性如果不能按買方意圖使買方成本降低或提高買方價值，這種獨特性就不可能形成差異化的特點。大部分有意義的差異化通常來自買方追求和可以衡量的價值來源，或來自不能衡量但得到廣泛瞭解的價值來源。

（2）過分的差異化。如果一個公司不懂得作用於買方價值和期望價值的機制，那麼公司可能會搞出太過分的差異化來。例如，產品質量或服務水平超過了用戶的需要，那麼這個公司相對產品質量適當、價格便宜的競爭對手的競爭地位就很脆弱。不必要的差異化產生的原因是公司對自身行為分析失策或對買方採購標準的回收遞減點分析失敗。也就是說不瞭解公司的活動怎樣與買方價值鏈相關。

（3）溢價太高。從差異化中獲得的溢價是差異化的價值和持久性的函數。如果溢價太高，買方將擯棄已形成差異化的競爭對手。除非公司能維持一種合理的價格方式，與買方共同分享一些價值，這樣可能會使買方走向生產後結合。恰當的溢價不僅是公司差異化程度的函數，而且是公司全部相關成本為止的函數。如果一個公司不能把其成本保持在近似競爭對手的水平，即使公司能夠維持差異化，溢價的成本可能會增加超過需要維持的水平。

（4）忽視信號價值的需要。公司根據他們在使用標準上的區別戰略，有時忽視信號價值的需要。然而，價值信號的存在是由於買方不願意或不能夠完全辨別供應商之間的不同。忽視信號標準可以使一個公司束手待斃，造成一種次等價值。

（5）不瞭解差異化的價值。除非差異化的買方價值超過成本，否則差異化不能帶來出色的效益，公司總不能忽視造成差異化的活動所發生的費用和差異化所具有的經濟意義。因此，公司要麼在差異化方面承擔更大的價格溢價成本，要麼就設法找到一條降低費用的出路。

（6）只重視產品而忽視整個價值鏈。有些公司只注意從實際產品中尋找差異化的機會，沒有能從價值鏈的其他部分發覺形成差異化的機會。正如前面所討論過的，整個價值鏈是提供差異化的基礎，即使產品是商品。

5.5.3 集中化戰略

第三種通用競爭戰略是集中一點（集中化或目標聚集戰略）。這種戰略與其他競爭戰略截然不同的是以在一個產業內狹窄的競爭範圍裡進行選擇為基礎的。採用集中一

點戰略的企業，選擇一個產業裡的一個部分或一些細分市場，使其戰略適合於為這部分市場服務而不顧及其他。企業通過完善適合其目標市場的戰略，謀求在它並不擁有全面競爭優勢的目標市場上取得競爭優勢。

集中一點的戰略有兩種不同形式：企業著眼於在其目標市場上取得成本優勢的叫成本集中；而著眼於在其目標市場上取得差異化形象的叫差異化集中。集中一點戰略的這兩種形式都是以企業在某一產業中的目標市場和其他市場的差異為基礎的。目標市場上必須擁有其非同尋常需求的客戶，或者為目標市場所提供最佳服務必須與產業裡其他市場的情況有所不同。成本集中是從某些部分市場上成本行為的差異中獲取利潤；差異化集中則是從特定部分市場中客戶的特殊需求裡獲取利潤。這種差異意味著這部分市場未能從那些範圍廣泛地設置目標市場的競爭企業那裡得到優質的服務，因為後者在為這部分市場服務的同時也為其他部分市場服務。因此，採取集中一點戰略的企業可以通過專門致力於為這部分市場服務而取得競爭優勢。

採取集中一點戰略的企業從廣泛設置目標的競爭對手的每一方面取得次優化優勢。競爭企業可能在滿足某個特定市場的需求方面表現不力，這就為差異化集中戰略打開了門路；廣設目標的競爭企業也可能在滿足一個部分市場的需求方面表現過火，這意味著它在為市場服務時承擔著高於必需的成本負荷，這就使僅為滿足這個部分市場需求的成本集中戰略有機可乘了。

如果採取集中一點戰略的企業的目標市場和其他部分市場並不存在任何差異，那麼集中一點的戰略就無法成功。

集中一點戰略是主攻某個特殊的顧客群、某產品線的一個細分區段或某一地區市場。低成本與差異化戰略都是要在全產業範圍內實現其目標，集中一點戰略的整體卻是圍繞著很好地為某一特殊目標服務這一中心建立的。它所開發推行的每一項職能化方針都要考慮這一中心思想。這一戰略依靠的前提思想是：公司業務的集中一點能夠以較高的效率、更好的效果為某一狹窄的戰略對象服務，從而超過在較廣闊範圍內競爭的對手們。波特認為這樣做的結果，是公司或者通過滿足特殊對象的需要而實現了差異化，或者在為這一對象服務時實現了低成本，或者兩者兼得。這樣的公司可以使其盈利的潛力超過產業的普遍水平，這些優勢保護公司抵禦各種競爭力量的威脅。但集中一點戰略常常意味著限制了可以獲取的整體市場份額，集中一點戰略必然地包含著利潤率與銷售額之間互以對方為代價的關係。

【閱讀 5 - 11】

紅藍「兩樂」各顯神通

外國品牌碳酸飲料在中國一直是屬於限制類，儘管限制的程度被逐漸放開，但是依舊非常嚴格。在 1995 年中國制定外商投資產業政策之前，碳酸飲料的外商投資是由中央政府有關部門直接審批。從建立多少家灌裝廠，在什麼地方設廠到濃縮液供應價格等都由政府決定。儘管有種種限制，但是紅藍「兩樂」在中國碳酸飲料產業的發展中，依然直到了主導作用。在碳酸飲料這種普通的消費品市場中，上演了經典的值得

143

回味和借鑑的競爭發展史。當世界各地不同種族和膚色的人們在飲用那些普通的黑色汽水時，不得不讓人感嘆可口與百事在營銷和擴張上的巨大成功。從一開始，紅藍兩家就是競爭對手，儘管產品口味相差無幾，但是經營策略和企業文化卻有所不同，在中國市場，可口和百事依舊各不相讓，在各個領域用自己獨特營銷模式和企業組合戰略展開競爭。

對於百事可樂來說，可口可樂是自己努力追趕的標杆，是衡量自己前進的最佳參照物；就可口可樂而言，百事可樂無疑跟在自己身後的狼，是砥礪自身不要瞌睡的木魚。借用流行的一句話，雙方都「因你而精神」，在中國市場上演了經營理念的大比拼。

5.5.4　戰略的實施與風險

每一種競爭戰略都是為創造和保持一種競爭優勢而使用的相互之間有很大差別的方法，它把企業所追求的競爭優勢的形式和戰略目標的範圍結合起來。通常，一個企業必須從中作出選擇，否則就會夾在中間。企業如果同時服務於一個範圍的部分市場（成本領先或差異化），就不能從面向特定目標市場（集中一點）的戰略上獲取最大的利益。企業有時可能在同一個公司實體內創建兩個在很大程度上是相互獨立的經營單位，各自奉行一條不同的通用戰略。然而，除非企業把奉行不同通用戰略的經營單位嚴格區分開，否則就會損害他們每一個取得其競爭優勢的能力。由於公司的政策和文化在各經營單位間相互糾纏，可能造成用一種次等的競爭方法與他人競爭，便會導致夾在中間的結果。

取得成本領先地位和差異化形象通常是很難兼得的，因為差異化一般代價很大。企業想要差異化並贏得溢價，就要有意識地提高成本。相反，成本領先往往需要企業放棄某些差異化之處，如把產品標準化、降低營銷費用等。

但是降低成本並不總是以犧牲差異化為代價的。許多企業通過採用效率更高、效果更好的做法或採納一種不同的技術這兩種途徑，找到了不但不必損害差異化的形象，而且實際上是提高了這種形象的降低成本的方法。有時，企業如果以前從未在降低成本上下過工夫，那麼它就能在不影響差異化的形象的同時收到降低成本的顯著效果。然而，降低成本與取得成本優勢不是一回事。當企業面臨著也在爭取成本領先的精明能幹的競爭對手時，它就會最終遇到進一步削弱成本就要犧牲差異化的形象的問題。這時，通用戰略之間便發生了衝突，而企業必須做出抉擇。

如果一個企業能同時取得成本領先地位和差異化的形象，其報償是豐厚的，因為好處是累加的。在以下三種情況下，企業能同時取得成本領先地位和差異化的形象。

5.5.4.1　競爭企業夾在中間

當競爭企業都夾在中間時，沒有一家企業的優勢能迫使其他企業的成本和差異化優勢發生相互抵觸。雖然夾在中間的競爭企業們可以容許一個企業對差異化和低成本兼而有之，但這種狀況往往是暫時的。最終總有一個競爭對手會選擇一種通用戰略，並認真地實施它，解決成本和差異化之間的權衡取捨的問題。因而，企業必須選擇它

打算長期保持的競爭優勢的形式。企業面對軟弱的競爭對手時的危險在於，它會開始在其成本地位或差異化形象之間作出讓步，以使兩者兼得，而使自己處在很容易受到一個精明能幹競爭對手的攻擊的地位。

5.5.4.2 成本受市場佔有率或產業間相互關係的強烈影響

當成本地位在很大程度上取決於市場佔有率而不是產品設計、技術水平、提供的服務或其他因素時，成本領先和差異化也可能兼而有之。一個企業如果能獲得一個大的市場佔有率優勢，那麼它在某些活動中佔有率的成本優勢，使它可以在別處生產附加成本額，並仍然保持淨成本額的領先地位；或者相對於競爭企業而言，該佔有率會降低建立差異化形象的成本。當產業之間存在著重要的相互聯繫，而只有一個競爭企業可以加以利用，別家無法做到時，成本領先和差異化也能兼而有之。獨此一家的相互聯繫可以減少樹立差異化的形象的成本，或抵消其較高的成本。

5.5.4.3 企業首創一項重大革新

採用一項重要的技術革新可以使企業降低成本的同時，又可以提高差異化的形象，或許能做到兩種戰略兼而有之。正像引進新的信息系統技術來管理后勤或在計算機上設計產品一樣，引進新的自動化製造技術可以受到這種效果。與技術無關的創新也可以收到這種效果，例如與供應企業建立合作關係可以降低投入成本、提高投資質量。

然而，具有低成本和差異化兩者兼得的能力是屬於擁有革新成果的企業的。一旦競爭企業也引進了革新成果，它又落到了必須做出權衡取捨的地步。例如，企業的信息系統設計與競爭對手相比是側重成本還是側重差異化的形象？革新首創企業在同時追求低成本和差異化的過程中，如果不認識存在著模仿其革新的可能性，企業就可能處於不利的地位。選定一種通用戰略的競爭對手一旦能與這種革新技術並駕齊驅時，企業就可能在低成本和差異化的形象上兩者皆失。

企業應始終如一地積極進取，追求一切降低成本又不必犧牲差異化形象的機會。企業也應追求一切代價不大的可以樹立差異化的形象的機會。然而，除此之外，企業應有準備去選擇其最終建立其競爭優勢的形式，並相應權衡取捨。

一個通用戰略除非對競爭對手來說是可以持久的；否則，就不會帶來高於平均水平的效益。改善產業結構的措施哪怕是模仿性的，也有可能提高整個產業的盈利能力。三種通用戰略的持久性都需要企業的競爭優勢能經得住競爭對手的行為或產業發展的考驗。各種通用戰略都包含著不同的風險。

通用戰略的持久性需要企業擁有某些使其戰略難以被模仿效法的障礙。然而，由於防止模仿效法的障礙並非不可克服，企業通常就要通過投資不斷改善自己的地位，給競爭企業提供一個移動的目標。由於每一種通用戰略也都是其他戰略的一個潛在威脅，因此採用通用戰略的企業可以分析如何向一個採用其他通用戰略的競爭對手進攻。例如，進行全面奉行差異化戰略的企業，可以是那些打開了大的成本缺口，縮小了差異化程度，把客戶要求的差異化形象轉移到了其他方面或集中一點的企業。每一種通用戰略都容易遭到採用不同類型戰略的企業的攻擊。

在某些產業裡，產業結構或競爭企業的戰略排除了獲取一種或多種通用戰略的可

能性。例如，有時根本不存在使一個企業獲得重要成本優勢的可行方式，因為在規模經濟、原材料貨源或其他決定成本的因素方面，若干企業的處境不相上下。同樣，在細分市場甚少或細分市場之間區別甚微的產業裡，如低密度聚乙烯業，採取集中一點戰略的機會是微乎其微的。因而，通用戰略的組合因產業而異。

然而，在許多產業裡，只要企業奉行不同的戰略，或者為差異化或集中一點的戰略選擇不同的基礎，這三種通用戰略就能共存並盈利。產業中有若干個實力強大的企業在奉行著以不同的客戶價值來源為基礎的差異化的戰略，這種產業往往是獲利尤多的。這有助於改善產業結構和形成穩定的產業競爭。然而，如果兩個或更多的企業奉行同樣基礎上的同樣的通用戰略，其結果可能是一場曠日持久而又得不償失的混戰。最壞的情況是幾家企業為全面的成本領先地位而爭鬥，於是，競爭對手們過去和現在選擇的通用戰略對企業可做的選擇和改變其地位的代價都具有影響。

通用戰略的思想所依據的前提是取得競爭優勢有多種途徑，這又取決於不同產業結構的具體情況。在一個產業裡，如果所有企業都遵循競爭戰略的原則，那麼每個企業都會把競爭優勢建立在不同的基礎上，儘管並非所有的企業都能成功，但通用戰略為獲得超額效益提供了可供選擇的途徑，某些戰略計劃設想僅僅狹隘地依據取得競爭優勢的一種途徑，最為突出的是依據成本戰略。這種設想非但不能解釋許多企業成功的原因，而且還將一個產業裡所有的企業都引向以同樣的方式追求同一種形式的競爭優勢，其結果一定是一敗塗地。

【閱讀5-12】

可口可樂市場戰略

成功的經營理念——從「3A」到「3P」是可口可樂的法寶之一，所謂「3A」原則是讓顧客「買得到」、「買得起」、「樂意買」。1995年這個原則變成了「3P」原則，即「無處不在」、「物有所值」和「首選品牌」。為了實現這種經營理念，可口可樂公司多年來圍繞3A原則制定企業的戰略，不斷加強產品質量控制，不斷擴大生產規模，不斷完善營銷網絡，從而增強企業競爭力。

與一般跨國公司在華投資方式迥然不同，可口可樂從飲料行業經營特點和自身擁有的品牌優勢出發，採取與中方合作的投資方式，該方式的獨特之處在於：幾乎不要求多數或控股，可口可樂與其在華20家罐裝廠的關係主要不是通過資產紐帶維繫的，而是通過特許罐裝權來維繫的。

可口可樂也強調實施本土化策略，這主要體現在以下幾點：

首先，可口可樂在生產原料上98%是由當地提供的。可口可樂（中國）公司外事經理王雷曾經告訴記者：「整個可口可樂，98%是國產的」甚至連可口可樂的濃縮液也是在上海生產，只不過香料（核心配方）是進口的。其次，可口可樂還大力推進品牌本土化，花費巨資協助中方開發出「天與地」果汁系列飲料，「天與地」茶飲料和礦泉水以及「醒目」系列碳酸飲料。同時，可口可樂還支持合資企業保留和發展原有品牌，人才本土化是可口可樂在本地獲得成功的重要因素。它通過大規模的培訓體制，

積極開發中國內地人。另外，通過支持希望工程、體育賽事等公益活動，也使可口可樂在中國樹立了良好的社會形象。

[本章小結]

1. 依據競爭程度的強弱程度，經濟學把市場分成四種類型：完全競爭市場、完全壟斷市場、壟斷競爭市場和寡頭壟斷市場。

2. 完全競爭市場是一種不存在任何壟斷因素的、不受任何阻礙和干擾的市場結構。企業面臨的價格和需求曲線、平均收益曲線及邊際收益曲線重疊，並與橫軸平行；企業短期均衡條件為 $P = MR = SMC$，長期均衡條件為 $P = LMC = LAC = SMC = SAC$。

3. 完全壟斷是指行業中只存在一個生產供應企業，市場中不存在絲毫競爭因素的市場結構。其需求曲線 D 和平均收益曲線 AR 是一條向右下傾斜的曲線。完全壟斷市場的短期均衡條件為 $MR = SMC$，長期均衡條件為 $MR = LMC = SMC$。

4. 壟斷競爭是指許多企業生產和銷售有差別的同類產品，市場中既有競爭又有壟斷的市場結構，其需求曲線有兩條。壟斷競爭短期均衡的條件是：$MR = SMC$。長期均衡的條件是：$MR = LMC = SMC$，$AR = LAC = SAC$。

5. 寡頭壟斷是指少數企業控製整個市場的生產和銷售的市場結構，由於寡頭市場上，各企業之間對等的不確定性及相互影響，使其對產量、價格的決策較為複雜。經濟學對寡頭壟斷市場提出了許多模型和理論，主要模型有古諾模型、斯威齊模型、卡特爾和博弈論等。

6. 企業競爭戰略選擇的基本思路是，競爭優勢是一切戰略的核心。一般來說，戰略目標的最終實現終歸體現在成本、產品質量、市場定位方面。因此通常有三種通用競爭戰略可供選擇：總成本領先、差異化、集中化戰略。

[思考與練習]

一、名詞解釋

市場結構　　正常利潤　　壟斷競爭　　寡頭壟斷　　博弈論　　卡特爾
納什均衡　　完全競爭　　完全壟斷　　總成本領先戰略　　差異化戰略
集中化戰略

二、判斷題

1. 如果企業沒有經濟利潤，就不應該生產。　　　　　　　　　　　（　）
2. 在任何時候，只要商品價格高於平均變動成本，企業就應該生產。（　）
3. 經濟利潤就是價格與平均變動成本之差。　　　　　　　　　　　（　）
4. 對任何企業來說，如果邊際成本降低，根據利潤最大化原則，該企業應當降價銷售。　　　　　　　　　　　　　　　　　　　　　　　　　　（　）

5. 完全壟斷企業是價格的制定者，所以它能隨心所欲地決定價格。（　）
6. 完全壟斷都是不合理的。（　）
7. 在市場經濟中，完全壟斷是普遍存在的。（　）
8. 由於寡頭之間可以進行勾結，所以他們之間並不存在競爭。（　）
9. 凡是壟斷企業都是要打破的。（　）

三、選擇題

1. 對完全競爭的企業來說，如果產品的平均變動成本高於價格，它就應當（　）。
   A. 邊生產邊整頓，爭取扭虧為盈
   B. 暫時維持生產，以減少虧損
   C. 立即停產
   D. 是否需要停產視市場情況而定

2. 壟斷競爭企業的競爭方式有（　）。
   A. 價格競爭   B. 產品差異化競爭
   C. 廣告和促銷競爭   D. 以上都有

3. 在（　）市場結構中，企業的決策必須考慮到其他企業可能作出的反應。
   A. 完全競爭   B. 壟斷競爭
   C. 寡頭壟斷   D. 完全壟斷

4. 壟斷企業面臨的需求曲線是（　）。
   A. 向下傾斜的   B. 向上傾斜的
   C. 垂直的   D. 水平的

5. 一壟斷者如果面對一線性需求函數，總收益增加時（　）。
   A. 邊際收益為正值且遞增   B. 邊際收益為正值且遞減
   C. 邊際收益為負值   D. 邊際收益為零

6. 壟斷企業利潤最大化時（　）。
   A. $P = MR = MC$ B. $P > MR = AC$
   C. $P > MR = MC$ D. $P > MC = AC$

7. 為使收益最大化，競爭性的市場上將按照何種價格來銷售其產品？（　）
   A. 市場價格   B. 高於市場的價格
   C. 低於市場的價格   D. 略低於競爭對手的價格

8. 當競爭性市場上處於不盈不虧狀態時，市場價格為（　）。
   A. $MR = MC = AR = AC$ B. $TR = TC$
   C. A 和 B   D. 會計利潤為零

9. 完全競爭市場中，企業短期均衡意味著（　）。
   A. 價格等於最低平均成本   B. 價格低與邊際成本
   C. 不存在經濟利潤   D. 不存在經濟虧損

10. 企業如果處於長期均衡的位置時，說明（　）。

A. 企業可以獲得經濟利潤

B. 企業可以獲得會計利潤，但沒有達到正常利潤

C. 企業可以獲得會計利潤，並且正好等於正常利潤

D. 企業的會計利潤等於零

11. 企業遇到以下哪種情況，需要停止經營？（　　）。

　　A. $P < ATC$　　　　　　　　B. $P < AVC$

　　C. $P < AFC$　　　　　　　　D. $P < MC$

12. 已知某企業生產的商品價格為10元，平均成本為11元，平均可變成本為8元，則該企業在短期內（　　）。

　　A. 停止生產且虧損　　　　　B. 繼續生產且存在利潤

　　C. 繼續生產但虧損　　　　　D. 停止生產且不虧損

13. 所謂寡頭壟斷市場是指在市場中企業的數量（　　）。

　　A. 只有一個企業

　　B. 有許多小企業，但只有一個大企業

　　C. 只有小企業，沒有大企業

　　D. 以上三種情況都不是

14. 寡頭壟斷和完全壟斷的主要區別是（　　）。

　　A. 企業數目不同　　　　　　B. 競爭策略不同

　　C. 成本結構不同　　　　　　D. 從事開發和研究的力度不同

15. 壟斷競爭與完全壟斷的共同點是（　　）。

　　A. 壟斷力度相同　　　　　　B. 企業數目相同

　　C. 價格彈性相同　　　　　　D. 需求曲線一般都是向下傾斜

16. 在完全壟斷市場上，對於任何產量，廠商的平均收益總等於（　　）。

　　A. 邊際收益　　　　　　　　B. 邊際成本

　　C. 平均成本　　　　　　　　D. 市場價格

17. 下面的圖形表示的是（　　）。

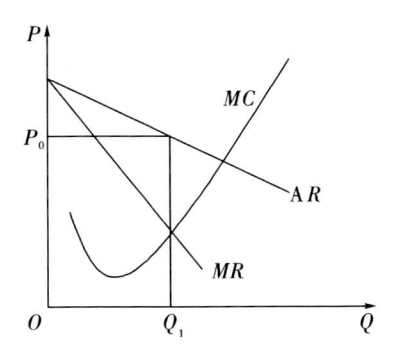

A. 若干企業佔有相同的市場份額，成本結構也相同，有價格衝突

B. 若干企業佔有相同的市場份額，成本結構不相同，有價格衝突

C. 若干企業佔有相同的市場份額，成本結構也相同，無價格衝突

D. 若干企業佔有相同的市場份額，成本結構不相同，無價格衝突

18. 在完全競爭條件下，平均收益與邊際收益的關係是（　　）。
    A. 大於　　　　　　　　　　　B. 小於
    C. 等於　　　　　　　　　　　D. 沒有關係

19. 在完全競爭條件下，個別廠商的需求曲線是一條（　　）。
    A. 與橫軸平行的線　　　　　　B. 向右下方傾斜的曲線
    C. 向右上方傾斜的曲線　　　　D. 與橫軸垂直的線

20. 當價格大於平均成本時，此時存在（　　）。
    A. 正常利潤　　　　　　　　　B. 超額利潤
    C. 貢獻利潤　　　　　　　　　D. 虧損

21. 價格等於平均成本的點，叫（　　）。
    A. 收支相抵點　　　　　　　　B. 虧損點
    C. 停止營業點　　　　　　　　D. 獲取超額利潤點

22. 在完全競爭市場上，廠商短期均衡的條件是（　　）。
    A. $MR = SAC$　　　　　　　　B. $MR = STC$
    C. $MR = SMC$　　　　　　　　D. $AR = MC$

23. 下列行業中哪一個行業最接近於完全競爭模式（　　）。
    A. 飛機　　　　　　　　　　　B. 卷菸
    C. 水稻　　　　　　　　　　　D. 汽車

24. 已知一壟斷企業成本函數為：$TC = 5Q^2 + 20Q + 10$，產品的需求函數為：$Q = 140 - P$，試求：利潤最大化的產量（　　）。
    A. 10　　　　　　　　　　　　B. 5
    C. 3　　　　　　　　　　　　 D. 15

25. 壟斷廠商面臨的需求曲線是（　　）。
    A. 向右下方傾斜的　　　　　　B. 向右上方傾斜的
    C. 垂直的　　　　　　　　　　D. 水平的

26. 完全壟斷廠商定價的原則是（　　）。
    A. 利潤最大化　　　　　　　　B. 社會福利最大化
    C. 消費者均衡　　　　　　　　D. 隨心所欲

27. 完全壟斷廠商在長期時均衡條件是（　　）。
    A. $MR = MC$
    B. $MR = SMC = LMC$
    C. $MR = SMC = LMC = SAC$
    D. $MR = SMC = LMC = SAC = LAC$

28. 壟斷競爭廠商實現最大利潤的途徑有（　　）。
    A. 調整價格從而確定相應產量　B. 品質競爭
    C. 廣告競爭　　　　　　　　　D. 以上途徑都可以用

29. 最需要進行廣告宣傳的市場是（　　）。
　　A. 完全競爭市場　　　　　　B. 完全壟斷市場
　　C. 壟斷競爭市場　　　　　　D. 寡頭壟斷市場
30. 按照古諾模型，下列哪一說法下正確（　　）。
　　A. 雙頭壟斷者沒有認識到他們的相互依賴性
　　B. 每個雙頭壟斷廠商都假定對方保持產量不變
　　C. 每個雙頭壟斷者假定對方價格保持不變
　　D. 均衡的結果是穩定的
31. 卡特爾制定統一價格的原則是（　　）。
　　A. 使整個卡特爾的產量最大
　　B. 使整個卡特爾的利潤最大
　　C. 使整個卡特爾的成本最小
　　D. 使整個卡特爾中各廠商的利潤最大

四、問答題

1. 完全競爭企業、完全壟斷企業、壟斷競爭市場、寡頭壟斷企業的主要特徵。
2. 麥當勞和肯德基為什麼選址總是靠得很近？
3. 為什麼完全競爭企業不需要做廣告，而壟斷競爭企業需要？
4. 闡述斯威齊模型。
5. 分別舉一個你認為成功實施成本領先和差異化戰略的案例，分析它們成功的原因。
6. 簡述完全競爭市場和完全壟斷市場下的邊際收益曲線與平均收益曲線的關係有什麼不同。
7. 完全競爭市場中的廠商在長期內為何不能獲得超額利潤？
8. 完全競爭市場中的廠商在什麼條件下可以提供產品？為什麼？壟斷廠商是否一旦虧損就會停產？
9. 為什麼利潤最大化原則 $MR = MC$ 在完全競爭條件下可表述為 $MC = P$？

五、計算題

1. 某壟斷企業的短期成本函數 $TC = -6Q^2 + 140Q + 10$，需求函數 $Q = 40 - P$，求該企業的短期均衡產量和均衡價格。
2. 壟斷企業的短期成本函數為 $SMC = 3000 + 400Q + 10Q^2$，產品的需求函數為 $P = 1000 - 5Q$。求：
　（1）壟斷企業利潤最大化時的產量、價格和利潤；
　（2）如果政府限定企業以邊際成本定價，試求這一限制價格以及壟斷提供的產量和所得利潤；
　（3）如果政府限定的價格為收支相抵的價格，試求此價格相應的產量。
3. 一直壟斷企業的長期成本函數為 $LTC = 0.6Q^2 + 3Q$，需求函數為 $Q = 20 - 2.5P$，試求壟斷企業長期均衡時的產量和價格。

4. 假設某完全壟斷企業開辦了兩家工廠，各自的邊際成本函數分別為：$MC_A = 36 + 6Q_A$ 和 $MC_B = 16 + 8Q_B$。如若該企業的目的是取得最小的成本，且在工廠 A 生產了 6 個單位的產品，試問工廠 B 應生產多少單位產品？

4. 已知：一壟斷企業成本函數為：$TC = 5Q^2 + 20Q + 1,000$，產品的需求函數為 $Q = 140 - P$。試求：

（1）利潤最大化時的產量、價格和利潤；

（2）廠商是否從事生產？

6 企業定價與廣告決策

[本章結構圖]

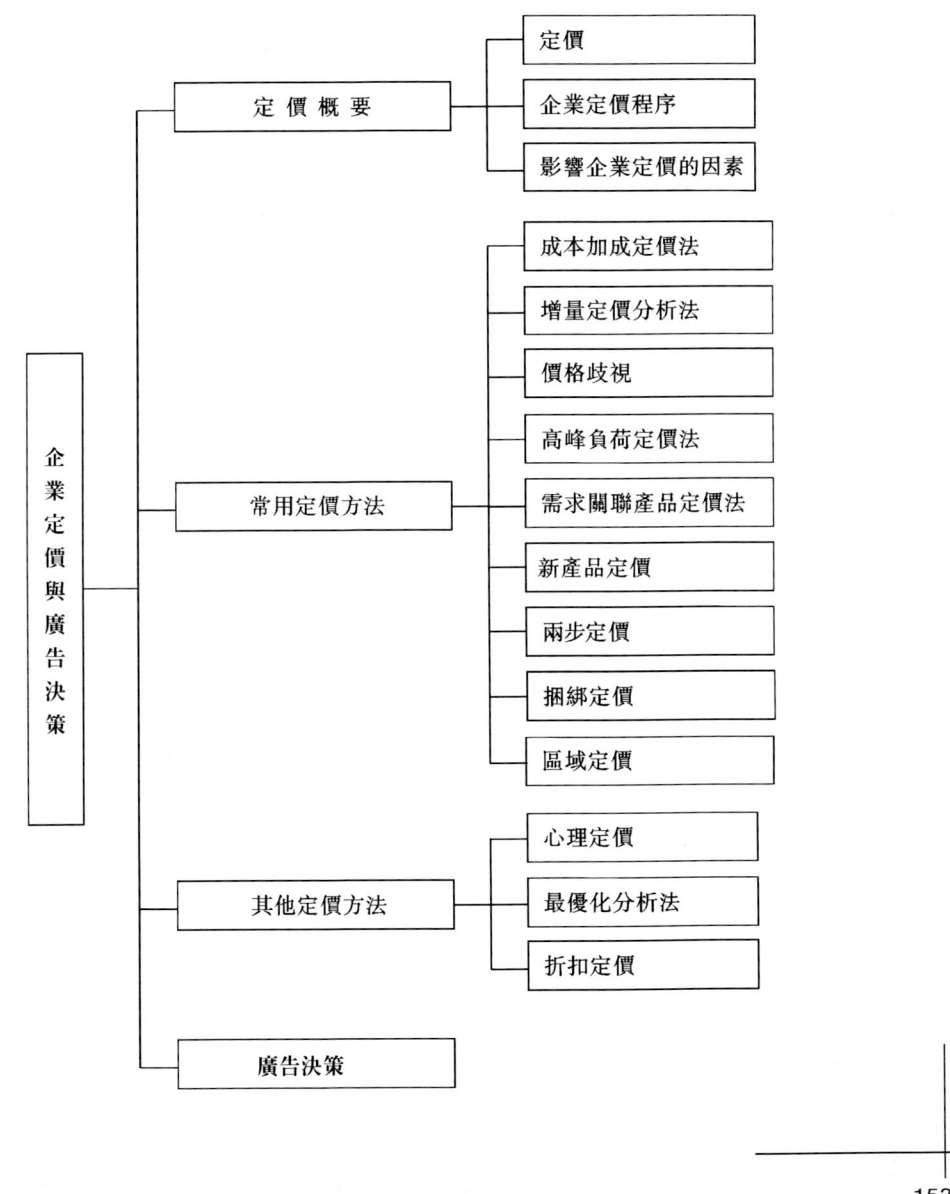

```
                                ┌─ 定價
                  ┌─ 定價概要 ──┼─ 企業定價程序
                  │             └─ 影響企業定價的因素
                  │
                  │             ┌─ 成本加成定價法
                  │             ├─ 增量定價分析法
                  │             ├─ 價格歧視
                  │             ├─ 高峰負荷定價法
企業定價與廣告決策─┼─ 常用定價方法┼─ 需求關聯產品定價法
                  │             ├─ 新產品定價
                  │             ├─ 兩步定價
                  │             ├─ 捆綁定價
                  │             └─ 區域定價
                  │
                  │             ┌─ 心理定價
                  ├─ 其他定價方法┼─ 最優化分析法
                  │             └─ 折扣定價
                  │
                  └─ 廣告決策
```

[本章學習目標]

通過本章的學習,你可以:
- 掌握與定價相關的基本知識。
- 掌握企業常用定價方法。
- 瞭解其他定價方法。
- 瞭解廣告效益與廣告支出原則。

價格是市場經濟中企業競爭的重要決策變量。企業為了求生存、圖發展、戰勝競爭對手,必須正確地制定價格。關於這個問題上章討論市場結構時已經涉及過。需要指出的是上一章的討論主要是理論上的。從理論上講,追求利潤最大化的廠商定價遵循邊際收益(MR)等於邊際成本(MC)的簡單原則。但是在實踐中,情況要複雜一些,影響廠商定價的因素也更多一些,這就決定了在現實生活中定價方法的多樣化。本章從定價相關的基本知識入手,簡要介紹在實踐中的幾種主要的定價方法。最后再討論對價格影響較大的因素——廣告及其相關問題。

6.1 定價概要

6.1.1 定價

無論是廠家、經銷商,或者是菜市場的普通菜農,一天到晚都在和價格打交道,如果要想在市場中獲取利潤,定價就是一個不得不面對的問題。「定價」也即是確定商品在市場的售價。價格是營銷組合中最靈活的因素之一,同時也是最困難的問題。因此,我們會發現很多企業在制定產品的價格策略的時候,更多的是依照已有市場行情,採取跟隨進入的策略。殊不知,定價的科學性與否,在很大程度上會決定產品的未來生死,因為產品一旦定好價格,往往會維持一段時間,並不能輕易進行改動。所以價格的確定必須要有科學的依據,並遵循一定的步驟來進行。

6.1.2 企業定價程序

怎樣做出有效的價格決策,決策者必須綜合考慮各種影響定價的因素的同時遵行一定程序進行。企業定價程序可以分為確定企業定價目標、確定市場需求、估計商品成本、分析競爭狀況、選擇定價方法、確定最后價格六個步驟。

(1) 確定企業定價目標。企業為產品或服務確定價格,首先表現為企業想實現的目標是什麼,通常有八種定價目標可供選擇:投資收益率目標、市場佔有率目標、穩定價格目標、防止競爭目標、利潤最大化目標、渠道關係目標、度過困難目標、塑造

形象目標（也叫社會形象目標）。

（2）確定市場需求。企業在制定產品價格時，首先需要考慮需求水平。企業商品的價格會影響需求，需求的變化會影響企業的產品銷售以至企業營銷目標的實現。因此，確定企業需求狀況是制定價格的重要工作。在對需求的確定過程中，首要的是瞭解市場需求對價格變動的反應，而后還要分析市場需求對價格變動的反應程度，即需求的價格彈性。

（3）估計商品成本。企業商品價格的最高限度取決於市場需求及有關限制因素，而最低價格不能低於商品的經營成本費用，這是企業價格的下限。因此，企業在制定商品價格時，需要對成本水平及成本的相應變動進行估計和分析。

（4）分析競爭狀況。企業確定了市場需求，分析了產品成本，但並不代表能在成本與需求給定的空間裡可以「自由」地確定產品價格，因為在市場上，競爭者提供的產品與制定的價格，對企業定價也有直接「鉗制」作用。這時，企業還需要通過分析或瞭解競爭對手才能確定自己產品的價格。對競爭狀況的分析，主要包括三個方面的內容：①分析企業競爭地位；②協調企業的定價方向；③估計競爭企業的反應。

（5）選擇定價方法。有了需求、成本、分析了競爭對手狀況后，企業可以找到一個合理的定價區間。但企業還需要選用相應的定價方法，為產品制定一個標準價格。通常可供選擇定價的方法主要包括：①成本加成定價方法；② 銷量定價分析法；③價格歧視法等。

（6）確定最后價格。前面幾點定價方法主要解決了企業從一個比較大的定價範圍中選擇一個合理的價格範圍，但並不能最終確定價格。在最后確定價格時，必須考慮是否遵循這樣四項原則：①商品價格的制定與企業預期定價目標的一致性；②商品價格的制定符合國家政策法令的有關規定；③商品價格的制定符合消費者整體及長遠利益；④商品價格的制定與企業市場營銷組合中的非價格因素是否一致、互相配合，為達到企業營銷目標服務。

6.1.3　影響企業定價的因素

影響企業定價的因素主要包括：

（1）市場需求及變化。如果其他因素保持不變，消費者對某一商品需求量的變化與這一商品價格變化的方向相反。如果商品的價格下跌，需求量就上升，而商品的價格上漲時，需求量就相應下降，這就是所謂需求規律。這是企業決定自己的市場行為特別是制定價格時所必須考慮的一個重要因素。

（2）市場競爭狀況。在不同競爭條件下企業自身的定價「自由度」有所不同，在現代經濟中可分為如上章所述四種情況：完全競爭、完全壟斷、壟斷競爭、寡頭競爭。

（3）政府的干預程度。除了競爭狀況外，各國政府干預企業價格制定也直接影響企業的價格決策。在現代經濟生活中，世界各國政府對價格的干預和控制是普遍存在的，只是干預與控制的程度不同而已。

（4）商品的特點。它包括：商品的種類，標準化程度，商品的易腐、易損和季節性，時尚性，需求彈性，生命週期階段等。

(5) 企業狀況。企業狀況主要是指企業的生產經營能力和企業經營管理水平對制定價格的影響。它包括：企業的規模與實力、企業的銷售渠道、企業的信息溝通、企業營銷人員的素質和能力等。

(6) 心理因素。在企業確定價格時，目標顧客對價格的主要心理認同趨勢或取向也是非常重要的。

6.2 常用定價方法

定價是企業最重要的決策之一，定價方式也多種多樣，下面對定價方式進行歸納和闡述。

6.2.1 成本加成定價法

6.2.1.1 含義

成本加成定價法（cost－plus pricing）是在實踐中廣泛使用的一種定價方法。成本加成定價的基本方法是在估計的單位成本（單位可變成本與單位固定成本之和）基礎上，根據目標利潤率來制定產品的銷售價格。也就是說，所制定的價格除了包含生產和銷售產品的所有成本外，還應加上一定百分比的加成或利潤：

$$價格 = 成本（1 + 加成）$$

6.2.1.2 定價過程

一般包括以下步驟：

(1) 計算標準產量，一般為產品設計生產能力的 2/3～4/5；
(2) 計算勞動、原材料和其他可變投入的成本，得到單位產品的可變成本 AVC；
(3) 估計固定成本，計算出單位產品的固定成本 AFC；
(4) 計算平均成本 $AC = AVC + AFC$，確定目標利潤率並記為 r，則產品價格應為：$P = AC + AC \cdot r = AC(1 + r)$。

【例 6－1】某企業生產的產品，平均變動成本（AVC）為每件 20 元，標準產量為 100 萬件，為生產能力的 80%。總固定成本為 500 萬元，如果企業的目標利潤率（r）為 20%，那麼價格應該是多少呢？

解：平均變動成本（AVC）＝20（元）

平均固定成本（AFC）＝TFC/Q＝500/100＝5（元）

平均成本（AC）＝$AVC + AFC$＝20＋5＝25（元）

價格（P）＝$AC(1 + r)$＝25（1＋20%）＝30（元）

所以，價格應定為 30 元。

6.2.1.3 適用範圍

(1) 平均成本比較穩定，成本估計會比較容易。

(2) 從市場競爭的角度來考慮，成本加成的定價方法比較適用於壟斷競爭的市場結構。

(3) 與寡頭壟斷市場中的激烈競爭特性是不相適應的，即不適應於寡頭壟斷市場中。

【閱讀 6-1】
成本加成定價法與利潤最大化

成本加成定價法運用得當，有可能使企業接近利潤最大化目標。重要的是如何確定成本加成的百分比（目標成本利潤率）。但要實現利潤最大化，單單考慮成本是不夠的，考慮成本的同時還需要考慮需求彈性。加成的百分比的多少並不是由企業的意願決定，而是由邊際成本和需求價格彈性共同決定的。

由以前的分析可知： $MR = P(1 - \frac{1}{|E_P|})$

企業利潤最大化時，$MR = MC$，代入上式，得

$$MC = P(1 - \frac{1}{|E_P|})$$

或

$$P = MC \cdot (1 + \frac{1}{E_P - 1})$$

這就是理論上在定價時確定最優加成的公式。假如用的成本是邊際成本（不是平均成本），那麼，最優加成比率 $= \frac{1}{|E_P| - 1}$

根據這個最優加成比率來定價，就能實現利潤的最大化。

這個結果表明，廠商可以根據對自己產品需求的價格彈性確定加成的比例。價格彈性越大，應該加成的比例越低；反之，價格彈性越小，應該加成的比例越高。這也進一步證明了壟斷勢力強的廠商利潤比較高。

6.2.2 增量定價分析法（邊際貢獻分析法）

6.2.2.1 增量分析定價法

增量分析定價法（incremental analysis in pricing）主要是分析企業接受新任務後是否有增量利潤（貢獻）。如果增量利潤為正值，說明新任務的價格是可以接受的；如果增量利潤為負值，說明新任務的價格是不可以接受的。

增量分析定價法與成本加成定價法的共同點都是以成本作為定價的基礎，不同點是后者以全部成本為基礎，一般用於長期決策。增量分析定價法則以增量成本為定價基礎，常用於短期決策。

仍以例 6-1 討論，顯然這個企業還有多余生產能力，要不要再按 22.5 元的價格接受 10 萬件的新訂貨？若按成本加成定價法，平均成本為 25 元，定價應為 30 元，廠商當然不會接受這批單價為 22.5 元的新訂貨。但這顯然是一個錯誤的決策，因為這批訂

貨增加成本為 200 萬元，而收入可增加 225 萬元，應當接受訂貨。

6.2.2.2 增量分析定價法的應用

其實，增量分析定價法就是邊際分析方法的具體應用。增量分析定價法的應用條件：

（1）企業是否要按較低的價格接受新任務。條件是企業生產能力還有多餘，接受新任務不會影響原來任務的正常銷售。

（2）為減少虧損，企業可以降價爭取更多任務。條件是市場不景氣，企業任務很少，生產能力利用不足，同行競爭激烈，這時企業的主要矛盾是求生存，即力求虧損少一些。

（3）企業生產相互替代或互補的幾種產品時。

應用增量分析定價法應注意以下三個方面的問題：

（1）利潤增量應當是指決策引起的各種效果的總和。

（2）由於管理費用和固定成本必須分攤，對於一個廠商來說，所有的定價不能都用增量分析定價法來定價。

（3）在計算增量利潤時，既要考慮短期效果，也要考慮長期效果。

6.2.3 價格歧視

6.2.3.1 什麼是價格歧視

價格歧視（price discrimination）也叫作差別定價，它是指企業生產的同一種商品在不同的場合索取不同的價格，這裡不同的場合可指不同的消費者、不同的市場，或者是不同的消費數量等。這種價格的差異是與不同的需求狀況相關的，並不反應產品成本間的差異。

例如，一個鄉村醫生根據病人不同的富裕程度，或收入水平的差別，對相同的治療收取不同的費用（小費）；在風景旅遊點對外國遊客和國內遊客收取不同的門票價格；同一商品的外銷價格不同於國內市場的售價；工業用電和生活用電的價格不同；電影院對學生實行優惠票價，對成人實行標準票價；小建築材料商向專業建築工人供應的價格要低於「業餘人」等等。企業實行差別定價，其目的是為了在一定條件下獲得更高的利潤。

6.2.3.2 價格歧視必須滿足的前提條件

（1）市場必須有某些不完善之處。比如信息不通暢，市場分割，使價格歧視成為可能。

（2）各個細分市場能分隔開，即人們不可能在不同的細分市場間進行倒賣。如果兩個市場不能分隔，價格歧視就不會成功，因為或者消費者都去低價市場購買商品，或者有人在低價市場採購，然後去高價市場出售。無論是哪一種情況，企業都無法通過價格歧視增加利潤。

（3）各個市場的需求彈性必須各不相同，在這種場合，壟斷廠商根據不同的需求彈性對同一種產品定出不同的價格，就可能比相同的價格獲取更多的利潤。

【閱讀 6-2】

證明：∵ $MR = P(1 - 1/E_d)$

∴ $P = MR[E_d/(E_d - 1)]$

假設 A 市場的需求彈性為 2，B 市場的需求彈性為 1.5，

則 $P_A = MR_A[2/(2-1)]$ $P_B = MR_B[1.5/(1.5-1)]$

兩個市場的產品的邊際成本為 MC，利潤極大化要求為：$MR_A = MR_B = MC$

∴ $P_A = 2MC$，$P_B = 3MC$，

若 $MC = 2$，則 $P_A = 4$，$P_B = 6$，

反過來，如果兩個市場的需求彈性一樣，那麼兩地的價格也必須相同。

（4）差別價格不會引起消費者的厭惡和不滿，即差別價格的實施在顧客眼中是較為合理的。比如：公交公司對老年人、殘疾人優惠；同種商品賣給生產者作生產資料，其價格比賣給居民作消費低。這些價格差別消費者容易理解，不會因反感而放棄購買。

6.2.3.3 價格歧視的類型

一般地，價格歧視可有三種類型，分別為一級價格歧視、二級價格歧視和三級價格歧視。但每種類型的價格歧視都存在不同的條件，要求管理者瞭解不同的市場信息。

（1）一級價格歧視（first-degree price discrimination）。一級價格歧視是指企業對所銷售的每單位產品都索取最高可能的價格。也就是就說，壟斷者根據每一消費者為了能夠買進每一單位產品所願意付出的最高價格，來確定每一單位產品的銷售價格。

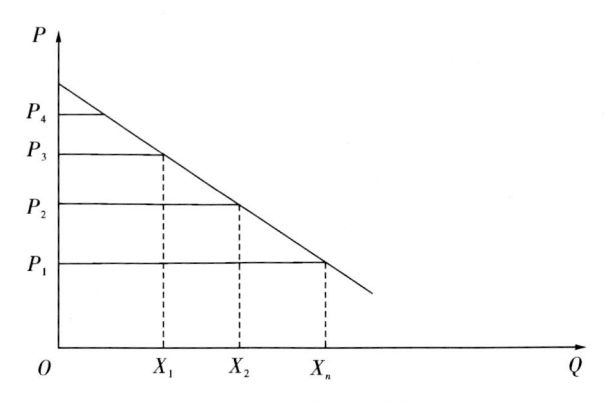

圖 6-1　一級價格歧視

對 X_1 單位產品只索價 P_3，X_2 為 P_2，…X_n 為 P_1，需求曲線就是邊際收入曲線，在單一價格下的消費者剩餘（consumer surplus）全部轉化為壟斷者實行一級價格歧視追加的利潤。典型的例子是鄉村醫生，根據不同病人的支付能力，對相同的治療收取不同費用。

（2）二級價格歧視（second-degree price discrimination）。二級價格歧視是一級價格歧視的不完全形式，是企業按消費者購買的不同數量來確定價格。企業實行價格歧

視的依據不是對不同消費者收取不同的價格，而是根據消費者所購買數量的不同收取不同的價格。購買量越小，廠商索價越高；反之越低。

假定一個城市的家庭對電力的需求，收費率制成價格表是這樣的：每月消費的最先一部分電力比如為 Q_1 單位時收費高，按 P_1 收費，當從 Q_1 增為 Q_2 時，增加部分按 P_2 收費，超過 Q_2 部分按 P_3 收費。

這樣壟斷者沒有獲得三個陰影小三角形表示的消費者剩餘。獲得了由 $OP_1 \times OQ_1$，$OP_2 \times Q_1Q_2$，$OP_3 \times Q_2Q_3$ 所表示的面積。可見在這種情況下，壟斷者獲得部分消費者剩餘。

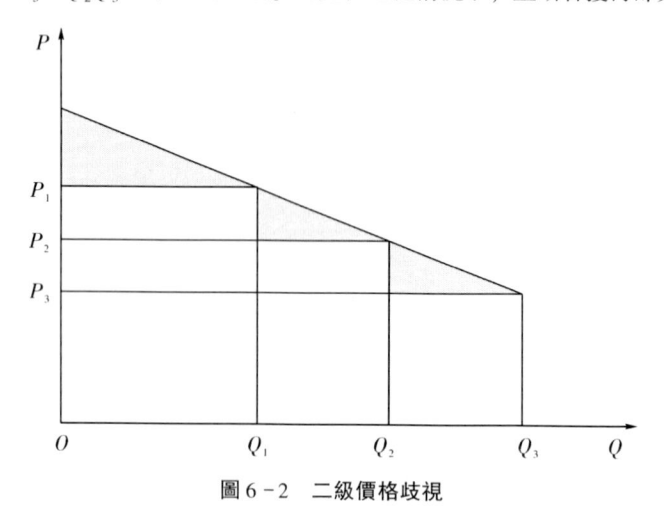

圖 6-2 二級價格歧視

（3）三級價格歧視（third-degree price discrimination）。三級價格歧視是最常見的價格歧視，指企業對同一種產品在不同的消費群，不同市場上分別收取不同的價格。

假定一個實行價格差別的壟斷者可以把他的產品分隔成兩個市場：A 和 B，這兩個市場的需求曲線如圖所示，為了取得最大利潤，壟斷者必須決定：①他要生產的總產量；②他怎樣在這個分隔的市場中分配總產量；③每一個市場各定什麼價格。

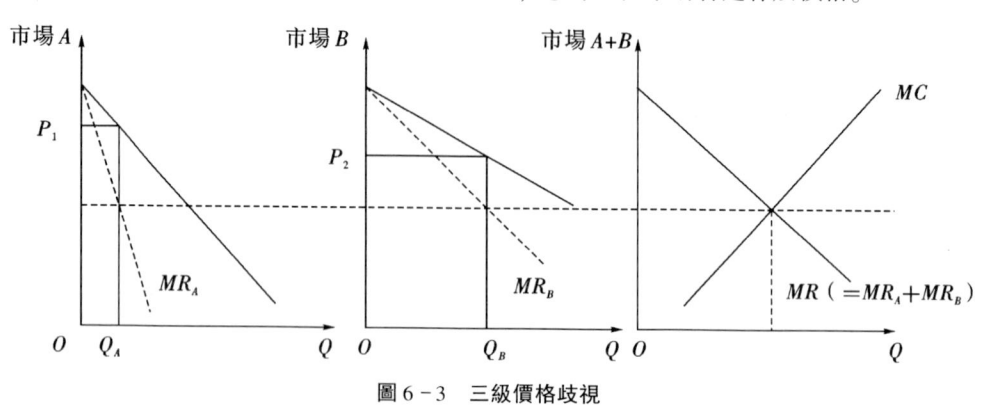

圖 6-3 三級價格歧視

他的總產量應該是多少？為了實現最大利潤，壟斷者需要他生產的產量的邊際成本等於兩個市場結合在一起的聯合的邊際收入 MR，即 MC 與 MR 的相交之點，MR 曲

線是通過把兩個市場的兩條邊際收益曲線相加得到的 $MR_A + MR_B$，然後 MR_A 與 MR_B 決定各自的產量 Q_A、Q_B，$Q_A + Q_B = Q$ 得到總產量，在這個產量水平下，任意追加的產品的邊際成本等於任一市場上（A 或 B）得到的邊際收益。

他將如何在這兩個市場中分配其產銷量？壟斷者將把他的整個產銷量（OQ）這樣分配於兩個市場之間，每個市場所銷售的產量的最後一個單位取得的收益，即邊際收益是相等的，並都等於整個產量的邊際成本。

$$MR_A = MR_B = MR = MC$$

假如 $MR_A > MR_B$，那麼他將增加 A 市場的銷量，減少 B 市場的銷量，直到兩者相等為止。

各個市場的價格如何決定？假設 A 市場的需求彈性（$E_{dA} = 1.5$）小於 B 市場的需求彈性（$E_{dB} = 2$），儘管兩個市場的邊際收益相等，銷售價格則是 A 市場的價格高於 B 市場的價格，這一點證明如下：

$MR = P(1 - 1/E_d)$，$MR_A = MR_B$
$P_A (1 - 1/E_{dA}) = P_B (1 - 1/E_{dB})$
$E_{dA} = 1.5$，$E_{dB} = 2$
$P_A (1 - 1/1.5) = P_B (1 - 1/2)$
$P_A = (3/2) P_B$

6.2.3.4 價格歧視的意義

（1）價格歧視不僅在最大限度上增加了壟斷者利潤，而且價格歧視也可以增進經濟福利。如果壟斷者統一對所有人制定一個價格，那麼對高收入者來說可能顯得太低而對低收入者來說又顯得太高。統一的定價並不會使高收入者買得更多，相反卻使低收入者買得更少。如此，壟斷者的利潤最大化就難以實現，大多數低收入者的消費意願也得不到實現。

（2）在一種商品的單一價格無法抵消總成本時，價格歧視也許能夠使這種商品的供給成為可能。簡單地說，價格歧視使不可能的產品供給成為可能。

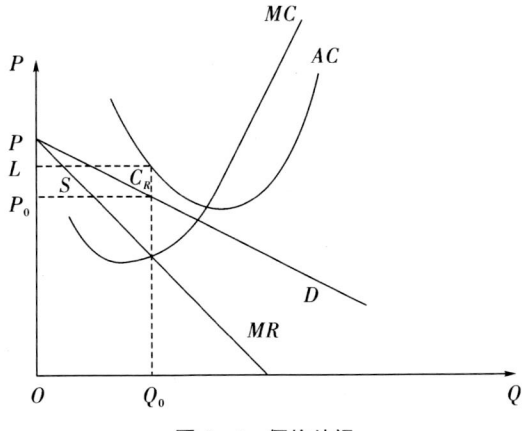

圖 6-4　價格歧視

在圖 6-4 中，價格為 OP_0 時，廠商是虧損的，若實行價格歧視，那麼只要使 $\triangle PLS = \triangle SRC$ 的面積，就可能使廠商在提供 OQ_0 產量時，總收益 $OPRQ_0$ 等於總成本 $OLCQ_0$。

6.2.4 高峰負荷定價法

6.2.4.1 高峰負荷定價概述

高峰定價法（peak-loading pricing）是指對需求高峰期間的顧客定高價，對非高峰期間的顧客定低價。通過高峰定價法，用同一設施向不同時點上的市場供應產品也能提高利潤。

許多商品的消費具有大起大落的特點，從消費需求數量的變化來看，通常形成一種波浪形態。例如，電力的消費在炎熱的夏季往往形成耗電高峰；而在每一天裡，往往是白天形成高峰，深夜則是耗電的低谷。又如，在每個週末，特別在每年的節假日（如五一勞動節、國慶節等）上海周圍的一些旅遊勝地（如蘇州、無錫、杭州、南京等）常常是遊人如織，以致當地的餐館都人滿為患，而平常卻門可羅雀；電影院的上座率一般白天較低，晚上較高；長途電話多數用於公務，打電話的時間多是工作日的上下午等。

一般地，在消費的高峰時間，需求是較為缺乏彈性的，而在消費的低谷，需求的價格彈性則往往是充足的，因此，在高峰時間應定較高的價格，而在低谷時間應定較低的價格。結果是企業和消費者雙方都從中受益：企業能降低成本，從而增加利潤；非高峰期間的消費者可以付低的價格。而且從長期看，甚至高峰期間的消費者也有受益，因為企業的設施得到了更有效的使用。

例如，對電力的消費來說，為了減弱其波動性，特別是減弱一天中的波動性，企業可以考慮對高峰時間制定相對較高的電價，而在低谷時間給予低價的優惠。但這樣定價的效果要看電力消費的對象是否對電價有彈性。對一般居民來說，通常並不會因為深夜的電價較低而半夜起來用電水壺燒水，因此這一策略只是對大量耗電的生產性企業比較有效。

6.2.4.2 實行高峰負荷定價的條件

（1）產品不能儲存。例如，電話和鐵路運力是不能存儲起來供消費者以後使用的。

（2）同一設施生產。例如，在一天不同時段提供電話服務使用的是同一電話交換設備和線路。

（3）不同時段需求特徵不同。例如，白天對電話的需求大於夜間，除此之外旅遊、賓館、客運也具有相似特點。每年的「春運」期間，鐵路、公路、民航提高票價也屬於一個典型的高峰負荷定價的問題。

6.2.5 需求關聯產品定價法

6.2.5.1 產品之間在需求上互相聯繫

產品之間在需求上相互聯繫是指一種產品的需求會受另一種產品的需求的影響，

包括互相替代的產品和互相補充的產品這兩種情況。

6.2.5.2 需求相關聯產品定價分析

假定企業生產兩種產品 A 和 B。那麼，它的利潤應為：
$$\pi = TR_A(Q_A, Q_B) + TR_B(Q_A, Q_B) - C_A(Q_A) - C_B(Q_B)$$

根據利潤最大化原理：當因增銷一個單位 A 而增加的總銷售收入等於因增銷一個單位 A 而增加的成本時，產品 A 的銷量是最優的。這一最優條件可用代數公式表示：
$$MR_A = dTR_A/dQ_A + dTR_B/dQ_A = MC_A$$

同理，產品 B 最優產量條件為：
$$MR_B = dTR_B/dQ_B + dTR_A/dQB_A = MC_B$$

式中，MR_A 和 MR_B 分別代表產品 A 和 B 的邊際總銷售收入。

(1) 如果產品是互相替代的，一種產品銷售量的增加會使另一種產品的銷售量減少，這時，交叉邊際收入（dTR_B/dQ_A 和 TR_A/dQB_A）為負值。如果需求之間沒有關聯，這個值為零，每種產品就可按利潤最大化原則獨自決策。與需求間無聯繫的情況相比，企業在最優決策時將會選擇較少的銷售量和較高的價格。

(2) 如果產品之間是互補的（增加一種產品的銷售量也會導致另一種產品的銷售量增加），情況則恰好相反。此時，交叉邊際收入為正值，與需求間無聯繫的情況相比，企業在決策時將傾向於選擇較高的銷售量和較低的價格。

6.2.6 新產品定價法

6.2.6.1 撇脂定價

撇脂定價（Skimming Pricing）是指把價格定得較高，目的是在短時間內盡可能賺取更多的收益。在新產品銷售初期，先以高價在彈性小的市場上出售。隨著時間推移，再逐步降價，使新產品銷售進入需求價格彈性大的市場。

採用撇脂定價需要具備以下幾個條件：
（1）市場具有一批急需此產品、數量可觀的購買者。
（2）採用較小的批量進行生產。
（3）高價不會吸收太多的競爭者。
（4）高價與優質產品的形象相適應。

撇脂定價一般適用於下列情況：
（1）新產品研製長或有專利保護，不怕對手進入。
（2）高價給人的感覺是質量高，是高檔品。
（3）對未來市場價格無把握，以后降價比提價容易。

6.2.6.2 滲透定價

滲透定價（Penetration Pricing）是指把價格定得較低，目的是在短時間內打入市場。一旦向市場滲透的目的達到后，它就會逐漸提高價格。所以滲透定價法是一種為了實現長期目標而謹慎犧牲短期利益的定價方法，常用於競爭比較激烈的日用小商品。

採用滲透定價需要具備的市場條件包括：
（1）市場對價格敏感，需求的價格彈性高；
（2）具有較陡峭的行業經驗曲線，產量增大後成本能很快降下來；
（3）市場的潛在競爭激烈，低價能有效阻止或延緩競爭對手過早地加入競爭。

滲透定價法一般適用於下列情況：
（1）需求價格彈性大，低價能吸引大量的消費者。
（2）規模經濟明顯，大量生產能使成本大大下降。
（3）需要用低價來阻止競爭對手進入，或需要以低價吸引消費者來擴大市場。

6.2.7 兩步定價

為了提高利潤，具有壟斷力的企業也經常使用兩步定價法（two-part pricing）。兩步定價是指企業要求消費者為取得產品的購買權先支付一個固定的費用，然後再為他們所購買的每單位產品另外付費。兩步定價法是另一種剝奪消費者剩餘的方法。

6.2.7.1 單個消費者的兩步收費

娛樂公園、高爾夫俱樂部、健身俱樂部等常常採取兩步收費的辦法，即先收取一次性的入門費，每次消費的時候再收取使用費，這種一次性的入門費稱為「註冊費」。

實施兩步收費是企業追求利潤最大化的一種手段，此時的利潤主要來自消費者剩餘。我們首先分析只有一個消費者的情況。

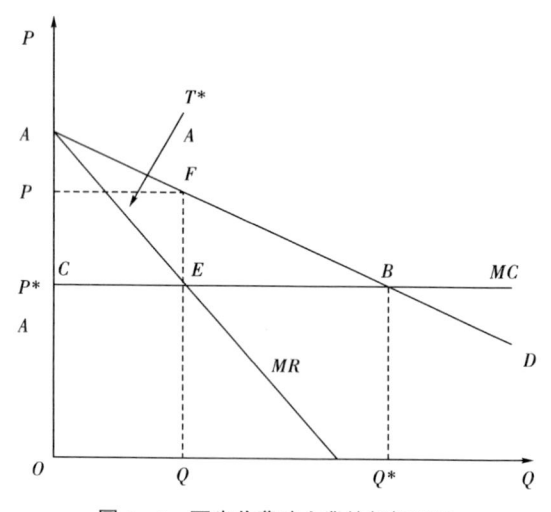

圖 6-5　兩步收費時企業的超額利潤

在圖 6-5 中，簡單假定對企業所生產的商品而言，市場上只有一個消費者，那麼該消費者的需求曲線為 D。或者假定所有的消費者都具有同樣的需求曲線，則即每個消費者的需求曲線就如圖 6-5 中的 D 所示。再假定企業不存在固定成本，邊際成本是常數，因此圖中的 MC 是一條水平的直線。

如果企業不實行兩步收費，按照一般的利潤最大化定價方法，銷售價格定為 P，銷

售數量為 Q，那麼，企業此時可獲得的超額利潤為圖中矩形 $PCEF$ 的面積。

如果實施兩步收費，企業的超額利潤就會大大增加。企業通過收取邊際成本的價格 $P^* = MC$ 來確定使用價格，此時銷售數量為 Q^*；註冊費則按消費者剩餘的大小來收取，即圖中三角形 ABC 的面積。因此，在實行兩步收費後，企業的超額利潤就是消費者剩餘－圖中三角形 ABC 的面積 S_{ABC}。

實際上，企業往往不能掌握關於消費者剩餘的準確信息，也就無法通過兩步定價侵占所有的消費者剩餘。但是，只要企業所收取的固定費用大於矩形 $PCEF$ 的面積，企業總是能獲得更大的利潤的。

6.2.7.2 兩個消費者的兩步收費

上述一個消費者的簡單情況在現實中是少見的，在許多情況下因為消費者的偏好不同，或因消費者收入差異，消費者對某種商品的需求曲線通常是不一致的。在這樣的情況下，應該如何實施兩步收費呢？下面以兩個消費者為例。

假定消費者 A 和 B 的需求曲線分別為 D_A 和 D_B。如圖 6-6 所示。

在這種情況下，如果企業仍然按邊際成本來確定銷售價格，即 $P_0 = MC$，則消費者 A 和 B 將分別購買 Q_A^* 和 Q_B^* 數量的商品。此時企業能夠索取多高的註冊費呢？顯然，此時消費者 A 擁有的消費者剩餘為三角形 AFK 的面積（S_{AFK}），而消費者 B 的消費者剩餘為三角形 ABC 的面積（S_{ABC}）。如果企業不想失去消費者 A，其索取的註冊費就不能高於 S_{AFK}。如果企業按 S_{AFK} 來制定註冊費，則企業可獲得的超額利潤為兩倍三角形 AFK 的面積 $2S_{AFK}$。

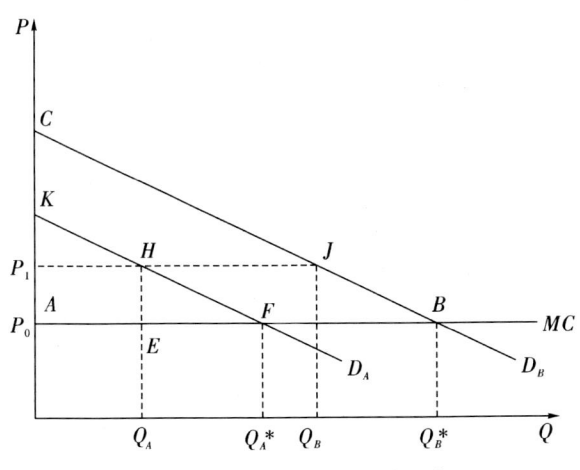

圖 6-6 兩個消費者的兩步收費

當然，如果企業將註冊費定位於消費者 B 的剩餘 S_{ABC}，則企業可獲得的超額利潤為 S_{ABC}，此時消費者 A 將退出這個市場，他不會購買這種商品。企業究竟應該收取以上兩種註冊費的哪一種，取決於利潤的比較。即如果 $2S_{AFK} > S_{ABC}$，企業就應該按照 S_{AFK} 制定註冊費；反之，如果 $2S_{AFK} < S_{ABC}$，企業就應該按照 S_{ABC} 制定註冊費。

另外，如果企業可以將不同消費者區分開來實施價格歧視，對 A 按照 S_{AFK} 收取註

冊費，對 B 按照 S_{ABC} 收取，則所有的消費者都會留在這個市場，企業的超額利潤將是所有的消費者剩餘。

兩次收費還有多種其他的變化形式。例如，對於電話的用戶，通常要支付一定的月租費，以取得電話服務的使用權，然後每使用一次電話，另外再支付相應的費用。而有些城市的做法卻是搭配性的兩步收費，電信局向電話用戶索取一個較高的月租費，並給予一定次數的免費電話，超過免費次數部分則另行收費，這種搭配使得電信局在不失去許多小用戶的情況下向消費者索取了較高的月租費（入門費）。在這種情況下，這些小用戶可能支付很少或不付使用費，所以較高的月租費（入門費）就是侵占了他們的消費者剩餘而又不至於把他們驅逐出市場，與此同時，也能更多地攫取大用戶的消費者剩餘。

以上說明，當有兩個不同的消費者時，企業只能制定一個固定收費外加一個使用價。此時如果企業再把使用費用定為邊際成本的水平，就只能將固定費用定在需求彈性最小的消費者剩餘水平之下，否則會流失客戶。因此，企業應當提高使用費用的水平，而將固定費用的水平降低到使得需求較小的消費者仍能負擔得起的水平。

6.2.8 捆綁定價

捆綁定價（bundle pricing）是指企業把兩種以上的產品作為一個整體，以一個單一的價格進行銷售。如果這些商品是相同的商品，通常稱為整賣；如果這些商品是不同的商品，則被稱為搭售。

捆綁定價法能夠盈利，依賴的是消費者的不同需求模式。我們經常在超市裡發現有些相同的商品是包裝在一起出售的：相冊可能是 6 個放在一起出售；信封可能是 10 個裝在一起出售；卷紙可能成打出售等。我們可以通過分析來說明廠商運用整賣和搭售來增加利潤的做法。

如圖 6-7，假設某消費者對某種產品的需求函數為 $Q = 100 - P$。企業的平均成本和邊際成本假定恒為 40 元，根據利潤最大化原則，產品價格應定為 70 元，產量為 3 個單位，企業利潤為 90 元，即圖 6-7 中陰影部分的面積。如果企業定價 40 元，並且消費者將購買 6 個單位產品，這時企業可以把這 6 個單位包裝在一起出售。如果企業將這 6 個單位的產品定價為 240 元，這樣的話，企業就沒有利潤了。企業整賣的最高收入可以是 6 個單位產品的全部成本 240 元加上這時的全部消費者剩餘 180 元（$\triangle ABC$ 的面積），即 420 元。如果每件產品的平均售價為 70 元，即等於單賣時的價格，那麼這時廠商的利潤為 420 - 240 = 180 元，比不整賣時的 90 元要高出 1 倍。

圖 6-7　市場勢力與整賣

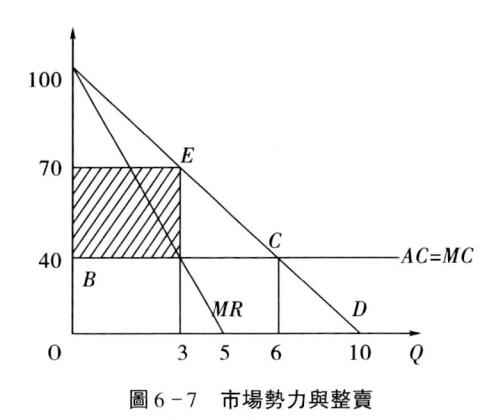

　　在實踐中，廠商為了吸引更多的顧客，會把整賣價格定得低於 420 元，比如 390 元。雖然企業產品的平均價格降為 65 元，但整賣時產品仍能獲利 150 元，如果考慮因降價而增加的銷售量，利潤可能還要高一些。在利用整賣定價時，一個關鍵問題是廠商要確定適當的整賣商量數量。整賣的價格應該等於或略低於總成本加全部消費者剩餘之和。

　　搭售是指不同商品組合在一起出售。例如，廠商把沙發和茶幾一起出售，這種定價法也可以提高廠商的利潤。假如，廠商知道消費者對沙發和茶幾的保留價格（消費者願意支付的最高價格）不同；消費者 1 對沙發的保留價格為 1500 元，對茶幾的保留價格為 400 元；消費者 2 對沙發的保留價格為 1250 元，對茶幾的保留價格為 500 元，如表 6-1 所示。

表 6-1　　　　　　　　不同消費者對沙發和茶幾的保留價格

	沙發	茶幾
消費者 1	1,500 元	400 元
消費者 2	1,250 元	500 元

　　如果廠商把沙發和茶幾單賣，且企業把沙發定價為 1500 元，茶幾定價為 500 元，那麼廠商能出售一個沙發和一個茶幾，共得利益 1500 + 500 = 2000 元。如果廠商對沙發定價 1250 元，茶幾定價為 400 元，那麼廠商就能出售兩個沙發和兩個茶幾，總收益為（1250 + 400）× 2 = 3300 元。

　　如果廠商把沙發和茶幾放在一起出售，即搭售。這時企業可以定價為 1750 元一套。消費者 2 就願意購買，而消費者 1 就更願意購買，因為這個價格低於消費者 1 的保留價格。這樣，廠商就售出了兩套沙發和茶幾，共得收益 1750 × 2 = 3500（元）。搭售比單賣時的最高收益 3300 元要多獲得收益 200 元。可以看出，搭售也提高了廠商的利潤。

　　需要注意的是搭售的收益雖然高於單個出售的收益，但仍然低於價格歧視下的收益。如果廠商知道消費者的保留價格而分別索取不同的價格，那麼我們的這個例子中，

廠商可以獲得 3650 元。

如果一同出售的商品之間在使用上具有互補性，而且廠商對這些產品具有市場勢力，那麼廠商也可以通過捆綁定價而獲得好處。廠商常用的做法是降低第一種商品的價格時消費者還需要第二種商品，而第二種互補性商品的價格則較高。例如，彩色打印機的價格可能不高，但打印機使用的墨盒的價格卻很高。有時候，超級市場或商店以個別商品的低價來招徠顧客，而其他商品的價格卻並不便宜，而顧客進了超市則一般不會僅僅買低價的商品。通常，廠商利用這種互補式的定價方式可以獲得更多的利潤。

6.2.9 區域定價

當企業的產品在較大區域內銷售時，存在產品的生產地與銷售地之間的運輸距離問題，並且當運輸成本占總銷售成本的一個不小的比例的時候，企業在不同區域的定價就成為企業在決定產品價格的一個重要因素。區域定價主要有以下幾種基本方法。

（1）出廠定價

出廠定價是指企業在產品生產地確定一個統一價格，從產地到銷售地的全部運輸費用均由買方承擔。具體而言，這種定價方法可有兩種處理方式，一種是在買方支付統一定價後，自己選擇運輸方式並支付運輸費用；另一種是根據統一出廠價，加上實際運輸，由賣方提出送貨總費用。因此，買方的購買總費用取決於買方所在地與賣方生產地的距離，離賣方越遠的購買者就需要支付越高的運輸費用。

一般來說，當運輸費用與產品本身的價值相比較高的時候，出廠定價是比較合理的方法。

（2）統一到貨定價

統一到貨定價是在一定的市場範圍內，不論買方所在地距離供方的生產地有多遠，都可以在其所在地按照統一的到貨價格買到這種產品。這種定價方法也被為「郵票定價法」。按照這種方法，距離生產地較遠的消費者只需要支付與距離較近的甚至生產地本身的消費者同樣的價格，因此這種定價方法對那些離生產地較遠的顧客更有吸收力。

當產品的運輸成本與產品本身的價值相比顯得不太重要時，或者品牌知名度較高時，統一到貨定價是較為常用的方法，例如化妝品、糖果等產品。

（3）分區定價

當企業把整個市場按照地理位置劃分為若干子區域，對不同的子區域採用不同的價格，而在同一子區域中則採用同一價格，那麼它實施的就是分區定價方法。

分區定價的方法是建立在對消費者的需求價格彈性的考慮之上的。為了謀求在每個小區域都得到最大利潤，企業就只將運輸成本的一部分分攤給遠距離的消費者。

實施分區定價方法的時候，產品的運輸費用是由各個方面分擔的。實際上，企業自己需承擔一部分運輸費用，同時，企業還讓距離較近的消費者為距離較遠的消費者承擔一部分運輸費用。這樣，企業也可以為自己爭取更多的距離生產地較遠的消費者。

一般來說，當運輸費用較高，無法按照相同的價格把產品銷售到所有區域的時候，分區定價方法就是合適的。運費越高，所劃分的子區域就應越多，子區域的範圍就越

小；反之，運輸費用越低，子區域劃分的數量就越少，相應的區域範圍就越大。因此，可以說分區定價是處於出廠定價和統一到貨定價之間的一種折中方法。

6.3 其他定價方法

6.3.1 心理定價

每一件產品都能滿足消費者某一方面的需求，其價值與消費者的心理感受有著很大關係。這就為心理定價策略的運用提供了基礎，使得企業在定價時可以利用消費者心理因素，有意識地將產品價格定得高些或低些，以滿足消費者生理的和心理的、物質的和精神的多方面需求，通過消費者對企業產品的偏愛或忠誠，擴大市場銷售，獲得最大效益。常用的心理定價策略有整數定價、尾數定價、聲望定價和招徠定價。

6.3.2 折扣定價

折扣定價是指對基本價格作出一定讓步，直接或間接降低價格，以爭取顧客，擴大銷量。其中，直接折扣的形式有數量折扣、現金折扣、功能折扣、季節折扣，間接折扣的形式有回扣和津貼。

6.3.3 招標和拍賣

招標是指在投標交易中，投標方根據招標方的規定和要求進行報價的方法。一般有密封投標和公開投標兩種形式。公開投標有公證人參加監督，廣泛邀請各方有條件的投標者報價，當眾公開成交。密封方式則由招標人自行選定中標者。

拍賣也稱為競買，是商業中的一種買賣方式，賣方把商品賣給出價最高的人。其應具備三個條件：價格是不固定的；必須要有兩個以上的買主，要有競爭；價高者得。

6.3.4 競爭定價

競爭定價是指根據本企業產品的實際情況及與對手的產品差異狀況來確定價格的方法。這是一種主動競爭的定價法。一般為實力雄厚、產品獨具特色的企業所採用。

競爭定價通常將企業估算價格與市場上競爭者的價格進行比較，分別高於競爭者定價、等於競爭者定價、低於競爭者定價三個層次。

6.4 廣告決策

在現代經濟中，廣告是壟斷競爭市場上大量存在的現象。當企業銷售差異化的產品並收取高於邊際成本的價格時，每個企業都受到做廣告來吸引更多消費者的激勵。對於企業來說，通過廣告建立或者維持產品的品牌，已經成為一種重要的競爭手段。

不同市場的廣告量差別很大。銷售略有差異產品的企業，例如銷售藥品、快速食品、化妝品的企業，廣告量相對較大；出售工業品的企業，例如，銷售機床、交換機的企業，由於買者已經掌握相當多的產品信息，一般不需要投入太多資源於廣告；而銷售同質產品的企業，例如，銷售玉米、石油的企業，根本沒有廣告支出。

為了最大化利潤，企業應該在廣告上投入多少？這個問題的回答和任何經濟決策一樣，最優的廣告支出由邊際收益和邊際成本相等確定：為了利潤最大化，企業正確的廣告決策是不斷增加廣告支出，直到廣告的邊際收益恰好等於廣告的邊際成本。廣告的邊際成本是直接花費在廣告上的成本與廣告帶來的增加的銷售所引起的邊際生產成本之和。邊際收益是企業通過廣告而獲得的額外收益。

【閱讀6-3】

廣告支出與總收益

如果用 A 表示企業的廣告支出，P 表示商品價格，$Q(P, A)$ 表示由價格和廣告因素決定的企業需求，$C(Q)$ 表示生產成本，則企業的利潤是 P 和 A 的函數。

$$\pi(P, A) = P \times Q(P, A) - C[Q(P, A)] - A$$

上式對 P 和 A 求導，則利潤最大化的條件是：

$$\begin{cases} \dfrac{\partial \pi}{\partial P} = P \dfrac{\partial Q}{\partial P} + Q - \dfrac{\partial C}{\partial Q} \dfrac{\partial Q}{\partial P} = 0 \\ \dfrac{\partial \pi}{\partial A} = P \dfrac{\partial Q}{\partial A} - \dfrac{\partial C}{\partial Q} \dfrac{\partial Q}{\partial A} - 1 = 0 \end{cases}$$

式中，$\dfrac{\partial C}{\partial Q}$ 是邊際成本 MC，$\dfrac{\dfrac{\partial Q}{\partial P}}{\dfrac{Q}{P}}$ 是需求的價格彈性 E_P，定義為需求的廣告彈性（advertising elasticity of demand，表示為 E_A），則上面方程組又可寫為：

$$\begin{cases} \dfrac{P - MC}{P} = \dfrac{-1}{E_P} \\ \dfrac{P - MC}{P} = \dfrac{A}{TR} \times \dfrac{1}{E_A} \end{cases}$$

根據上面的方程組，得 $\dfrac{A}{TR} = -\dfrac{E_A}{E_P}$

上式說明了兩點。

首先，企業需求的價格彈性越大，最優廣告支出佔總收益的比例越小。在極端情況下，即價格彈性無限大的完全競爭市場上，這個比例為零，企業不支出任何廣告費用。

其次，廣告彈性[①]越大，最優廣告支出佔總收益的比例越大。具有壟斷勢力的企業面臨著一條不具有完全彈性的需求曲線，所以企業發現它們應該投資於廣告。企業應

---

① 廣告彈性：是指廣告支出的單位變化所引起的需求量變化。

該在廣告上投入多少則取決於廣告對需求量的影響。廣告彈性越大，表示需求對廣告越敏感，由於廣告支出的增加帶來的總收益的增量就越大，所以最優廣告支出占總收益的比例越大。

[本章小結]

1. 定價是企業競爭中的重要決策。要想正確地制定價格必須考慮影響定價的因素的同時並遵循一定步驟進行。常用的定價方法有成本加成定價法、增量定價分析法、差別分析定價法、高峰負荷定價法、需求關聯產品定價法、兩步定價、捆綁定價、區域定價法。

2. 成本加成定價主要是加成的百分比究竟是多少並不是根據廠商的主觀意願決定的，而是由需求價格彈性決定的。

3. 增量定價分析法主要是分析企業接受新任務后是否有增量利潤（貢獻）。如果增量利潤為正值，說明新任務的價格是可以接受的；反之則不能接受。增量定價分析法常用於短期決策。

4. 價格歧視也叫價格歧視，是指企業生產的同一種商品在不同的場合索取不同的價格。這裡不同的場合可以是不同的消費者、不同的市場或者是不同的消費數量等。一級價格歧視是指企業對所銷售的每一單位產品都索取最高可能的價格；二級價格歧視是指企業按照消費者購買的不同數量來確定價格，最典型的是公共事業企業的分段定價；三級價格歧視是企業把市場劃分成多個不同的子市場，同一種商品在不同的子市場上將按照不同價格出售。

5. 企業要成功實施三級價格歧視，有兩個必要條件：①市場可分割，②不同的消費者或者不同的子市場具有不同的需求價格彈性。

6. 當不同期間裡的需求具有不同的特點時可以採用高峰定價，對高峰需求期間的顧客定高價，對非高峰需求期間的顧客定低價。

7. 需求關聯產品定價法主要是指當產品是互相替代的企業宜減少銷售量提高價格；反之，互補則增加銷售量降低價格。

8. 當企業掌握關於消費者剩余的準確信息時，可以採取兩步定價，先為產品的購買權要求一個固定費用，然后以近似邊際成本的價格銷售產品；或者採用捆綁銷售方式來定價，迫使消費者批量購買。

9. 企業在決定產品價格的時候對不同類型的產品，運輸成本的分擔不同可以有不同的定價方式，包括出廠定價、統一到貨定價、分區定價等。

10. 當企業銷售差異化的產品並收取高於邊際成本的價格時，每個企業都受到做廣告來吸引更多消費者的激勵。但企業正確的廣告決策是不斷增加廣告支出，直到廣告的邊際收益恰好等於廣告的邊際成本。

[思考與練習]

一、名詞解釋

成本加成定價法　　　增量定價分析法　　　價格歧視
撇脂定價　　　　　　兩步定價　　　　　　差別定價

二、問答題

1. 增量分析定價法和成本加成定價法的主要區別是什麼？什麼情況下適於使用增量分析定價法？
2. 增量定價分析法可用於哪些情況？運用增量定價分析法應注意哪些問題？
3. 撇脂定價的適用場合有哪些？
4. 滲透定價運用於哪些情況？
5. 什麼是高峰負荷定價法？如何實行？有人說實行高峰負荷定價法能提高社會資源配置的效率，這一說法是否正確？
6. 在中國幾乎所有的旅遊景點的大門口都清楚地昭示，中國人門票的價格和外國人門票的價格。我們看到中國人門票遠遠低於外國人的門票價格，這是為什麼？

三、計算題

1. 某企業在兩個市場上銷售產品，生產產品的邊際成本為 2 元。兩個市場上的需求函數如下：

   市場 1：$Q_1 = 7 - 0.5P_1$

   市場 2：$Q_2 = 5 - P_2$

   那麼，兩個市場上的利潤最大化價格和銷售量各應是多少？此時總利潤是多少？

   (答案：$Q_1 = 3$，$P_1 = 8$；$Q_2 = 4$，$P_2 = 6$；總利潤為 34)

2. 假定某企業生產某產品的變動成本為每件 10 元，標準產量為 50 萬件，總固定成本為 250 萬元。如果企業的目標成本利潤率定為 20%，問價格應定為多少？

   (答案：價格應定為 18 元)

3. 假定某航空公司在甲、乙兩地之間飛行一次的全部成本為 5000 元。在甲、乙之間增加一次飛行需要增加的成本為 2000 元，若增加一次飛行的票價收入為 3000 元。問：是否應增開航班？

   (答案：是)

4. 假定有一家企業生產兩種產品 A 和 B。其邊際成本分別為 80 和 40；需求曲線分別為：$P_A = 280 - Q_A$ 和 $P_B = 180 - Q_B - 2Q_A$。為了使企業利潤最大，應該把產品 A 和 B 的銷售量與價格各定在什麼水平？

   (答案：A 和 B 的銷售量應分別定為 30 和 40，價格定分別為 220 元與 80 元)

7 企業決策中的風險分析

[本章結構圖]

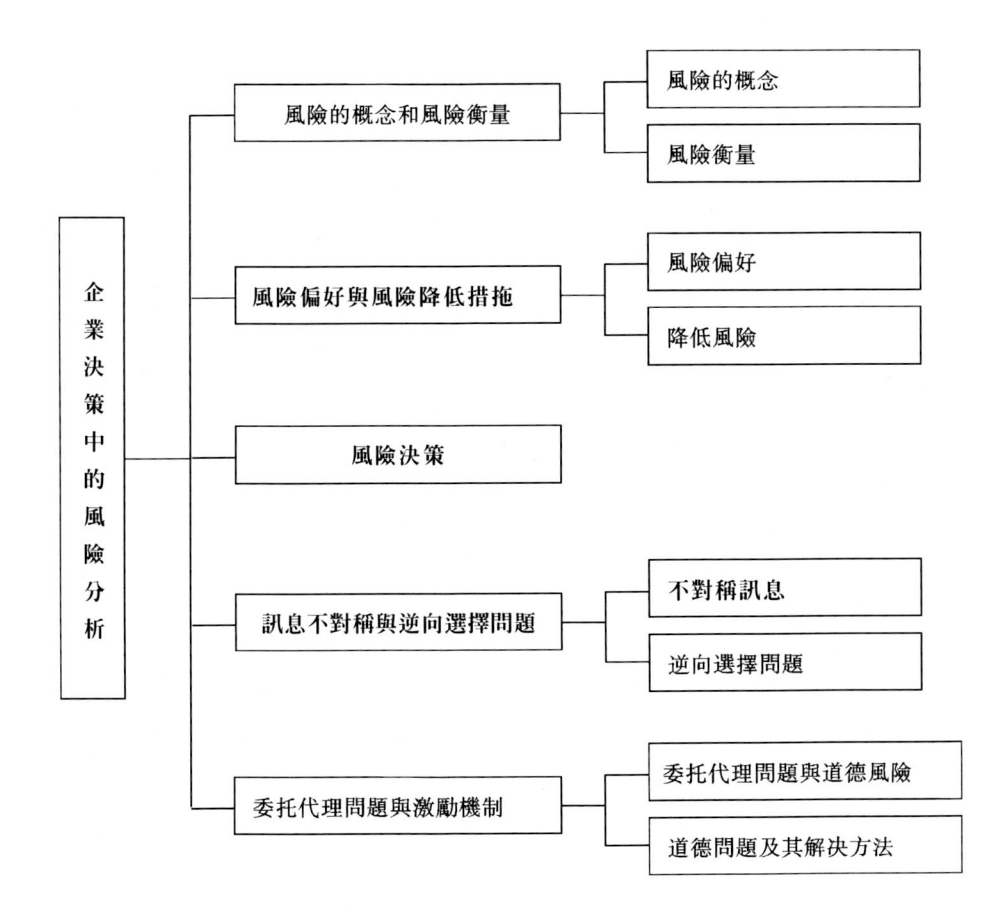

```
                ┌─ 風險的概念和風險衡量 ─┬─ 風險的概念
                │                        └─ 風險衡量
                │
                ├─ 風險偏好與風險降低措拖 ─┬─ 風險偏好
                │                          └─ 降低風險
企業決策中的風險分析 ┤
                ├─ 風險決策
                │
                ├─ 訊息不對稱與逆向選擇問題 ─┬─ 不對稱訊息
                │                            └─ 逆向選擇問題
                │
                └─ 委托代理問題與激勵機制 ─┬─ 委托代理問題與道德風險
                                            └─ 道德問題及其解決方法
```

[本章學習目標]

通過本章的學習，你可以瞭解：
- 風險以及風險的衡量。
- 風險偏好與降低風險的措施。
- 信息不對稱以及造成不對稱信息的主要原因。

❏ 企業解決逆向選擇問題。
❏ 企業中的道德風險問題及其解決方式。

決策總是面向未來的，但未來又總充滿了若干變數與不確定性，而企業經營管理中任何一項決策的失誤，給企業帶來的后果都可能是災難性的，因此，研究企業決策中的風險問題具有重要的意義。這一章我們將從風險的識別與衡量出發，討論風險的偏好，降低風險的措施，風險決策以及在有限信息（信息不對稱）基礎上的決策相關問題。

7.1　風險的概念和風險衡量

7.1.1　風險的概念

風險（risk）一般可以概括為：在一定條件下，某項事件的未來發展過程中，可能出現的多種不同結果中，那些將對事件主體產生損失的結果發生的可能性就稱之為風險。因此，風險是預期收益不能實現的可能性和概率，具有不確定性。

具體到企業，企業風險則是指企業在其生產經營活動的各個環節可能遭受到的損失與威脅的可能性。企業風險是一個廣義的概念，它涉及的範圍相當廣泛。不管是在採購、生產、銷售等不同的經營過程，還是在計劃、組織、決策等不同職能領域，企業所遇到的不確定性都可以統稱為企業風險。總的來說，企業風險是和企業的生產經營活動密切相關的，它潛藏於企業的經營行為當中，並具有不同的表現形式。

7.1.1.1　企業風險的特點

①突發性：企業風險的爆發往往是偶然的，具有較強的隨機性。
②客觀性：因為決定風險的各種因素是客觀存在的，所以風險的存在是不以人們的意志為轉移的客觀事物。
③無形性：風險是看不見、摸不著的一項無形要素。
④多變性：風險的種類、性質、大小等內在要素均會隨著企業內、外在條件的變化而呈動態變化的特徵。
⑤損失與收益的對稱性：由於風險可能對事物造成損失，因此風險常常是和不利相聯繫；但是和風險相伴隨的不僅是潛在的損失，也有獲利的可能。一般地，風險越大，可能的回報率越高。

7.1.1.2　企業風險的成因

任何一個企業，在從事經營活動時都將涉及三項基本的要素，即企業所處的外部經營環境、企業自身的內部條件以及企業根據內、外部情況組織配置資源的能力。正是這三項要素所存在的不確定性便直接導致了企業風險的三大成因。

①外部環境。外部環境是指企業的生存環境。任何企業都存在於一定的經營環境

之中。經營環境對企業越有利，提供的機會越多，企業營運就越順利，成功的可能性也就越大。外部環境包含的因素多而雜，涉及面相當廣泛。對企業而言，它是一種外生的變量，企業難以控制和把握。因此，外部環境的不確定性常常是一種主要的風險誘因。尤其是在當今時代，市場需求日趨多樣，競爭程度愈加激烈，經營環境呈現出更加複雜多變的格局，企業面臨的風險也相應增加。

②內部條件。內部條件是指企業從事生產經營活動時所佔有的有形及無形資源要素的總和。它是企業經營的物質基礎和必要前提，主要包括資金、技術、人才、設備、原料、信息以及管理策略、企業文化等軟件和硬件等必要要素。企業的內部條件決定著企業的規模、實力。企業的內部條件越完善，就意味著企業自身的優勢越大，抵抗風險的能力也越強；反之亦然。隨著知識經濟的來臨，企業間的競爭日益表現為智力的競爭，企業所擁有的技術、創新能力、信息及傳輸網絡等軟件要素日益成為競爭的焦點，因此，軟件要素的素質、水平已逐漸成為決定企業競爭狀況的關鍵。

③資源配置。資源配置水平是一個企業整體實力的綜合反應，企業的資源配置取決於企業所處的內、外部條件以及資源配置策略。一般地講，企業所處的經營環境越有利，機會越多，資源配置就相對越容易；企業內部條件越好，實力越強，則企業進行資源配置時也將更為有利。較強的資源配置能力通常表現為：敏銳的市場洞察能力和捕捉商機的能力、快速的組織調配資源能力、富有創造性的資源策劃能力以及良好的經營管理能力等諸多方面。

現實生活中，不少企業正是由於具有快速準備和組織調配資源滿足市場需求的能力，掌握了有效的資源配置策略，才得以在千變萬化的市場經濟環境中立住腳，並取得良好經營業績的。同時，高水平的資源配置能力還可能幫助企業彌補自身的一些不利因素，將外部環境中的不利因素轉化為有利機會，使企業獲得高額報酬。

7.1.2 風險衡量

為了從數量上考察風險，必須瞭解測度風險的幾個重要指標，即概率、期望值與方差。

7.1.2.1 概率

概率是指一種結果發生的可能性有多大。這種可能性是指一種后果將來發生的可能程度，對這種后果發生可能中有兩種解釋：一種是客觀分析，它是在對已發生事件觀察的基礎上得出的結論，是對事件發展觀察的結果。另一種是主觀分析，即這種事件以前未發生過，對其后果的可能性只能進行推測，這種推測主要是主觀判斷，當然也可能包含一些個人的相關經驗。

7.1.2.2 期望值

期望值與不確定性事件有關，是指在不確定性情況下，在全部影響因素作用下，所有可能結果的加權平均數。權數就是每種結果的概率。如消費者可購買同等數量的三種 A、B、C 商品，三種商品的總效用分別為 10、5、8，已知購買 A 的概率為 60%，購買 B 的概率為 30%，購買 C 的概率為 10%，則消費者總效用的期望值為 8.3 = 0.6 ×

10 +0.3×5 +0.1×8。

7.1.2.3 方差

方差的概念比期望值稍複雜一些。簡單說，方差亦稱離差，是用來描述一組數據或概率分散或集中程度的一個量，也就是實際值與期望值之間的距離。不確定事件的方差是該事件每一可能結果所取實際值與期望值之差的平方的加權平均數，一般用 σ^2 表示，方差的平方根 σ 被稱為標準差。可以看出，若用方差或標準差測試風險，則方差或標準差越大，風險越大。

7.2 風險偏好與風險降低措施

7.2.1 風險偏好

一般地，高回報總是與高風險相伴的。基本上所有的投資抉擇都要求或者為了降低風險而犧牲高期望回報，或者為了得到更多的回報而承擔更大的風險。因此，任何決策都反應人們對風險的態度，即偏好。

在現實生活中，我們可以發現有些人為了減少未來收入和財富的不確定性而進行保險，而另一些人卻為了增加不確定性而進行冒險，如賭博，這表明人們對待風險的偏好程度是不一樣的。根據不同的人對風險偏好的程度有所不同，可以把人們分為三種不同的風險類型：風險規避者、風險中性者和風險愛好者。其中，大多數人是風險規避者。

現在，我們可以用一個實驗來區分這三類風險偏好不同的人。

設想每個人都可以自由地參加一個拋硬幣的賭博。如果硬幣出現正面可獲得1,000元，出現反面則付出1,000元，假定這是一個「公正」賭博，「公正」是指正反面出現的可能性均為0.5，這樣，每個參與者的期望收益為0元，於是有：

1,000×0.5 + (−1,000) ×0.5 =0（元）

這樣的賭博如果重複多少次，例如1,000次，每個參與者的盈虧將大致相抵。

面對這樣的賭博，有些人欣然參加，我們就把這些人稱為風險愛好者（risk lover）；有些人堅決不參加，我們稱這些人為風險規避者（risk averter）；另一些人認為參加不參加無所謂和沒有差異，我們稱這些人為風險中性者（risk neuter）。

下面我們應用擇業為例簡要說明三種風險偏好與效用函數的關係。

圖7−1表示某人對風險的偏好程度，曲線 OE 表示他的效用函數，它告訴我們這個人在不同收入下所得到的效用。從圖中可以看出，效用隨收入的增加而增加，但效用的增加速度是遞減的，即表現為一個斜率逐漸減小的函數曲線。該圖適用於風險規避者的效用函數。

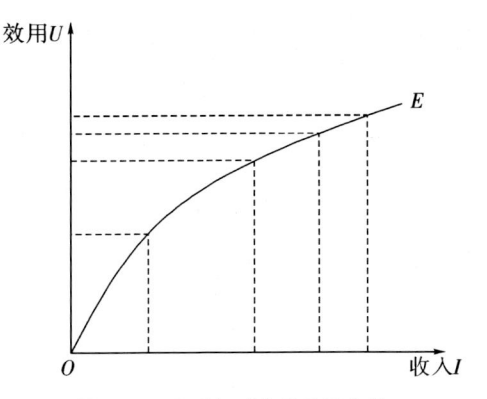

图 7-1 風險規避者的效用曲線

图 7-2 表示風險中性者的效用函數。對於風險中性者，效用隨收入的增加而增加，但效用的增加速度是恒定的，即表現為一個斜率為固定值的函數曲線。

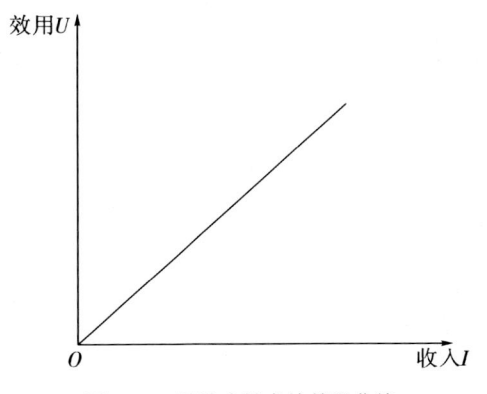

图 7-2 風險中性者的效用曲線

图 7-3 是風險愛好者的效用函數。從圖中可以看出，效用隨收入的增加而增加，但效用的增加速度是遞增的，即表現為一個斜率逐漸增大的函數曲線。

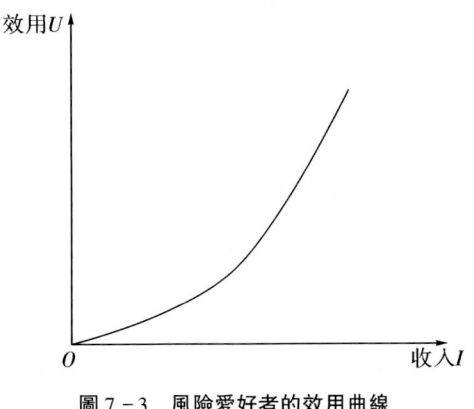

图 7-3 風險愛好者的效用曲線

值得一提的是，人們對待風險的態度是可能隨著外界條件的變化而變化的。以投資為例，一般情況下，理性的投資者是厭惡風險的。也就是說，在收益率相同的條件下，理性投資者會選擇風險較小的證券或證券組合；而在風險相同的條件下，理性投資者會選擇收益較大的證券或證券組合。當然市場上也有不少的投資者，在風險程度普遍較小的情況下，並不十分在乎風險，而是更加留意預期收益，這種情況比較接近風險中性。有時投資者比較偏好賭博，明知預期收益很低甚至為零或為負數的情況下也要進行投資，這種投資者就是風險愛好者，正如馬克思在《資本論》中所言，人們為了 300% 的利潤就敢於冒絞首的危險。

在正常情況下，投資者有較大盈利，這時投資者是理性的，比較關注風險造成的影響；但當投資者已經處於較大虧損狀態時，投資者的風險態度就可能發生轉變，變成愛好風險，去進行賭博。因為這時，若賭贏了，投資者就會挽回較大部分損失；若賭輸了，也無非多損失一點而已。也許正是基於同樣的理由，所以才有生活中我們常說的：破罐子破摔、破釜沉舟的典故。

7.2.2 降低風險

降低風險是風險管理中最重要的一環，也是實施風險管理的最終目的。通常，企業和消費者存在著減少不確定性、降低風險的傾向。這裡介紹三種降低風險的方法：多元化經營、購買保險和獲取信息。

7.2.2.1 多元化經營

多元化（diversification）經營就是企業經營不只局限於一種產品或一個產業，而實行跨產品、跨行業的經營。

如果你是一個產品銷售商準備銷售太陽鏡和雨傘。你可以決定只銷售太陽鏡或只銷售雨傘，或者一半時間銷售太陽鏡，一半時間銷售雨傘。但是，你無法知道明年的天氣如何，為了使你的銷售風險降至最低，你可能會通過多元化經營來降低風險，即把你的時間分配在兩種以上沒有密切關係的商品上，而不是只銷售一種商品。假定明年可能有半年下雨，半年晴天。表 7-1 為銷售太陽鏡和雨傘的可能收入。

表 7-1　　　　　　　　　　銷售太陽鏡和雨傘的收入　　　　　　　　　　單位：元

	天晴	下雨
太陽鏡	30,000	12,000
雨傘	12,000	30,000

如果只銷售太陽鏡或雨傘，可能收入為 30,000 元或 12,000 元，期望收益為：
$0.5 \times 30,000 + 0.5 \times 12,000 = 21,000$（元）

假如這個人現在有一半時間銷售太陽鏡，一半時間銷售雨傘，那麼，天晴時太陽鏡的收入為 15,000，雨傘的收入為 6,000 元；下雨時雨傘的收入為 15,000 元，太陽鏡的收入為 6,000 元。因此，不管天氣是晴天還是下雨，銷售收入將固定為 21,000 元。也就是說，如果通過多元化經營，銷售風險可以被消除。

雖然這是一個極端的例子，但是通過多元化經營，把企業的生產經營活動拓展到相關性較小的多種產品或多個領域，當其中的某個領域經營失敗時，可以通過其他領域內的成功經營來得到補償，從而使整個企業的收益得到保證。企業在兩個完全負相關的行業經營，且經營規模相當，就像上例中的銷售太陽鏡和銷售雨傘那樣，多元化經營后的企業幾乎可以得到一個完全確定的收入。即使不是這種極端情況，多元化經營后的企業收入風險也大大低於多元化經營之前的收入風險。因此，即使多元化經營不能使企業的期望收入增加，也能降低收入的變動範圍，使企業能更穩定地獲得這種收入，從而降低企業的經營風險。

【閱讀7-1】
多元化經營能降低企業經營風險的統計學說明

假如有某個企業進行多元化經營，它進入兩個期望收益規模和收益變動程度相同的行業，設 k 是每個行業經營活動運用的資本，r_i 是第 i 個行業的收益率，$r_i = R_i/k$，R_i 是第 i 個行業的利潤，r_i 且是具有均值 μ 和方差 σ 的隨機變量，則多元化經營后企業的收益率為：

$$r = (R_1 + R_2) / (2k) = (r_1 + r_2) / 2$$

如果 ρ 是 r_1 和 r_2 的相關係數，那麼根據統計理論，企業收益的標準差為：

$$\sigma_r = \sigma \sqrt{(1+\rho)/2}$$

可見，r_1 和 r_2 獨立時（$\rho = 0$），即兩行業的收益率沒有任何線性相關關係，$\sigma_r = \sigma/\sqrt{2}$；完全正相關（$\rho = 1$）時，$\sigma_r = \sigma$；完全負相關（$\rho = -1$）時，$\sigma_r = 0$。顯然，相關係數 ρ 的值對降低風險的程度是至關重要的。例如，當兩個行業經營活動的收益完全沒有關係時，多元化經營后企業的收益率標準差可降至原來的 $\sqrt{1/2}$；而當兩個企業收益率呈負相關時，多元化經營后高收益率的標準差可降得更低，如銷售太陽鏡和雨傘一例所示。不過，在實際情況下，企業收益率的相關係數往往是正的，其主要原因可能是不同行業面對的是同一宏觀經濟環境和受同一最高管理者的控制。但即使如此，多元化經營后的經營風險也大大降低了。

【閱讀7-2】
中國企業喜歡多元化的無奈理由

企業是否應該多元化？從世界各國企業的實踐來看，失敗的多成功的少，所以，理論辦對企業的多元化一般都是持否定的態度。但是，有一個現象卻是不爭的事實，在中國既有因為多元化倒下的企業，也有因多元化活得有滋有味的企業，甚至有些企業經營狀況和發展勢頭都很好。

儘管理論上成功或失敗的理由很多，但它們有一個共同的特點，就是把企業的多元化看作是企業積極主動的行為，是企業發自內心的迫切要求。然而，這種分析與中國目前的企業現狀並不完全相符，它漏掉了中國企業被迫多元化一個基本事實。

中國企業被迫多元化有多種表現：有的是被政策逼迫的，有的是被領導要求的，有的是被低成本所吸引的，有的是被高利潤所誘惑等。

例如，企業要上市，可是沒有達到規定的淨資產規模，只好把主營產品毫不相干的兩個企業捆綁在一起整體上市，由此，一個企業便不得不多元化；民營企業原本在一個領域內幹的非常出色，可是過不了資金瓶頸或者需要更大的融資平臺，自己又無法上市，只好收購上市公司，而上市公司的產業與收購企業的原主業可能相差甚遠。

有的國有企業原本健康發展，可是地方領導或者希望做大做強，或者希望解決虧損企業包袱，強行把一些勉強相關或者是上下游企業組在一起；對於民營企業的多元化，地方領導當然不便採用行政命令的方式，許以利誘使企業輕易就能獲得行業內巨大的成本領先優勢，因此這些企業未有不心動的道理，儘管這些行業可能與自己原有的主業毫不相關。

中國稍有實力的企業，不管其主業是電子、機械還是建築、運輸，也不管是國有還是民營，鮮有不涉足房地產的。不是這些企業喜歡偏離主業追求多元化，而是無法抗拒房地產業零風險高利潤的誘惑。由於政府控製土地一級市場，土地供求相對偏少，一般居民又缺少投資的渠道，選擇觀望便成了儲蓄保值的常規手段，雖然開發商遍地皆是，但它仍然是一個供應少需求旺的壟斷市場。

中國企業的普遍多元化不僅僅是由企業的內在衝動所造成，它與目前中國的市場經濟體制發育不完善有密不可分的關係。當我們以世界各國的企業經驗來呼籲中國企業不應該多元化的時候，其實，我們忘了中國的市場經濟與發達國家的市場經濟還是有著天壤之別。

（資料來源：徐昌生，《中國企業喜歡多元化的無奈理由》，載中國人力資源開發網，2006-09-08。）

7.2.2.2 購買保險

保險市場存在的原因是期望規避風險。風險規避者是一種為了規避風險願意放棄一部分現期收入的人。如果保險的費用正好等於期望損失，風險規避者就願意購買足夠的保險，以使他從任何可能遭受的損失中得到全額的補償。如果保險的賠償是全額的，那麼保險的購買者無論有無風險損失，其投保人的收入總是固定的。由於保險的支出等於期望損失，因此固定收入總是等於風險存在時的期望收入。對於一個風險規避者而言，確定收入給他帶來的效用要高於其處在無損失時高收入和有損失時低收入的不穩定狀況所帶來的效用。我們不妨假定某人家庭財產失竊的可能性為1%，損失為10萬元。假如他原來擁有100萬元的財產，他以1,000元的價格投保，失竊後能得到全額補償10萬元，但假如他不投保，失竊後就遭受10萬元的損失，當然他無需支付保險費。表7-2顯示他投保或不投保時的財產水平。

表7-2　　　　　　　　投保或不投保時的財產水平　　　　　　　　單位：萬元

	不發生失竊 ($Pr = 0.99$)	發生失竊 ($Pr = 0.01$)	期望財富
不投保	100	90	99.9
投保	99.9	99.9	99.9

從表7-2中的例子可以看到，投保其實並沒有改變投保者的財產水平，但是投保消除了未來財產水平不確定的風險，也就提高了投保者的效用水平。

保險公司也是追求利潤最大化的企業，在為客戶提供保險時當然知道面臨著的風險。保險公司是基於大規模經營來規避風險的。儘管每個孤立的事件可能是偶然發生、無法預知的，但許多類似事件的平均結果是可以推測的。例如，我們難以預料某個家庭是否會失竊，損失是多少，但可以根據過去的相關統計資料來判斷在大量居民家庭中，失竊會發生的大約的次數。假如保險公司的經營規模足夠大，保險公司可以相信，在大量事件發生之後其保險收入會與它的總收支持平。以上述投保為例，某人知道他家失竊的可能性是1%，失竊損失為10萬元。在被盜之前，他完全可以計算出他家的預期損失為1,000元，但這包含了很大的風險，因為有1%損失10萬元的可能。假如現在有1萬人面臨著同樣的情況，他們都向保險公司購買了盜竊保險，他們面臨的情況相同，保險公司向他們索取相同的保險費1,000元，這些1,000元就形成了1,000萬元的保險基金，用以補償失竊的損失。如果不存在道德風險和逆向選擇等問題，那麼保險公司總的賠付支出將接近1,000萬元，公司不需擔心損失會更多。

要是考慮到保險公司的管理費或保險市場的不完全競爭所發生的超額利潤，保險公司收取的保險費將超過預期補償支出。這樣，可能會使許多人不從保險公司購買保險，而是採用自我保險的行為。例如，把資產分散到各種諸如股票、債券或購買共同基金等行為中去。

7.2.2.3　獲取信息

風險是由不確定性引起的。在不確定的情況下，決策者的決策行為是建立在有限信息基礎上的。如果決策者能通過一定的手段獲得更多的信息，隨著決策所需的信息增加，不確定性也就相應減少，決策風險將因此而降低，相應的收益可能會提高。

我們可以借用中國古代「田忌賽馬」的故事來說明信息的價值。「田忌賽馬」講的是戰國時期，齊國的國王與田忌進行賽馬，雙方約定，各出3匹馬，分別從上、中、下3個等級中各出1匹，每匹馬都要參加比賽，而且只參加1次，每次各出1匹馬，一共比賽3次，每次比賽后要付給勝者1千金。當時的情況是，齊王的每一等級的馬都要比田忌的強一些，但田忌的上等和中等馬分別要比齊王的中等和下等馬強。如果我們現在假定雙方比賽之前誰也不知道對方出什麼等級的馬，那麼結果將會如何呢？

既然雙方都不知道對方會出什麼等級的馬，我們就假定所有3匹馬出場次序的概率都是相同的，用（上、中、下）表示先出上馬，再出中馬，后出下馬。對於齊王和田忌都有6種可能的次序：①上、中、下；②上、下、中；③中、上、下；④中、下、

上；⑤下、中、上；⑥下、上、中。在雙方完全不知道對方採用哪一種馬的出場次序時，田忌只有 1/6 的可能贏 1 千金，1/6 的可能輸 3 千金，4/6 的可能輸 1 千金。如表 7-3 所示，其期望收益為：

$1/6 \times 1 + 4/6 \times (-1) + 4/6 \times (-3) = -1$（千金）

在這裡，齊王出什麼等級的馬，對田忌來說是無法預知的，比賽的結果田忌的期望值是輸 1 千金。

表 7-3 　　　　　　　　　　　　田忌賽馬

		田忌出馬次序					
		上中下	上下中	中上下	中下上	下中上	下上中
齊王的出馬次序	上中下	-3	-1	-1	-1	-1	1
	上下中	-1	-3	-1	-1	1	-1
	中上下	-1	1	-3	-1	-1	-1
	中下上	1	-1	-1	-3	-1	-1
	下中上	-1	-1	1	-1	-3	-1
	下上中	-1	-1	-1	1	-1	-3

現在假如田忌通過某種方法獲得了齊王出馬次序的信息。也就是說，對田忌來說，齊王的出馬次序是確定的，這時，田忌就可以根據這個信息，確定相應的決策：當齊王出上馬時，田忌出下馬，田忌輸 1 千金；當齊王出中馬時，田忌出上馬，田忌贏 1 千金；齊王出下馬時，田忌出中馬，田忌贏 1 千金。總的來看，田忌贏 1 千金。

在田忌不知對方出馬次序時的收益為負 1 千金，而獲得齊王出馬次序的信息后，降低了決策風險，收益水平提高為正 1 千金，其中增加的 2 千金對於田忌來說就是齊王出馬次序這一信息的價值。如果獲得齊王出馬次序的代價低於 2 千金，那麼這種減少決策者信息不確定性的信息的獲取信息的行動，能提高收益水平。

在知識經濟和網絡高度發達的今天，信息的內涵和外延已得到極大的拓展，各種信息急遽膨脹，瞬息萬變，信息已成為社會經濟發展的「血液」。在今天，哪個企業能更快、更多、更準地獲取信息，那它就能更好地提高決策效果，贏得勝利。

7.3　風險決策

風險決策或風險型決策，也叫統計型決策或隨機決策，本質上是一個信息不充分的博弈過程，它通常具有五個條件：①存在著決策者希望達到的目標。②存在著兩個或兩個以上的行動方案可供決策者選擇，通常最后只選擇一個方案。③存在著兩個或兩個以上的不以決策者的主觀意志為轉移的自然狀態。④不同的行動方案在不同自然狀態下的相應損益值可以計算出來。⑤在幾種不同的自然狀態中未來空間將出現哪種

自然狀態，決策者不能肯定，但是各種自然狀態出現的概率，決策者可以預先估計或計算出來。

對於風險決策，有兩種基本決策準則和兩種決策方法。

7.3.1 基本決策準則

（1）最大可能準則。根據概率，一個事件出現的概率越大，發生的可能性就越大。基於這種原理，在風險決策中選擇一個概率最大的自然狀態進行決策，其他自然狀態則不予理會。這樣，風險決策實際上已轉變為確定型決策，這就叫最大可能準則。實際上，確定型決策是風險決策的特例，它只不過是把確定的自然狀態看作必然事件，即其發生的概率為1，把其他自然狀態看作不可能事件（發生概率為0）的風險型決策的特例。

如果在某一風險決策問題中，一種自然狀態出現的概率比其他狀態出現的概率大，而各種自然狀態下損益值差別不很大，在這種情況下，最大可能準則是一個有效的決策。但如果某一個風險決策，其可能發生的自然狀態出現的概率很小，而且很難接近，則不宜採用這種準則。

（2）期望值準則。期望值準則假定決策者是風險中性者，他僅根據損益的期望值大小來決策。如果決策目標是投資收益率最大化，那麼可以把每個投資方案的期望收益率求出加以比較。

7.3.2 常用決策方法

（1）決策樹法。決策樹（decision tree）法指的是一種在作出決策之前考慮和權衡所有可能出現的自然狀態，然后逐步作出決策的一種決策方法。這種決策方法用圖形表示時形如樹狀，故稱為決策樹法。

利用決策樹法進行決策首先要畫出決策樹，通常用「□」表示決策點，從它引出的分支叫方案分支。分支數反應可能的行動方案數，用「○」表示方案節點，其上方的數字表示該方案的效益期望值。從它引出的分支叫概率分支，每條分支的上面寫明了自然狀態及其出現的概率，分支數反應可能的自然狀態數。用「△」表示結果節點或末梢，它旁邊的數字是每一方案在相應狀態下的損益值。其次要預計可能事件發生的概率，把確定好的概率值標在決策樹的相應位置上。再次是計算損益期望值。最后是從決策樹的末梢開始由右向左比較期望值，選出最優方案，刪去其他方案。

現在我們考慮如下案例：

【例7－1】某企業為某一新產品滿足市場需求設計了兩個方案，①建設一個大工廠，需投資300萬元；②新建一個小工廠，需投資140萬元。兩方案使用期限均為10年。銷路好的可能性為0.7，銷路差的可能性為0.3，兩個方案的年利潤預測情況如表7－4。該企業應如何決策？

表 7-4　　　　　　　　　　　　　損益值

方案	自然狀態	
	銷路好	銷路差
	0.7	0.3
大工廠	100 萬元	-20 萬元
小工廠	40 萬元	30 萬元

①根據條件繪製決策樹圖，如圖 7-4。
②計算期望值，填在狀態結點上方。
大廠：100×0.7×10＋（-20）×0.3×10-300＝340（萬元）
小廠：40×0.7×10＋30×0.3×10-140＝230（萬元）
③優先方案。兩個方案綜合損益值比較後，建大廠較優，若不考慮其他因素，應選擇建大廠方案，並將建小廠方案枝剪去。

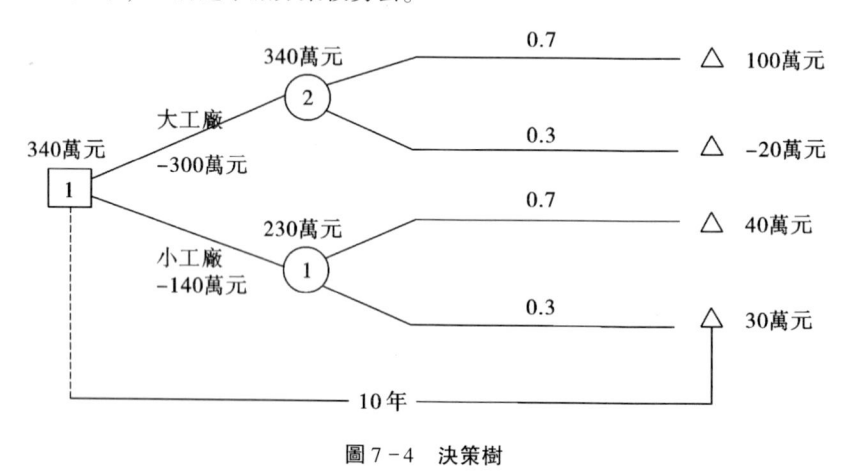

圖 7-4　決策樹

【思考】建小廠試銷三年后，若產品銷路好再擴建，擴建需投資 100 萬元，擴建後若產品銷路好則每年的盈利可增加至 90 萬元，企業又該如何決策？

　　（2）矩陣法。矩陣法把決策問題轉化為兩個矩陣乘法，最后選取一個矩陣的最大（或最小）元素。對於特別複雜，計算量大的決策問題，矩陣法有其優越性，因為利用電子計算機，矩陣乘法的計算可以方便地進行。

　　如上所述，企業的風險決策本質上是一個信息不充分的博弈過程，信息不充分性的客觀存在以及由此而帶來相關問題，有必要進一步探討。

7.4 信息不對稱與逆向選擇問題

7.4.1 不對稱信息

近30多年來，經濟學對於信息分析和信息不對稱問題的研究，獲得了突破性的進展。2001年的諾貝爾經濟學獎就授予了阿克洛夫、斯賓塞和斯蒂格利茨三位美國經濟學家，以表彰他們為信息經濟學做出的奠基性和開創性的貢獻。他們的研究表明，不對稱信息對市場運行有很大的影響，許多不好理解的經濟現象都可以用不對稱信息來解釋。他們的研究使得經濟學家對實際經濟運行機制的理解有了根本的改進。具體表現在：經濟學的傳統理論認為市場這只「看不見的手」通過價格調整使供給等於需求，這在通常情況下可以達到有效率的資源配置。但他們的研究發現在買賣雙方信息不對稱的情況下，僅僅通過價格有時無法達到有效率的資源配置；他們還研究發現，在這種情況下買賣雙方會做出各種經濟決策的調整，以提高效率，從而使雙方受益。

不對稱信息是指某些參與人擁有另一些參與人不擁有的信息，也即在市場上買方和賣方所掌握的信息狀況不對等。在商品市場和要素市場上，賣方掌握的信息一般多於買方，優於買方。如計算機的賣者比買者更瞭解商品的性能，勞動力的賣者更瞭解勞動力的生產率。但在保險信用市場，賣者的信息反而不如買者。如醫療保險的購買者顯然比保險公司更瞭解自己的健康狀況，信用卡的購買者比金融機構更瞭解自己的信用狀況。信息不對稱問題的存在會產生逆向選擇問題和道德風險問題。從信息不對稱發生的時間來看，可以分為：當事人簽約之前（ex-ante），也可以發生簽約之後（ex-post），被稱為事前不對稱和事後不對稱。研究事前不對稱的信息博弈模型稱為逆向選擇（adverse selection）模型，研究事後不對稱的信息博弈模型稱為道德風險（moral hazard）模型。「逆向選擇」和「道德風險」的概念都是經濟學家阿羅從保險業的研究中引申而來的。此外，從不對稱信息的內容來看可以分為：參與人的行動（action）和參與人的信息（information）或知識（knowledge）。研究不可觀測行動的模型被稱為隱藏行動（hidden action）模型；研究不可觀測信息的模型為隱藏信息（hidden information）模型或隱藏知識（hidden knowledge）模型。根據上述兩類劃分，可以將模型進行歸類，如表7-5所示。

表7-5　　　　　　　　　　　　基本模型歸類

	隱藏行動	隱藏信息
簽約之前		逆向選擇模型 信號傳遞模型 信息甄別模型
簽約之後	隱藏行動的道德風險模型	隱藏信息的道德風險模型

7.4.2　逆向選擇問題

　　阿克洛夫 1970 年的論文《檸檬市場：質量的不確定與市場機制》研究了舊車市場的信息不對稱問題，並得出了逆向選擇的有關結論。有舊車市場上，賣者知道車的質量，而買者不知，只願按平均質量出中等價格，這樣高於中等價格的上等舊車就可能會退出市場，買者會繼續降低估價，次上等車又會退出市場，最后的結果必定是：市場成了破爛車的市場。在美國俚語中，檸檬是次品的意思，這種情況被稱為「檸檬市場」。檸檬市場就是指在信息不對稱的情況下，往往好的商品遭受淘汰，而劣質商品逐漸占領市場，並進而取代好的產品，導致市場中都是劣質商品。

　　舊車市場模型具有普遍的經濟學分析價值，可以延伸到所有市場。「劣幣驅逐良幣」就是檸檬市場的一個重要應用。「劣幣驅逐良幣」講的是在古鑄幣時代，當那些低於法定重量或成色的鑄幣——劣幣進入流通領域后，人們就傾向於將那些足值鑄幣——良幣收藏起來，導致最后良幣被驅逐，而市場上流通的就只有剩下的劣幣了。逆向選擇理論給人們提供了不同的理解市場的路徑和方法，由此改變了許多以前被認為是「常識」的結論，使市場有效性理念受到了重創。

　　在保險市場上遭受損失可能性比較大的是劣等客戶，遭受損失較小的是優等客戶。保險公司無法區分兩類客戶，只能按平均水平收取費用，這就導致了優等客戶補貼了劣等客戶。顯然劣等客戶樂見其成，而優等客戶將會拒絕，於是一些優等客戶會選擇退出交易。保險公司面臨整體風險的提高，必然會提高保費。循環往復的結果是優等客戶完全退出市場，即劣等客戶驅逐優等客戶，保險市場規模逐步萎縮。同樣當一些信譽低的保險公司急需資金或無視履行保險合同責任的時候，會用極低的保費來吸引投保人。由於信息不對稱，投保人只看到低保費而不知道公司的真實情況，信譽好的保險公司在競爭中可能處於劣勢並逐漸被擠出市場。

　　斯賓塞和斯蒂格利茨分別建立了信號傳遞（signaling）和信息甄別（screening）模型來解決逆向選擇問題。斯賓塞在《勞動力市場信號》一文中論證了信號傳遞模型。該模型研究了用教育投資的程度作為一種傳遞信息的工具，他認為某個具有較強能力的個人能以較低的成本獲得學歷證書，而能力低的人要以較高的成本獲得同樣證書，所以學歷對較高能力的勞動者顯示其自身能力的信號具有重要作用。信號傳遞模型具有普遍的經濟學意義，涵蓋了諸多的經濟行為和現象：如作為產品質量信號的廣告和質量擔保，作為盈利能力信號的用債務而不是增發新股的融資手段，作為討價還價能力信號的工資拖延支付策略，以及作為降低高通貨膨脹的強硬許諾信號的緊縮性貨幣政策，等等。斯蒂格利茨在與羅斯查爾德合著的一篇經典論文《競爭性保險市場的均衡》（1976）中表明，保險公司（信息劣勢方）可以通過信息甄別，給它的客戶（信息優勢方）設立有效的激勵機制來顯示他們的風險類型的信息。也即是說，投保人知道自己的風險狀況，而保險公司並不清楚。但不具有私人信息的保險公司可以針對不同類型的潛在投保人，通過提供不同種類的保險合約（對較高的免賠額實行較低的保險費率），把客戶按風險大小分成不同的類別，這樣投保人可以根據自己的風險特徵選擇一個合適的保險合約。

7.5 委託代理問題與激勵機制

7.5.1 委託代理問題與道德風險

當擁有較多信息的代理人為擁有較少信息的委託人工作，但工作成果又同時取決於代理人投入的努力和不由主觀意志決定的各種客觀因素，且這兩種因素對委託人來說無法完全區分或區分的成本非常高的時候，就會產生代理人的道德風險問題，這在信息經濟學中稱為「委託人—代理人問題」（principle-agent problem），或稱委託代理問題。委託代理問題尤其是指那種隱藏行動的道德風險問題。

委託人和代理人兩個概念雖然來源於法律術語，但在經濟學中，泛指任何一種涉及非對稱信息的交易雙方。通常交易中有信息優勢的知情者（informed-player）是代理人，不知情者（uninformed player）是委託人。知情者的私人信息、行動或知識影響不知情的利益，即不知情者不得不為知情者的行為承擔風險。所以委託人和代理人在不同的交易中有許多具體的角色，如保險公司與投保人、股東與經理、經理與員工、債權人和債務人、住戶和房東、公民與政府官員等等。

在保險市場上，如果投保人有了全額損失保險，而保險公司又不能有效地監督投保人的行為在購買了保險之後可能的改變，這裡，當投保人能夠影響導致賠償事件發生的概率時，就產生了道德風險（moral hazard）問題。例如，當投保人有了全額醫療保險賠償之後，他可能會比投保前更多地去看醫生，開更多、更昂貴的可用可不用的藥品，而保險公司的賠償將比它預計的要多。同樣道理，一個沒有對房產保火險的人，可能會購買菸塵報警器和滅火器，並且對所有可能引起火災的事件特別小心謹慎，以此減少火災發生的可能。但如果他購買了火險，可以獲得全額的賠償，他可能就不那樣謹慎了，他可能也不再願意花更多的錢購買菸塵報警器和滅火器，這意味著發生火災的概率提高了。由於道德風險的存在，預計的火災發生概率可能提高了，保險公司將需要支付更多的火災損失賠償。

7.5.2 道德問題及其解決方法

解決道德風險問題的有效方法在於採取一些合理的激勵機制。激勵問題在很大程度上仍是一個信息問題。在產品市場上，如果所有的消費者總能瞭解他們所買產品的所有質量信息，生產優質產品的廠商就能向他們索取更高的價格，而生產劣質產品的廠商也就無法以次充好；在經理市場上，如果股東總能完全瞭解他們的經理工作的努力程度和績效，並採用按勞付酬的分配方法，那麼工作努力和高績效的經理總能獲得高的報酬，也就不存在偷懶等道德風險問題。但由於信息不對稱問題的存在，代理人的行為並不能為委託人完全瞭解，所以代理人也不承擔其行動的全部後果，這是激勵問題的核心。解決激勵問題的方法有三種，產權與價格、契約和信譽。

7.5.2.1 產權與價格

如果一個經理並不擁有企業的產權，激勵他努力工作的只有工資，即這個經理的價格，如何制定恰當的工資，使企業家能夠得到充分的激勵，可能是一個複雜的問題。但不管怎樣，把企業家的工作績效和其價格水平相聯繫是信息不對稱情況下激勵企業家的一種途徑。另一種解決這一激勵問題的有效方法是使企業家擁有企業的產權，在這種情況下，企業家將得到充分的激勵，發揮出他的經營才能。因為這時，他的努力程度直接與其收入有關。產權與價格是市場經濟條件下對激勵問題的有效解決方法。

7.5.2.2 契約

現代經濟活動中的大多數交易是較為複雜的，通常要簽訂契約。通過契約具體說明交易的各種條件，例如，交貨的時間、地點、價格、貨品的質量。當然，在契約中還寫有應變條款，指明在某些個別情況下，試圖解決激勵問題的手段。契約往往還有這樣的條款，規定當一方不履行契約規定的行為時，要向另一方支付一定的罰金。通常情況下，一方如果不履行契約規定的承諾和行為，將受到很大的損失，這實際上是一種通過契約解決激勵問題的方法。

由於交易條件的複雜性，契約有時不僅無法激勵交易雙方中的一方履行契約，而且還鼓勵其不履行契約。一個著名的案例是西屋電氣公司原來按契約規定以固定價格向一些核電站提供鈾，這些核電站是西屋公司為許多電力公司建造的。但由於20世紀70年代能源價格的大幅上升，採購鈾的價格也上升為契約規定供鈾價格的許多倍。如果西屋公司履行合同，它可能會破產，於是西屋公司不再履行合同。當然，這引起了訴訟，其結果是由於西屋公司破壞合同而支付一定的罰金，但其損失要遠小於履行合同的損失。

7.5.2.3 信譽

信譽在提供激勵方面也起著重要的作用。信譽可以被看作是一種保證形式，雖然消費者不能從這種保證中直接獲得什麼，但是消費者知道，如果廠商提供的產品或服務質量有問題，其信譽就會受到影響。保持這種信譽，為廠商向消費者出售高質量產品或服務提供了激勵。信譽可能為一家商店提供了不賣假貨、做好銷售服務的激勵，為工程承包商提供了按時完成一個工程項目的激勵，為飯店提供了出售新鮮食品和良好服務的激勵。

假如信譽對某些廠商提供了一種有效的激勵，那麼當廠商失去這種信譽時，就必然會遭受某種損失，這種損失實際上是一定程度的利潤，因為要想對樹立信譽提供激勵，必須要有利潤，這種利潤被稱為信譽租金，它是廠商享有良好信譽的報酬。在工程承包和餐館等許多市場中，質量差別很大而且在購買之前很難加以檢驗，這時，信譽租金是相當重要的。因此，在那些信譽很重要的市場上，競爭未必能使價格降低。消費者認識到，一旦產品價格太低，廠商也許就不會有保持信譽的激勵，從而也不能指望高質量的產品和服務了。這可以作為解釋某些產品降價不一定能吸引更多顧客的一個原因。

雖然信譽激勵在許多行業和企業的生產經營中起著重要的作用，便也有一些行業要做出信譽是困難的。例如，如果你只是偶爾旅行去某地，對於你所住的旅館和用餐的餐館來說，也許沒有機會做出信譽來。解決這一問題的方法之一是使旅館和餐館的商品和服務標準化。這樣，當你到某個你不常去的地方，假日酒店和麥當勞也許更有吸引力，因為它們提供的產品和服務是標準化的，你知道它們賣些什麼，服務質量如何。

【閱讀 7-2】
人才招聘過程中的逆向選擇分析

一般而言，在信息對稱情況下，級別不同的企業會招聘到水平高低不同的人才，優秀的企業容易招聘到水平高的人才；同樣，水平不同的人才會落戶到不同級別的企業，高水平人才容易受聘到優秀企業。但由於信息的不對稱，最終會導致逆向選擇問題的出現。

在人才招聘過程中，企業只能通過人才遞交的簡歷和對人才進行筆試、面試來獲取對方的信息。但對其實際工作能力、工作熱情和長期打算卻不甚瞭解，而且已獲取信息又面臨著虛假成分的威脅。相對而言，人才對自己的學歷、業務水平、偏好、信用等信息卻十分清楚，而且對所應聘企業及其職位亦認識深刻。企業並不知道應聘人才的真實水平，只知道應聘人才的平均水平及其分佈。由於信息不對稱，企業只能按照平均水平出資，並希望能雇到高水平人才。但在此工資水平下，高水平人才將退出應聘過程，招聘市場上只留下程度較低的人才。這樣人才的平均水平就會下降，理性的招聘企業知道這一情況以後，便會降低給予應聘人才的待遇。結果造成更多的較高水平的應聘人才退出招聘市場，如此循環下去，形成「劣幣驅逐良幣」現象，即低水平人才對高水平人才的驅逐。這便是人才應聘過程中的逆向選擇。逆向選擇的結果，一方面是低水平人才獲得了較高待遇，另一方面是招聘企業承擔了較高招聘成本而無法獲得高水平人才，最終導致風險和收益在分擔與分配上的不對稱。

人才雇傭過程中的道德風險分析

「道德風險」問題源於保險市場。保險公司與投保人簽訂合約時無法知道投保人的真實情況和行為。一旦投保人保險後，他們往往不像以往那樣仔細看管家中的財產了。正是因為保險公司無法觀察到投保人投保後的防災行為而產生「隱蔽行為」，面臨著人們鬆懈責任甚至可能採取「不道德」行為而引致損失，這就是「道德風險」。

同樣企業人力資源管理不僅在人才的招聘上存在著信息不對稱，而且在人才進入企業後仍存在著信息不對稱。企業與人才訂立委託—代理關係後，效益是通過人才能力發揮來實現的。但是人才的能力的發揮是無形的，對它的監督和控制是很困難的。企業無法判斷出人才現在的努力程度和人才行為在多大程度上符合企業的利益等。而且根據「理性人」假設，人才往往傾向於做出有利於自身的決策。由此導致人才雇傭過程中的「道德風險」問題。

（資料來源：趙英軍．西方經濟學．北京：機械工業出版社，2006.）

[本章小結]

1. 風險是指預期收益不能實現的可能性和概率，亦即不確定性。企業風險則是指企業在其生產經營活動的各個環節可能遭受到的損失與威脅。

2. 企業風險的特點包括：①突發性；②客觀性；③無形性；④多變性；⑤損失與收益的對稱性。企業風險的成因涉及三項基本的要素：外部環境、內部條件與資源配置。

3. 通常用概率、期望值、方差、標準差等統計指標來衡量風險程度。方差是離差平方的平均值，而標準差是方差的平方根。

4. 根據人們對待風險的態度，可以把人們分為風險規避者、風險中性者和風險愛好者三種類型。降低風險的方法可以分為多元化經營、保險和獲取更多的信息三類。

5. 風險決策也叫統計型決策或隨機決策。最大可能準則與期望值準則是風險決策的基本決策準則。風險決策常用決策方法主要有：決策樹法與矩陣法。

6. 不對稱信息是指某些參與人擁有但另一些參與人不擁有的信息，也即在市場上買方和賣方所掌握的信息不對稱。信息不對稱問題的存在會產生逆向選擇問題和道德風險問題。

7. 逆向選擇是指買賣雙方信息不對稱的情況下，差的商品總是將好的商品驅逐出市場。可以用信號傳遞和信息甄別模型來解決逆向選擇問題。

8. 委託代理指任何一種涉及非對稱信息的交易雙方。委託代理由於信息不對稱主要產生隱藏行動的道德風險問題。解決道德問題的核心是解決激勵問題，解決激勵問題的方法有三種，產權與價格解決法、契約解決法和信譽解決法。

[思考與練習]

一、名詞解釋

風險	方差	期望值	概率
風險厭惡	風險偏好	風險中性	逆向選擇
委託代理	道德風險	非對稱信息	

二、簡答題

1. 衡量風險的指標有哪些？
2. 根據人們對風險的偏好程度，可以把人分成哪幾類？
3. 風險決策的決策準則和決策方法有哪些？
4. 保險市場的逆向選擇描述的是何種情況？
5. 為什麼人們會通過保險來降低風險？
6. 簡述委託代理產生的原因及對策。
7. 解決激勵問題的方法有哪幾類？

三、問答題

房地產開發公司比居民對商品房的信息瞭解得更多，試分析：

1. 假定雙方都充分瞭解，說明高質量房與低質量房的市場供應狀況；
2. 在信息不對稱的情況下，說明高質量房與低質量房的市場供求變動狀況；
3. 討論如何解決這種信息不對稱造成的問題。

四、計算題

1. 有一種可能出現三種結果的獎券：獲得100元的概率為0.1，獲得50元的概率為0.2，獲得10元的概率為0.7。求：

   (1) 該獎券的期望收益是多少？

   (2) 一個風險中性者願花多少錢購買這種獎券？

2. 某啤酒生產商意識到他這個牌子的啤酒銷售額已開始下降，為了挽救這種局面，有兩種措施可供選擇：或是增加廣告費，這需要增加費用20萬元；或是改換牌子，這估計要花費25萬元。通過市場調查得到這兩種措施相應的銷售額（單位：萬元）的概率分佈如下：

措施1：維持現狀

年銷售額	550	450	300	250	150
概率	0.35	0.35	0.20	0.05	0.05

措施2：增加廣告費

年銷售額	750	650	550	450	350
概率	0.40	0.30	0.15	0.10	0.05

措施3：改換牌子

年銷售額	900	800	700	600	500
概率	0.20	0.25	0.30	0.15	0.10

問生產商應採用何種措施才能使（年銷售額—措施費）的期望值最大，用決策樹求解。

附錄　關鍵術語中英文對照表

邊際（margin）
邊際產量（marginal production）
邊際收益（marginal revenue）
邊際產品轉換率（marginal rate of product transformation）
邊際成本（marginal cost）
邊際分析（marginal analysis）
邊際貢獻（marginal contribution）
邊際技術替代率（marginal rate of technical transformation）
邊際收益遞減規律（law of diminishing marginal returns）
邊際替代率（marginal rate of transformation）
邊際利潤（marginal profit）
邊際效用（marginal utility）
邊際效用遞減規律（law of diminishing marginal utility）
變動成本（variable costs）
標準差（standard deviation）
博弈論（game theory）
不對稱信息（imperfect information）
不完全競爭（imperfect competition）
策略（strategy）
長期（long run）
長期邊際成本（long run marginal cost）
長期成本（long－term cost）
長期平均成本（long run average cost）
沉沒成本（sunk cost）
成本（cost）
成本函數（cost function）
成本加成定價法（cost－plus pricing）
純寡頭壟斷（pure oligopoly）
代理人（agent）
彈性（elasticity）
等產量線（production isoquant）

等成本線（isocost lines）
等效用曲線（iso-utility curve）
短期（short run）
範圍經濟（economies of scope）
風險（risk）
風險愛好者（risk lover）
風險補償（risk premium）
風險偏好（risk preference）
風險厭惡者（risk averter）
風險中性者（risk neuter）
概率（probability）
高峰定價（peak-loading pricing）
供給（supply）
供給的價格彈性（price elasticity of supply）
供給定理（law of supply）
供給量（quantity supplied）
供給曲線（supply curve）
固定成本（fixed costs）
固定要素（fixed input）
寡頭壟斷（oligopoly）
關聯產品（joint products）
管理（management）
管理經濟學（managerial economics）
規模不經濟（diseconomies of scale）
規模經濟（economies of scale）
規模收益（returns to scale）
規模收益不變（constant returns to scale）
規模收益遞減（decreasing returns to scale）
規模收益遞增（increasing returns to scale）
過剩（surplus）
宏觀經濟學（ （macroeconomics）
互補品（complement goods）
會計成本（accounting cost）
會計利潤（accounting profit）
機會成本（opportunity cost）
價格歧視（price discrimination）
價格制定者（price maker）
進入壁壘（barrier to entry）

經濟成本（economic cost）
經濟利潤（economic profit）
經濟效率（economic efficiency）
經濟學（economics）
均衡價格（equilibrium price）
均衡數量（equilibrium quantity）
卡特爾（cartels）
可變要素（variable input）
可能性邊界（production possibilities frontier）
勞動的總產量（total product of labor）
利潤（profit）
劣質品（inferior goods）
壟斷（monopoly）
壟斷競爭（monopolistic competition）
壟斷勢力（monopoly power）
納什均衡（Nash equilibrium）
逆向選擇（adverse selection）
平均變動成本（average variable cost）
平均固定成本（average fixed cost）
平均收益（average revenue）
平均收益率（average rate of return）
平均總成本（average total cost）
期望值（expected value）
企業（enterprise）
企業經濟學（business economics）
奢侈品（luxury）
社會福利（social welfare）
生產（production）
生產函數（production function）
市場（market）
市場壁壘（market barriers）
市場均衡（equilibrium）
市場需求（market demand）
收入效應（income effect）
收益（payoff）
收益最大化（revenue maximization）
替代品（substitute goods or substitute）
替代效應（substitution effect）

外部負效應（negative externality）
外部效應（externality）
外部正效應（positive externality）
完全競爭市場（perfectly competitive market）
短期供給曲線（short-run supply curve）
微觀經濟學（microeconomics）
委託—代理問題（principal-agent problem）
委託人（principal）
無差異曲線（indifference curve）
稀缺性（scarcity）
顯性成本（explicit cost）
相對價格（relative price）
消費者均衡（consumer equilibrium）
消費者剩餘（consumer surplus）
效用（utility）
信息（information）
需求（demand）
需求的交叉彈性（cross-price elasticity of demand）
需求量（quantity demanded）
學習曲線（learning curve）
尋租（rent seeking）
隱性成本（implicit cost）
盈虧平衡點分析（break even analysis）
優勢策略（dominant strategy）
預算約束（budget constraints）
預算約束線（budget line）
約束成本（bonding cost）
增量成本（incremental cost）
增量分析定價法（incremental analysis in pricing）
正常品（normal goods）
重複博弈（repeated game）
資本（capital）
自然壟斷（natural monopoly）
自我選擇機制（self-selection device）
總產量（total product）
總成本（total cost）
總利潤（total surplus）
總收益（total revenue）

國家圖書館出版品預行編目(CIP)資料

管理經濟學 / 宋劍濤、羅雁冰、何宇、王曉龍 主編. -- 第二版. -- 臺北市 ： 崧博出版 ： 財經錢線文化發行, 2018.10

　面 ；　公分

ISBN 978-957-735-577-5(平裝)

1. 管理經濟學

494.016　　107017090

書　名：管理經濟學
作　者：宋劍濤、羅雁冰、何宇、王曉龍 主編
發行人：黃振庭
出版者：崧博出版事業有限公司
發行者：財經錢線文化事業有限公司
E-mail：sonbookservice@gmail.com
粉絲頁　　　　　　網　址：
地　址：台北市中正區延平南路六十一號五樓一室
8F.-815, No.61, Sec. 1, Chongqing S. Rd., Zhongzheng Dist., Taipei City 100, Taiwan (R.O.C.)
電　話：(02)2370-3310　傳　真：(02) 2370-3210
總經銷：紅螞蟻圖書有限公司
地　址：台北市內湖區舊宗路二段 121 巷 19 號
電　話：02-2795-3656　傳真：02-2795-4100　網址：
印　刷：京峯彩色印刷有限公司（京峰數位）

　本書版權為西南財經大學出版社所有授權崧博出版事業有限公司獨家發行電子書及繁體書繁體版。若有其他相關權利及授權需求請與本公司聯繫。

定價：350元

發行日期：2018 年 10 月第二版

◎ 本書以POD印製發行